普通高等教育"十三五"规划教材

C 语言程序设计

（第二版）

主编 肖 捷 侯家利 敖 欣

副主编 赵维佺 冯能山 王 宁 谢伟鹏
彭富春 刘立平 黄瑜岳

主审 李 勇 徐钦桂

中国铁道出版社有限公司
CHINA RAILWAY PUBLISHING HOUSE CO., LTD.

内 容 简 介

  C 语言是许多普通高等院校广泛选用的首门编程语言，培养学生基础编程能力是其基本目标。

  本书包含程序设计和语言知识两条线索，程序设计为主线，基于"阶梯递进"模式（案例分析→模仿练习→独立编程），以编程应用为驱动，通过案例和问题引入内容，重点讲解程序设计思维和方法；同时结合语言知识辅线，穿插讲解语言知识。为配合本书学习，编者还编写了与本书配套的辅导用书《C 语言程序设计实训教程与水平考试指导》（第二版），供读者参考使用。通过对本书的学习，读者能较全面掌握 C 语言的语言知识以及 C 程序设计的基本方法和技巧，培养学生基础编程能力。

  本书适合作为普通高等院校 C 语言程序设计课程的教学用书，也可作为从事计算机应用的科技人员的参考用书及培训教材。

图书在版编目（CIP）数据

C 语言程序设计/肖捷，侯家利，敖欣主编. —2 版. —北京：
中国铁道出版社有限公司，2020.8（2024.7 重印）
普通高等教育"十三五"规划教材
ISBN 978-7-113-26493-2

Ⅰ.①C… Ⅱ.①肖… ②侯… ③敖… Ⅲ.①C 语言-程序设计-
高等学校-教材 Ⅳ.①TP312.8

中国版本图书馆 CIP 数据核字（2020）第 067557 号

书 名：C 语言程序设计
作 者：肖 捷 侯家利 敖 欣

策 划：唐 旭   编辑部电话：（010）51873202
责 任 编 辑：刘丽丽 徐盼欣
封 面 设 计：刘 颖
责 任 校 对：张玉华
责 任 印 制：樊启鹏

出版发行：中国铁道出版社有限公司（100054，北京市西城区右安门西街 8 号）
网 址：https://www.tdpress.com/51eds/
印 刷：三河市兴达印务有限公司
版 次：2016 年 1 月第 1 版 2020 年 8 月第 2 版 2024 年 7 月第 5 次印刷
开 本：787 mm×1 092 mm 1/16 印张：22.25 字数：550 千
书 号：ISBN 978-7-113-26493-2
定 价：58.00 元

前　言

　　程序设计是普通高等院校重要的计算机基础课程，它以编程语言为平台，介绍程序设计的思想和方法。学生通过该课程的学习，不仅可以掌握程序设计语言的知识，更重要的是在实践中逐步掌握程序设计的思想和方法，培养求解问题和应用程序语言的能力。因此，这是一门以培养学生程序设计基本方法和技能为目标的程序设计基础课程。目前，C 语言已被许多高等院校列为程序设计课程的首选语言。

　　C 语言程序设计是一门实践性很强的课程，学生必须通过大量的编程训练，在实践中掌握程序设计语言，培养程序设计的基本能力，并逐步理解和掌握程序设计的思想和方法。因此，培养学生的实际编程能力是课程教学的重点，教材的组织必须满足课程教学的要求。

　　目前，介绍 C 语言的教材很多，但在多年的教学实践中我们发现，比较适合程序设计入门课程教学的教材并不多。现有教材一般围绕语言本身的体系展开内容，以讲解语言知识特别是语法知识为主线，辅以一些编程技巧的介绍，不利于培养学生的程序设计能力和语言应用能力。当然，C 语言的案例教材也不少，但在案例分析时，问题分析和算法设计描述不够，主要突出程序代码和代码解析两方面，因此，也不利于培养学生分析问题的逻辑思维能力。

　　本书较好地弥补了传统教材的不足，在组织结构上包含程序设计和语言知识两条线索，以程序设计为主线，基于"阶梯递进"模式（案例分析→模仿练习→独立编程），以编程应用为驱动，通过案例和问题引入内容，重点讲解程序设计思维和方法；同时结合语言知识辅线，穿插讲解语言知识。"案例分析"基于问题求解的基本过程，从"问题分析→算法设计→程序清单→知识小结"四方面描述，使得读者更容易理解和掌握程序设计的思想和方法。"模仿练习"是针对本节中的相关概念和"案例分析"，在每节的模仿练习中给出一些难度较低的相关问题，学生可以模仿案例完成，以加深理解，提高兴趣。"独立编程"是"阶梯递进"模式的最后环节，在每章习题中给出一些难度稍大的编程问题，学生可以在前两个环节的基础上独立完成并上机调试通过。因此，本书比较适合作为程序设计入门课程教学的教材，有利于培养学生的程序设计能力和语言应用能力。

　　在教材的结构设计上，本书注重编程实践，让学生从第 1 周起就练习编程，使程序设计主线贯穿始终。前两章简单介绍一些背景知识和利用计算机求解问题的过程，然后从案例出发，介绍顺序、分支和循环三种控制结构的最简单使用形式，使学生对 C 程序设计有个总体认识，并学习编写简单程序，培养学习兴趣。第 3 章介绍 C 语言的基本数据类型和表达式，为学习后续章节做准备。从第 4 章开始，逐步深入地讲解程序设计的思想和方法，并说明如何应用语言知识解决实际问题。

　　本书共有 12 章正文和附录，分成 4 个部分。第 1 部分：简单程序设计，包括第 1~3 章，学习编写简单程序，培养学习兴趣。第 1 章介绍程序与程序设计语言的知识以及利用计算机求解问题的过程；第 2 章从实例出发，简单介绍顺序、分支和循环三种控制结构的最简单使用形式，以及在实例程序中用到的语言知识，使学生对 C 语言有一个总体的了解；第 3

章介绍数据类型和表达式等基本语言知识，为后续章节做准备。第 2 部分：控制结构程序设计，包括第 4～6 章，基于简单数据类型，学习编写三种控制结构的程序。通过大量的案例分析，进一步介绍分支结构、循环结构以及函数结构的程序设计思想和方法，侧重基本知识和基本编程能力。第 3 部分：基于构造数据类型的程序设计，包括第 7～12 章。第 7 章数组，通过大量的案例分析，介绍一维数组、二维数组和字符串的基础知识和基本编程；第 8 章指针，通过大量的案例分析，介绍指针的基础知识和基本编程；第 9 章结构体，通过大量的案例分析，介绍结构体的基础知识和基本编程；第 10 章链表，通过案例分析，介绍链表的基础知识和基本编程；第 11 章共用体与枚举，通过案例分析，介绍共用体与枚举的基础知识和基本编程；第 12 章文件，通过案例分析，介绍文件的基础知识和基本编程。另外，本书还设计了一个综合程序设计案例贯穿于结构体、链表、文件各章之中，详细描述了结构化程序设计方法的综合应用，更能培养学生的综合编程能力。书的最后将编程中常用的一些字符、函数和错误等列于附录以备读者速查。附录 A 为常用字符与 ASCII 代码对照表；附录 B 为 C 库函数，分类列出 ANSI C 的常用标准库函数；附录 C 为常见错误分析，列出常见的编译错误、连接错误和运行错误，分析出错原因并给出相应的解决方法；附录 D 为综合案例程序代码，给出了不同数据结构下的程序源代码。

根据教学需要，结合读者反馈意见，本书从两方面进行了修订：一方面，对书中案例从"问题分析—算法设计—程序清单—知识小结"四方面描述，使读者更容易理解和掌握程序设计的思想和方法，使用流程图描述算法，图文结合使版面更加清晰；另一方面，本版增加了一个贯穿全书的综合程序设计案例，详细描述了结构化程序设计方法的综合应用，以更好地培养学生的综合编程能力。改版后的教材更加完善，更便于学习。

为配合本书学习，编者还编写了与本书配套的辅导用书《C 语言程序设计实训教程与水平考试指导》（第二版）供读者参考使用。

本书由肖捷、侯家利、敖欣主编并统稿，赵维伦、冯能山、王宁、谢伟鹏、彭富春、刘立平和黄瑜岳任副主编。东莞理工学院李勇教授和徐钦桂教授认真、仔细地审阅了全书，并提出了许多宝贵意见，在此表示衷心感谢。另外，在本书编写、修订过程中，许多老师和同学都提出了宝贵的意见和建议，在此一并表示感谢。

特别说明：考虑到综合案例的程序源代码多，出现在教材中会占相当大的篇幅，因此在教材设计上将综合案例程序代码连同其他资源一起将以电子版形式提供，读者可以通过作者电话（13549379596）或 E-mail（398948928@QQ.com）与作者联系，获取教材的相关电子版资源。

由于编者水平有限，加之时间仓促，书中疏漏和不足之处在所难免，敬请读者批评指正。

编 者
2020 年 6 月

目 录

第1章
C语言程序设计概述

本章要点

◎ 程序的概念，程序设计语言发展的几个阶段。

◎ 算法的概念，算法描述方法——自然语言、流程图和伪代码。

◎ C语言的特点。

◎ C语言程序的基本框架。

◎ C语言的主要语法单位。

◎ C语言程序上机步骤。

◎ 实现问题求解的过程。

计算机本身是没有生命的机器，要使计算机能够运行起来，为人类完成各种各样的工作，就必须让它执行相应的程序。这些程序都是依靠程序设计语言编写出来的。在众多的程序设计语言中，C语言作为一种高级程序设计语言，既具有高级语言的方便性、灵活性和通用性等特点，又兼备低级语言的特性，提供程序员直接操作计算机硬件的功能，适合各种类型的软件开发，深受软件工程技术人员的青睐。

本章主要从程序设计的角度，介绍有关程序设计的基本概念、程序设计语言的发展、C语言程序的基本结构、算法、特点，以及程序设计求解问题的一般步骤等。

1.1　程序与程序语言

1.1.1　程序的基本概念

程序的概念来源于日常生活，通常，完成一项复杂的任务需要分解成一系列的具体步骤。这些按一定的顺序安排的具体步骤就是程序。例如，开学典礼程序、联欢晚会程序等。

随着计算机的出现和发展，程序成为计算机的专有名词，计算机都是在程序的控制下运行的。所谓计算机程序，就是用计算机语言描述的解决某一问题的一系列加工步骤，是符合一定语法规则的符号序列。程序设计就是借助计算机语言，告诉计算机要处理什么（即处理数据）以及如何处理（即处理步骤）。执行程序就是向计算机发出一系列指令，让计算机按程序规定的步骤和要求解决特定问题。

同一问题有不同的解决方法，不同用户为解决同一问题所编写的程序也并不完全相同。不同的程序有不同的效率，这就涉及程序的优化，以及程序所采用的数据结构和算法等方面。

1.1.2　程序设计语言

程序设计离不开程序设计语言。了解程序设计语言的发展过程，有助于加深对程序设计语言的认识，使其能更好地利用程序设计语言解决实际问题。

程序设计语言的发展很快，新的程序设计语言不断出现，功能也越来越强大。从其发展过程来看，程序设计语言的发展大致经历了以下几个阶段：

1. 机器语言

所谓机器语言，就是指计算机能够识别的指令集合，即指令系统。在机器语言中，每条指令都用二进制 0 和 1 组成的序列来表示。例如，某计算机的加法指令为 10000000，减法指令为 10010000。不同类型的计算机，机器语言也不相同。

用机器语言编写的程序，计算机可以直接执行，且执行效率高，这是机器语言的优点。但机器语言的指令不直观，难认、难记、难理解，容易出错，编程缺乏通用性，程序开发人员需要查阅机器指令系统，编程效率低。因此，目前很少直接用机器语言编写程序。

2. 汇编语言

由于机器语言的编程效率低，为了减轻程序开发人员的编程负担，开始采用一些助记符号来表示机器语言中的机器指令，这样便出现了汇编语言。助记符号一般采用代表某种操作的英文单词缩写，与机器语言相比，便于识别和记忆。例如，加法指令和减法指令可以用助记符号 ADD 和 SUB 来表示。

用汇编语言编写的程序称为源程序，计算机不能直接执行，必须经过汇编程序翻译成机器语言程序才能由计算机执行。

对比机器语言，汇编语言指令和机器语言指令具有一一对应关系，不同类型的计算机，其汇编语言也不尽相同，编程时仍需要熟悉机器的内部结构，比较烦琐。但相对机器语言而言，其编程效率有较大提高。在实际应用中，如果对程序运行时间比较严格，与硬件操作比较紧密，程序开发人员还是常用汇编语言编程来解决实际问题的。

3. 高级语言

机器语言和汇编语言都是面向机器的编程语言，同属低级语言的范畴。低级语言的主要缺点是编程效率低，程序开发人员需要熟悉机器硬件。为了克服低级语言的这一缺点，提高程序开发人员的编程效率，出现了面向算法过程的程序设计语言，称为高级语言。例如，Fortran语言、Pascal 语言、C 语言等。

高级语言比较接近自然语言的形式，功能强大，一条语句相当于多条汇编语言指令或机器语言指令。编程时，不需要熟悉机器的内部结构，程序开发人员可以把精力集中在研究问题的求解方法上，大大降低了编程的难度，提高了编程的效率和质量，而且设计的程序也更容易阅读和理解。因此，在实际应用中被广泛用来解决实际问题。

当然，计算机也不能直接执行高级语言源程序，必须经过编译和连接过程，将其翻译成机器语言程序才能由计算机执行。

4. 面向任务的程序设计语言

高级语言是面向过程的编程语言，用高级语言编程求解一个复杂问题，必须首先分析解题过程，描述问题的求解算法，然后才能用高级语言编程实现。面向任务的程序设计语言是非过程化语言，无须知道问题如何求解，只需描述求解什么问题，便可编程实现。

数据库语言便是一种面向任务的程序设计语言。例如，SQL Server 是一种关系数据库系统，它提供了数据库查询语言（SQL），采用 SQL 提供的 select 语句，便可方便、快速地查询出数据库中的数据信息。例如，查询语句 select * from student where sex='男'，其功能就是查询学生信息表（student）中所有男性学生的全部信息。

面向任务的程序设计语言不仅大大降低了编程的复杂度，而且提高了应用程序的开发速度和质量，使得编程工作不再是计算机专业人员的专利，许多非计算机专业人员也能很方便地使用面向任务的程序设计语言开发自己的应用程序。这类语言被广泛应用在管理信息系统应用软件的开发方面。

5．面向对象的程序设计语言

面向对象的程序设计语言于 20 世纪 90 年代开始流行，目前已成为程序设计的主流语言。C++就是一种非常优秀的面向对象的程序语言，它是由 C 语言发展而来的。

面向对象方法学是一种分析方法、设计方法和思维方法的综合。它的出发点和所追求的基本目标就是使分析、设计和实现一个系统的方法尽可能接近认识系统的方法。

面向对象的编程，程序被看成相互协作的对象集合，每个对象都是某个类的实例，所有的类构成一个通过继承关系相联系的层次结构。面向对象程序设计就是针对客观事物（对象）设计程序，与面向过程的编程方法相比，编程工作更加直观、清晰，编程效率更高，更适合开发大型复杂的软件。

面向对象的程序设计语言通常具有类的定义功能、对象的生成功能、消息传递机制和类的继承机制。目前，Java、C#等是非常流行的、被广泛应用的面向对象的程序设计语言。

综上所述，每一种语言都有其优点和不足，对于不同的问题，需要根据实际情况来选择程序设计语言，以便更加高效、更加优质地解决相关的问题。

1.2 算法及其描述

程序设计中经常涉及算法。瑞士著名计算机科学家 Niklaus Wirth 提出了程序定义的著名公式：**程序=数据结构+算法**。这个公式说明了程序与算法的关系，也足以说明算法在程序设计中的重要性。下面从算法的概念和描述方法两个方面讨论算法问题。

1.2.1 算法的概念

在日常生活中，做任何事情都是按照一定规则一步一步地进行的。例如，新生开学典礼就是按预设步骤一步一步进行，直到结束。这些预设步骤就是新生开学典礼的算法。

通常认为，算法就是对特定问题求解步骤的一种描述。算法应具备以下 5 个特点：

① 有穷性。算法必须保证执行有穷步之后结束，不能无止境地执行下去。
② 确定性。算法必须保证每一步必须具有确切的含义，不能有二义性。
③ 有效性。算法必须保证每一步操作都是可执行的。
④ 要有数据输入。算法中操作的对象是数据，因此，算法应该提供数据输入。
⑤ 要有结果输出。算法是用来解决一个给定的问题，因此，算法应该提供结果输出。

1.2.2 算法的描述方法

算法就是对特定问题求解步骤的一种描述。为了描述一个算法，可以用不同的方法。通常的方法包括自然语言、传统流程图、结构化流程图（即 N–S 流程图）、伪代码等。

1．自然语言

自然语言就是人们日常使用的语言，可以是汉语、英语，或其他语言。

自然语言描述的算法通俗易懂，便于用户交流。但其文字冗长，含义往往不太严格，需要根据上下文才能判断其正确含义，容易出现歧义性。自然语言一般用来描述较简单的算法。

例如，求 sum=1+2+…+n。算法用自然语言描述如下：

算法设计

第 1 步：置初值，和变量 sum 置 0，项变量 i 置 1。
第 2 步：输入待求多项式的项数 n。
第 3 步：求累加和，重复执行下面操作，直到 i>n。
 ● 累加第 i 项：sum+i=> sum
 ● 计算下一项：i+1=> i
第 4 步：输出和变量 sum 的值。

2. 传统流程图

传统流程图就是借助一组专用的图框和线条来描述算法，用图框表示各种操作，用线条表示操作的执行顺序。它的特点是直观形象，易于理解。美国国家标准学会（ANSI）规定了一组常用的流程图符号（见图 1-1），已被世界各国所采用。

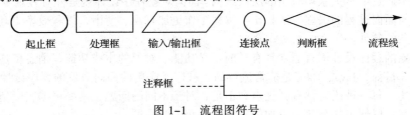

起止框　　处理框　　输入/输出框　　连接点　　判断框　　流程线

注释框

图 1-1 流程图符号

① 起止框：扁圆形，表示流程图的开始或结束。
② 处理框：矩形，表示各种处理功能，其内注明处理名称或简要功能。
③ 输入/输出框：平行四边形，表示数据的输入或输出。
④ 连接点：表示两部分流程图的连接处。
⑤ 判断框：菱形，表示判断，注明判断条件，只有一个入口，可以有多个选择出口。
⑥ 流程线：箭头，表示操作执行顺序。
⑦ 注释框：对流程图中的某些框进行补充说明，以帮助阅读流程图。

例如，求 sum=1+2+…+n。算法用流程图描述如图 1-2 所示。

3. 结构化流程图

结构化流程图，又称 N-S 流程图，是由美国学者 I.Nassi 和 B.Shneiderman 在 1973 年提出的一种新的流程图形式，全部算法写在一个矩形框内，完全去掉了带箭头的流程线，非常适合于结构化程序设计。N-S 流程图借助一组专用的流程图符号来描述算法（见图 1-3）。

（1）顺序结构：如图 1-3（a）所示，A、B 两个框组成一个顺序结构。

（2）选择结构：如图 1-3（b）所示，当 p 条件成立时执行 A 操作，否则执行 B 操作。

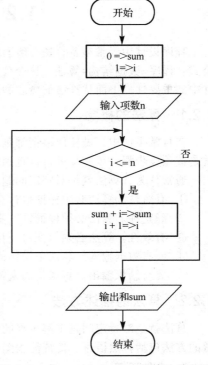

图 1-2 求 sum=1+2+…+n 的算法流程图

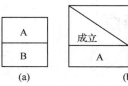
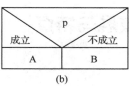
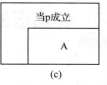

图1–3 N–S图的专用流程图符号

（3）循环结构：如图1–3（c）和（d）所示，其中，（c）为当型循环，即当条件 p 成立时反复执行 A 操作；（d）为直到型循环，即反复执行 A 操作直到条件 p 成立为止。

例如，求 sum=1+2+⋯+n。算法用 N–S 流程图描述如图1–4所示。

4．伪代码

流程图描述算法直观形象，易于理解。但画起来比较费事。在设计一个算法时，可能需要反复修改，对流程图的修改比较麻烦。流程图适合描述一个算法，但在设计算法过程中使用不太理想（因为

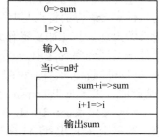

图1–4 求 sum=1+2+⋯+n 的 N–S 流程图

需要反复修改）。为了设计算法时方便，常使用一种称为伪代码（Pesudo Code）的工具。

伪代码是用介于自然语言和计算机语言之间的文字和符号来描述算法。它如同一篇文章，自上而下地写下来，每一行（或几行）表示一个基本操作，不需使用图形符号，因此，书写方便，格式紧凑，容易理解，也便于向程序过渡。

例如，求 sum=1+2+⋯+n。算法用类 C 语言的伪代码描述如下：

算法设计

```
Begin
    0=>sum,1=>i
    input n
    while(i<=n){
        sum+i=>sum
        i+1=>i
    }
    print sum
End
```

上面介绍了几种常用的描述算法的方法，每种方法都有自己的特点，在程序设计中，可以根据需要和习惯任意选用。笔者认为，基于"自然语言+伪代码"相结合的思想是一种较好的算法描述方法，这种方法的基本思想是：算法的步骤框架采用自然语言描述，重要步骤（核心步骤）嵌入伪代码。

例如，求解 sum=1+2+⋯+n。基于"自然语言+伪代码"相结合的思想，算法描述如下：

算法设计

第1步：输入待求多项式的项数 n。
第2步：置初值，将和变量 sum 置 0，项变量 i 置 1。
第3步：求累加和，用 C 语言的类 while 结构描述如下：
```
while(i<=n){
```
   ◆ 累加第 i 项：sum+i=>sum
   ◆ 计算下一项：i+1=>i
```
}
```
第4步：输出和变量 sum 的值。

1.3　C 语言的发展与特点

1.3.1　C 语言的发展概况

　　C 语言作为编程语言，具有功能强大、语句表达简练、控制和数据结构丰富、程序时空开销小的特点。C 语言既具有高级语言的特点，又具有低级语言中的位、地址、寄存器等概念，拥有其他高级语言所没有的面向硬件的底层操作能力，既适于开发系统软件，又可用来编写应用软件。C 语言的特点与其发展过程密不可分。

　　C 语言的出现是与 UNIX 操作系统紧密联系在一起的，C 语言本身也有一个发展过程，目前仍然处于发展和完善之中。从历史发展来看，C 语言起源于 1968 年发表的 CPL（Combined Programming Language），它的许多思想来自于 Martin Richards 在 1969 年研制的 BCPL 以及以 BCPL 为基础的、由 Ken Thompson 在 1970 年研制成的 B 语言。Ken Thompson 用 B 语言写出了第一个 UNIX 操作系统。D. M. Ritche 于 1972 年在 B 语言的基础上研制了 C 语言，并用 C 语言写成了第一个在 PDP–11 计算机上实现的 UNIX 操作系统。1997 年出现了独立于计算机的 C 语言编译文本——"可移植 C 语言编译程序"，从而大大简化了把 C 语言编译程序移植到新环境所需要做的工作，这就使得 UNIX 操作系统迅速在众多计算机上得以实现。随着 UNIX 操作系统的广泛使用，C 语言也得到了迅速推广。

　　1983 年，美国国家标准学会（ANSI）根据 C 语言问世以来的各种版本，对 C 语言的发展和扩充制定了 ANSI C 标准。1987 年 ANSI 又公布了 87 ANSI C 标准。目前使用的如 Microsoft C、Turbo C 等多种版本，都把 ANSI C 作为一个子集，并在此基础上做了合乎各自特点的扩充。

1.3.2　C 语言的特点

　　无论是哪种版本的 C 语言，都具有一些共同的特点，归纳如下：

1．C 语言是一种结构化程序设计语言

　　C 语言的主要成分是函数。函数是 C 语言程序的基本结构模块，程序的许多操作可由不同功能的函数有机组装而成，容易实现结构化程序设计中模块的要求。另外，C 语言提供了一套完整的控制语句（如分支、循环等）和构造数据类型机制（如结构、数组、指针等），使得程序流程与数据描述具有良好的结构性。

2．C 语言语句简洁紧凑，使用方便灵活

　　C 语言只有 32 个保留字和 9 种控制语句，程序书写形式自由。例如，用花括号{}代替复合语句的开始和结束，用运算符++和--表示加 1 和减 1 操作，一行可以书写多条语句，一条语句可以写在不同行上，宏定义和文件包含，等等，这些都使得 C 语言显得非常简洁紧凑。

3．C 语言程序易于移植

　　C 语言将与硬件有关的因素从语言主体中分离出来，通过库函数或其他实用程序来实现。特别体现在输入/输出操作上，C 语言不把输入/输出作为语句的一部分，而是作为库函数由具体的实用程序来实现，从而大大提高了程序的可移植性。

4．C 语言有强大的处理能力

　　C 语言引入了结构、指针、地址、位操作、寄存器等功能，在许多方面具有汇编语言的特点，从而大大提高了语言的处理能力。

5．C 语言生成的目标代码的质量高，程序运行效率高

用 C 语言编写的程序，经编译连接后生成的可执行程序比用汇编语言直接编写的代码运行效率仅低 15%～20%。这是其他高级语言无法比拟的。

当然，C 语言也有一些不足之处，主要表现在数据类型检查不严格，表达式易出现二义性，不能自动检查数组越界，初学者比较难掌握运算符的优先级与结合性等概念。

1.4 简单 C 语言程序

在学习 C 语言的具体语法之前，为了让读者对 C 语言程序有一个感性认识，首先通过几个简单 C 语言程序示例，让读者初步了解 C 语言程序的基本结构。

1.4.1 由 main()函数构成的简单程序

【例 1-1】在屏幕上显示"Hello World."。

程序清单：

```
#include <stdio.h>              /* 编译预处理命令 */
int main()                      /* 主函数 */
{
    printf("Hello World.\n");   /* 输出一行文字，最后的\n表示换行 */
    return 0;                   /* 返回 */
}
```

运行结果：

```
Hello World.
```

案例分析：

从例 1-1 可以看出以下几点：

① C 语言程序由函数构成，案例程序涉及 main()、printf()两个函数。其中，printf()是系统函数，用于数据输出。main()是程序的主控函数，称为主函数，main()后面由花括号{ }括起来的部分是函数的主体（即函数体）。

☞说明：每个 C 程序都必须具有一个 main()函数，且只能有一个 main()函数。

② 程序都是从 main()函数开始运行，当运行到 main()函数最后一行语句 return 时，返回并结束程序运行。

③ #include 是编译预处理命令，其作用是将有关文件信息包含到程序中。stdio.h 是标准输入/输出头文件，包括许多标准的输入/输出函数。例如，printf()函数就是其中的标准输出函数。

☞说明：C 语言编译系统提供了许多系统头文件，包含各类标准函数的原型说明，当需要用到某些库函数时，只需将相应的头文件用#include 命令包含在程序的首部就可直接使用，头文件的扩展名一般为.h。

④ /*与*/之间的内容构成 C 语言程序的注释部分。注释部分不参与程序的编译和执行，只起说明作用，增加程序的可读性。

☞说明：注释可以一行，也可以多行。建议程序中适当添加注释，增加程序的可读性。

1.4.2 由 main()函数调用另一个函数构成的简单程序

【例 1-2】输入正整数 *n*，计算 *n*!。要求定义函数 fact(n)求 *n*!，供 main()函数调用。

程序清单：

```
#include <stdio.h>              /* 编译预处理命令 */
int fact(int n);               /* 函数声明 */
int main()                     /* 主函数 */
{
    int n,res;                 /* 变量定义 */

    printf("Input n: ");       /* 输入提示 */
    scanf("%d",&n);            /* 输入一个整数 */
    res=fact(n);               /* 调用 fact()函数，计算 n!并返回结果 */

    printf("%d!=%d\n",n,res);  /* 输出结果 */
    return 0;                  /* 返回 */
}
int fact(int n)                /* 定义计算 n!的函数 */
{
    int i,res=1;               /* 定义变量并赋初值 */

    for(i=1;i<=n;i++)          /* 循环连乘求 n! */
        res=res*i;

    return res;                /* 返回结果 */
}
```

运行结果：

```
Input n: 5
5!=120
```

案例分析：

从例 1-2 可以看出以下几点：

① C 语言程序由函数构成，案例程序涉及 4 个函数。scanf()、printf()是系统函数，用于数据输入和输出。main()是主函数，fact()是自定义函数，其功能是计算并返回 n!，n 作为函数的参数。

☞说明：C 程序一般由一个 main()函数带若干用户自定义函数构成。

② C 语言程序从 main()函数开始运行，当运行到 scanf()函数时，从键盘输入一个正整数 5，然后运行到调用 fact()函数的语句，流程转入 fact()函数计算 5!，通过 return 语句返回计算结果并赋值给 res 变量，流程返回 main()函数并执行下一条语句，调用 printf()函数输出 res 的值，最后执行语句 return，返回并结束程序运行。

☞说明：关于 fact()函数的说明：

① for 循环语句：让循环变量 i 从 1 变化到 n，重复执行 "res=res*i;" 连乘语句，计算 n!。for 语句在此不做要求，将在第 2 章进行详细介绍。

② return 语句：返回语句，返回 res 的值并将程序的执行流程返回到主调函数 main()。

1.4.3 C 语言程序的基本结构

综合前面两个案例程序，一个完整的 C 语言程序由一个 main()函数带若干用户自定义函数构成。C 语言程序的基本结构大致包括以下几部分：

C 程序的基本结构

① 编译预处理命令（例如，#include 命令）。

② 用户自定义函数声明。

③ 主函数定义。

④ 用户自定义函数定义。

☞说明：

① 编译预处理命令：主要是#include 命令，将系统的相关头文件信息包含到程序中，方便程序员编程调用。

② 函数声明：C 语言规定，函数必须先定义再调用。若定义出现在调用之前，必须先声明。

③ 函数定义：函数功能的具体实现，通常包括函数首部和函数体。函数首部给出函数原型声明，包括函数返回值类型、函数名和函数参数表。函数体是函数首部后面的花括号{ }括起来的部分，一般又包含变量定义、函数声明、函数体执行语句、函数返回语句等。

1.5　C 语言简介

1.5.1　C 语言的功能

程序设计语言是人们用来编写程序的手段，在程序设计中，必须用程序设计语言表达所要处理的数据和数据处理的流程控制。因此，程序设计语言必须具有数据表达和流程控制的能力。C 语言也是如此。

1. 数据表达

世界上的数据多种多样，而 C 语言描述数据的能力是有限的。为了使 C 语言能充分有效地表达各种各样的数据，一般将数据抽象为若干数据类型。数据类型就是对某种具有共同特点的数据集合的总称。数据类型涉及两方面的内容：数据类型的定义域和数据操作。数据类型的定义域规定该类型代表什么数据，数据操作规定该类型能做什么运算。例如，整数就是一种数据类型，它的定义域是{…,–1,0,1,2,…}，它的数据操作包括+、–、*、/等运算。C 语言提供了基本数据类型和构造数据类型。

① **基本数据类型**：C 语言预先定义好的数据类型，程序员可以直接使用，如整型、实型、字符型等。这些基本数据类型在程序中的具体对象主要有两种形式：常量和变量。常量是在程序运行中不能改变的值，例如，123 就是一个整型常量。变量是用于存放数据的，在程序运行过程中可以改变它的值。例 1–2 中的语句 int i;就定义了一个整型变量 i，程序中就可以对变量 i 进行相应的操作。

② **构造数据类型**：在基本数据类型基础上，C 语言提供了构建新的数据类型的手段，使程序员能更充分地表达各种复杂的数据，包括数组、指针、结构、联合、文件等构造数据类型。例如，语句 int a[10];就定义了一个由 10 个整数组成的数组变量 a，其中 a[0], a[1], …, a[9] 称为数组元素，每个数组元素就相当于一个简单的整型变量。

2. 流程控制

C 程序设计语言除了能表达各种类型的数据外，还必须提供表达数据处理过程的方法和手段，即数据处理的流程控制。流程控制一般通过一系列的语句来实现。

C 语言是一种典型的结构化程序设计语言，支持结构化的程序设计方法，在解决比较复杂的问题时，其处理方法是：将复杂程序划分为若干相互独立的模块（Module），使完成每个模块的工作变得简单明确，再通过积木式的扩展方法将各种模块搭建起来，构建复杂的、规模更大的程序。每个模块可以是一条语句、一段程序或者一个函数。

按照结构化程序设计方法的观点，C 语言提供了语句级控制和单位级控制两种方式。语句级控制就是通常所说的三种基本控制结构（顺序结构、分支结构和循环结构），如图 1-5 所示。单位级控制就是函数结构。

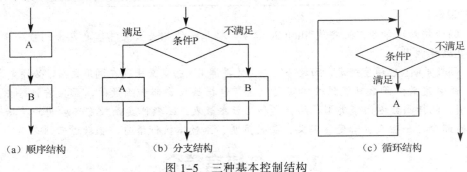

图 1-5　三种基本控制结构

（1）顺序结构

顺序结构按照自然顺序，依次执行第一个模块 A、第二个模块 B……它是最简单的一种基本控制结构，如图 1-5（a）所示。

（2）分支结构

分支结构又称选择结构，需要根据不同的条件来选择执行不同的模块，如图 1-5（b）所示。其需要判断某种条件 P，如果条件满足就执行模块 A，否则就执行模块 B。

（3）循环结构

循环结构又称重复结构，即重复执行某个模块，如图 1-5（c）所示。重复执行某个模块 A，一般需要满足一定的条件，即检测条件 P，当条件 P 满足时就重复执行相应的模块 A。

（4）函数结构

函数通过一系列语句的组合来完成某种特定的功能（如例 1-2 中的 fact() 函数实现求 $n!$），函数间可以相互调用，函数调用时可以传递参数，函数调用的结果可以返回给主调函数。这种涉及函数声明、函数定义和函数调用的控制称为单位级控制。函数结构为构建复杂应用程序提供了一种好的解决方案。

1.5.2　C 语言字符集、标识符与关键字

1．字符集

任何一个计算机系统所能使用的字符都是固定的、有限的。要使用某种计算机语言来编程，就必须符合该语言规定的并且计算机系统能够使用的字符。C 语言的基本字符集包括英文字母、阿拉伯数字以及其他一些符号，具体归纳如下：

① 英文字母：包括大小写字母各 26 个，共计 52 个。

② 阿拉伯数字：0 ~ 9，共计 10 个。

③ 下画线：_。

④ 其他特殊符号：主要是运算符，这些特殊符号集如下：

```
+    -    *    /    %   ++   --   <    >    =   >=   <=   ==   !=   !    ||   &&
^    ~    |    &    <<   >>   (    )    [    ]    \    "   "    ?    :    ,    ;    '
```

2．标识符

在 C 语言中，标识符用来表示函数名、类型名、变量名和常量名，由字母、数字和下画线组合而成，但首字符必须是字母或下画线。下面给出一些合法与非法标识符，请读者仔细识别。

合法标识符：ab、_a12、sum、avg、day。

非法标识符：12a、#abc、Ms.r、a*b、a-b。

☞说明：C 语言标识符的使用说明。

① 区分大小写字母。例如，A1 与 a1 是不同的标识符。

② 不同编译系统对标识符长度都有自己的规定，读者应特别注意。

* MS C 规定：标识符中只有前 8 个字符的长度有效，8 个字符以后的字符不作识别。如 teachers1 和 teachers2 是同一个标识符。
* Borland Turbo C 规定：标识符最长可允许 32 个字符。建议初学者不要取名太长。

3．关键字

关键字是指 C 语言系统中规定的具有特定含义的标识符。关键字不能用作变量名、常量名或函数名，用户只能根据系统的规定使用它们。根据 ANSI 标准，C 语言可以使用以下 32 个关键字：

auto	break	case	char	const	continue	default	do
double	else	enum	extern	float	for	goto	if
int	long	register	return	short	signed	sizeof	static
struct	switch	typedef	union	void	unsigned	volatile	while

1.5.3   C 语言的主要语法单位

编程就是将问题求解的算法用程序设计语言正确无误地翻译出来。这里所说的正确性包括两个方面：首先语法要正确，即必须符合语言所规定的语法规则；其次运行结果必须正确，保证程序运行的结果与实际情况相符。下面简单介绍 C 语言的语法。

1．常量

常量是指在程序运行过程中其值不能被改变的量。常量有类型之分，包括整型常量、实型常量、字符常量、字符串常量和符号常量。例如，123 是整型常量、3.14 是实型常量、'a' 是字符常量、"World"是字符串常量。

2．变量

变量是指在程序运行过程中其值可以被改变的量。变量通常具有名字，称为变量名，变量名必须是合法的标识符。变量有数据类型，定义时必须指明变量的数据类型，以便系统为其分配内存空间。

☞说明：关于变量使用的说明。

① 变量实际代表了内存空间，用于存放数据，不同类型的变量占用的内存单元大小也不同，而且与编译系统有关。

② 变量必须先定义再使用。

* 变量定义的一般形式：

  数据类型名 变量名表;

  例如：

  int a,b;   /* 定义两个整型变量a和b */
* 作用：声明变量的名称和类型，分配相应的内存单元。

3．运算符

运算符表示对各种类型数据对象的运算操作。C 语言的运算符非常丰富，主要有 3 类：

算术运算符、关系运算符和逻辑运算符。除此之外，还有一些特殊的运算符，如赋值运算符、条件运算符、逗号运算符等。这里主要列出算术运算符、关系运算符和逻辑运算符。

① 算术运算符：+（加）、-（减）、*（乘）、/（除）、%（求余）。

② 关系运算符：>（大于）、<（小于）、>=（大于或等于）、<=（小于或等于）、==（等于）、!=（不等于）。

③ 逻辑运算符：&&（逻辑与）、‖（逻辑或）、!（逻辑非）。

☞说明：C语言运算符可按运算对象个数分为一目运算符、二目运算符和三目运算符。

● 一目运算符：只有一个操作数的运算符，如a++，只有a这个操作数。

● 二目运算符：有两个操作数的运算符，如a+b，有a和b两个操作数。

● 三目运算符：有三个操作数的运算符，C语言只有条件运算符是三目运算符。

4. 表达式

表达式就是用运算符将运算对象（常量、变量和函数）连接起来的符合C语言规则的式子。表达式具有计算功能，计算结果称为表达式的值。在C语言中，主要有算术表达式、关系表达式和逻辑表达式三种。当然还有其他特殊表达式，这里主要介绍上述三种表达式。

（1）算术表达式

用算术运算符和括号将运算对象连接起来的符合C语言规则的式子，称为算术表达式。例如，b*b-4*a*c就是C语言表示数学式b^2-4ac的算术表达式，其值是一个算术值。

（2）关系表达式

用关系运算符和括号将运算对象连接起来的符合C语言规则的式子称为关系表达式，又称比较表达式。例如，a>b就是比较a和b大小的一个关系表达式，其值是逻辑值"真"或"假"。

（3）逻辑表达式

用逻辑运算符和括号将运算对象连接起来的符合C语言规则的式子称为逻辑表达式。例如，a>0&&b>0就是表示a和b都是正数的逻辑表达式，其值是逻辑值"真"或"假"。

☞说明：关于逻辑值有如下说明。

C语言无逻辑值，非0代表"真"，0代表"假"。反之，"真"对应1，"假"对应0。

5. 语句

语句是C语言程序最基本的执行单位，程序的功能就是通过一系列的语句组合起来实现的。C语言中的语句有多种，这里主要介绍几种常用的语句。

（1）赋值语句

用赋值运算符"="将一个变量和一个表达式连接起来，然后在末尾加上英文分号";"就构成赋值语句。它的一般形式为：

```
<变量>=<表达式>；
```

作用：先求解赋值运算符右侧<表达式>的值，然后赋给赋值运算符左侧的变量。

举例：d=b*b-4*a*c;

☞说明："="是赋值号，不是比较运算符，"="左侧只能是变量，右侧可以是表达式。

（2）分支语句

分支语句实现分支结构，根据不同的条件执行不同的语句（或语句模块）。在C语言中分支语句有if...else语句、else...if语句和switch语句三种。其中，if...else语句实现两分支结构；else...if语句和switch语句实现多分支结构。

举例：求a和b的最大值并赋值给max。

```
if(a>b) max=a;
```

```
else max=b;
```

流程：若 a>b，则执行语句 max=a;，将 a 赋给 max；否则执行语句 max=b;，将 b 赋给 max。

（3）循环语句

循环语句实现重复结构（又称循环结构），根据循环条件重复执行某条语句（或语句模块）。在 C 语言中有 for 语句、while 语句和 do...while 语句三种循环语句。其中，for 语句一般用于循环次数已知的循环结构；while 语句和 do...while 语句一般用于循环次数未知的循环结构。

举例：使用 for、while 和 do...while 循环语句求表达式 1+2+···+100 的值。

```
sum=0;                  sum=0,i=1;              sum=0,i=1;
for(i=1;i<=100;i++)     while(i<=100){          do{
    sum=sum+i;              sum=sum+i;              sum=sum+i;
                            i++;                    i++;
                        }                       }while(i<=100);
```

流程说明：设置 sum 的初值为 0，循环变量 i 的初值为 1，反复执行 sum=sum+i 和 i++操作，直到 i 超出 100 为止。循环结束后，变量 sum 的值就是累加和。

（4）复合语句

用一对花括号将若干语句顺序组合在一起组成复合语句。例如，下面就是一条复合语句。

```
{
    sum=sum+i;
    i++;
}
```

☞说明：当多条语句当作一个整体被执行时，必须变成复合语句。

6. 函数

C 程序是由若干函数构成。函数通过一系列语句组合而成，用于完成某种特定的功能（如例 1-2 中的 fact()函数实现求 n!），在程序中需要使用该功能的地方，只要调用该函数即可。函数的使用有利于程序代码的复用，并能使 C 程序结构得以实现模块化。

7. 输入与输出

C 语言没有专门的输入/输出语句，通过调用系统库函数中的相关函数（如 scanf()和 printf()）来实现数据的输入和输出。例如，下面两条语句就是输入和输出函数。

```
scanf("%d",&n);         /* 从键盘输入一个十进制整数给变量 n */
printf("%d",n);         /* 按十进制整数格式屏幕输出变量 n 的值 */
```

☞说明：%d 为格式说明（占位符），表示十进制整数，在 scanf()函数中表示按十进制整数输入，在 printf()函数中表示按十进制整数输出。从键盘输入数据给变量实际是将数据存入变量所在的内存。&符号用于获取变量 n 的内存地址。

1.5.4　C 语言程序的上机步骤

编写一个程序需要做许多工作，包括编辑、编译、连接和运行调试等过程。因此，不管是哪种编程环境（Microsoft C、Turbo C 还是 Visual C++），都集成了相应的功能，使用非常方便，要求程序员能够熟练掌握。C 语言程序的上机步骤如图 1-6 所示。

在图 1-6 中，虚线表示程序出错时的修改路线，无论是编译错误、连接错误，还是运行错误，都需要修改源程序，并对它重新编译、连接和运行，直至将程序调试正确为止。

☞说明：关于 C 语言程序上机步骤的几点说明。

① 源程序：按 C 语言语法规则编写的程序，文件扩展名为.c。源程序不能直接执行。

② 目标程序：编译源程序生成目标程序，文件扩展名为.obj。目标程序也不能直接执行。

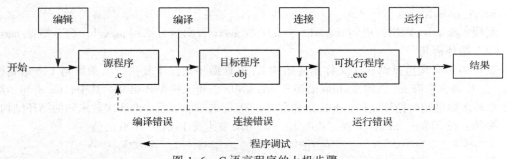

图 1-6 C 语言程序的上机步骤

③ 可执行程序：将标准库函数连接到目标程序中生成可执行程序，文件扩展名为.exe。可执行程序是可以直接执行的。

④ 编译错误：程序编译时检查出来的语法错误。通常是编程者违反 C 语言的语法规则。

⑤ 连接错误：程序连接时检查出来的错误。通常由未定义或未指明要连接的函数，或者函数调用不匹配等因素引起，特别是对系统函数的调用必须通过 include 说明。

⑥ 运行错误：程序通过编译连接，且能够运行，但运行结果错误，通常称为运行错误，又称逻辑错误或语义错误。这种错误最难修改，通常需要使用调试工具进行程序调试。

⑦ 程序调试：对于程序的运行错误，往往需要进行程序调试。根据出错现象找出错误并改正错误的过程称为程序调试。

1.6 实现问题求解的过程

本节通过一个具体的案例，详细说明实现问题求解的过程。

1.6.1 问题分析与算法设计

【例 1-3】统计 1~100 范围内是 3 的倍数的整数个数。

问题分析：

求解目标：统计 1~100 范围内能被 3 整除的整数个数。

约束条件：统计范围 1~100，被 3 整除。

解决方法：利用循环变量控制统计范围；利用计数器统计满足条件的整数个数；利用求余运算判断是否满足条件。

算法设计：算法流程图如图 1-7 所示。变量设置如下：

i：循环控制变量，控制循环次数；

count：计数器。

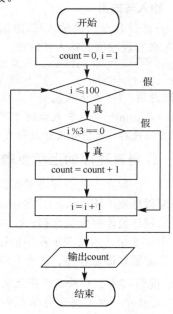

图 1-7 算法流程图

程序清单：

```
#include <stdio.h>          /* 标准输入/输出头文件 */
int main()
{
    int i,count=0;          /* 定义循环变量i和计数器count,并设置count初值为0 */
    for(i=1;i<=100;i=i+1)/* i从1开始循环, 直到100结束, i步长为1 */
    if(i%3==0){
        count=count+1;      /* 每次循环判断当前i是否是3的倍数,如是则计数器加1 */
    }
    printf("%d",count);     /* 循环结束后将计数结果打印出来 */
    return 0;
}
```

知识小结：

① 计数器（或称累加器）变量：count，作用是累加计数，因此其初值为零。

② i%3==0 是一个关系表达式，比较 i 除以 3 的余数是否是 0，如果 i 是 3 的倍数，则该表达式的结果为真，否则为假。

☞小提示："="是赋值运算符；"=="是关系运算符，用于相等判断。

1.6.2 编辑程序

当确定好解决问题的算法后，就可以开始编写程序。一般编程环境的编辑功能可以直接编辑程序，生成源程序文件（C 语言源程序文件的扩展名为.c）。

1.6.3 编译连接

当编辑好程序后，下一步工作就是对源程序进行编译、连接操作。一般在编程环境中，利用"编译"功能完成对源程序的编译工作，生成目标程序（文件扩展名为.obj）；再利用"连接"功能完成对目标程序的连接工作，生成可执行程序文件（文件扩展名为.exe）。

在编译、连接过程中，可能出现编译或连接错误，需要逐一改正，直到生成.exe 程序为止。关于程序的编译、连接和运行调试的具体操作，在配套书《C 语言程序设计实验指导与习题解答》中有详细介绍，在此不再赘述。

1.6.4 运行与调试

当程序通过了编译和连接，并生成了可执行程序后，就可以在编程环境或操作系统环境中运行该程序（.exe 程序）。

程序运行结果可能不是想要的正确结果，也就是说程序中可能存在运行错误（又称逻辑错误或语义错误），这就需要对程序进行调试。调试就是在程序中查找错误并修改错误的过程，其中找出错误是最主要的工作。一般程序的编程环境都提供相应的调试手段。调试最主要的方法包括单步调试、断点调试、观察变量等。

习　　题

一、选择题

1. 以下叙述不正确的是_____。

A. 一个 C 源程序可由一个或多个函数组成

B. 一个 C 源程序必须包含一个 main()函数

C. 在 C 程序中，注释说明只能位于一条语句的后面

D. C 程序的基本组成单位是函数

2. 一个 C 程序的执行是从_____。

A. 本程序的 main()函数开始，到 main()函数结束

B. 本程序文件的第一个函数开始，到本程序文件的最后一个函数结束

C. 本程序的 main()函数开始，到本程序文件的最后一个函数结束

D. 本程序文件的第一个函数开始，到本程序的 main()函数结束

3. C 语言规定：在一个源程序中，main()函数的位置_____。

A. 必须在程序的开头   B. 必须在系统调用的库函数的后面

C. 可以在程序的任意位置   D. 必须在程序的最后

4. C 语言编译程序是_____。

A. 将 C 源程序编译成目标程序的程序   B. 一组机器语言指令

C. 将 C 源程序编译成应用软件   D. C 程序的机器语言版本

5. 要把高级语言编写的源程序转换为目标程序，需要使用_____。

A. 编辑程序   B. 驱动程序   C. 诊断程序   D. 编译程序

6. 以下叙述中正确的是_____。

A. C 语言比其他语言高级

B. C 语言可以不用编译就能被计算机识别执行

C. C 语言以接近英语国家的自然语言和数学语言作为语言的表达形式

D. C 语言出现的最晚，具有其他语言的一切优点

7. 以下叙述中正确的是_____。

A. C 程序中注释部分可以出现在程序中任何合适的地方

B. 花括号{和}只能作为函数体的定界符

C. 构成 C 程序的基本单位是函数，所有函数名都可以由用户命名

D. 分号是 C 语句之间的分隔符，不是语句的一部分

8. 以下叙述中正确的是_____。

A. C 语言的源程序不必通过编译就可以直接运行

B. C 语言中的每条可执行语句最终都将被转换成二进制的机器指令

C. C 源程序经编译形成的二进制代码可以直接运行

D. C 语言中的函数不可以单独进行编译

9. 用 C 语言编写的代码程序_____。

A. 可立即执行   B. 是一个源程序

C. 经过编译即可执行   D. 经过编译解释才能执行

10. 以下叙述中正确的是_____。

A. 在 C 语言中，main()函数必须位于程序的最前面

B. C 语言的每行中只能写一条语句

C. C 语言本身没有输入/输出语句

D. 在对一个 C 程序进行编译的过程中，可以发现注释中的拼写错误

11. 下列 4 组选项中，均不是 C 语言关键字的选项是_____。

　　A. define　　　　　B. getc　　　　　C. include　　　　D. while

　　　　 IF　　　　　　　 char　　　　　　 scanf　　　　　　 go

　　　　 Type　　　　　　 printf　　　　　 case　　　　　　 pow

　　12. C 语言中的标识符只能由字母、数字和下画线三种字符组成，且第一个字符＿＿＿＿＿＿。

　　　　A. 必须为字母

　　　　B. 必须为下画线

　　　　C. 必须为字母或下画线

　　　　D. 可以是字母、数字和下画线中任一种字符

二、填空题

　　1. 程序设计语言的发展很快，从其发展过程来看，程序设计语言的发展大致经历了＿＿＿＿＿、＿＿＿＿＿＿、＿＿＿＿＿＿、＿＿＿＿＿＿和＿＿＿＿＿＿ 5 个阶段。

　　2. 算法就是对特定问题求解步骤的一种描述。描述算法的常用方法包括＿＿＿＿＿＿、＿＿＿＿＿＿和＿＿＿＿＿＿三种。

　　3. 在结构化程序设计中，包括 3 种基本结构，即＿＿＿＿＿＿、＿＿＿＿＿＿和＿＿＿＿＿＿。

　　4. C 语言程序的基本单位或者模块是＿＿＿＿＿＿，一个函数由＿＿＿＿＿＿和＿＿＿＿＿＿两部分组成。一个 C 语言程序有且只能有＿＿＿＿＿＿个 main() 函数，但可以有＿＿＿＿＿＿个用户自定义函数。

　　5. 在 C 语言中，输入操作是由库函数＿＿＿＿＿＿完成的，输出操作是由库函数＿＿＿＿＿＿完成的。

　　6. C 语言程序的语句结束符是＿＿＿＿＿＿。

　　7. 在一个 C 语言源程序中，注释部分两侧的分界符分别为＿＿＿＿＿＿和＿＿＿＿＿＿。

　　8. C 语言的标识符可分为关键字和＿＿＿＿＿＿两类，它只能由三种字符组成，它们分别是＿＿＿＿＿＿、＿＿＿＿＿＿和＿＿＿＿＿＿，且第一个字符必须为＿＿＿＿＿＿或＿＿＿＿＿＿。

　　9. 在 C 环境中，经编辑生成的程序文件称为＿＿＿＿＿＿，该文件的扩展名是＿＿＿＿＿＿，经编译生成的文件称为＿＿＿＿＿＿，该文件的扩展名是＿＿＿＿＿＿，经连接生成的文件称为＿＿＿＿＿＿，该文件的扩展名是＿＿＿＿＿＿。只有＿＿＿＿＿＿能够在计算机上运行。

　　10. 在 C 环境中，C 程序的上机过程通常需要经过＿＿＿＿＿＿、＿＿＿＿＿＿、＿＿＿＿＿＿和＿＿＿＿＿＿ 4 个基本步骤。通常会产生三种错误，即＿＿＿＿＿＿、＿＿＿＿＿＿和＿＿＿＿＿＿。

三、程序设计题

　　1. 改写例 1-1 中的程序，输出以下图形，并在编程环境中验证程序的正确性。

```
        *
      * * *
    * * * * *
      * * *
        *
```

　　2. 改写例 1-2 中的程序，从键盘输入一个正整数 n，求 1~n 间所有奇数之和，并上机验证程序。

　　3. 输入正整数 m 和 n（假设 m<n），输出 [m,n] 范围内所有偶数并统计偶数个数。要求分别用流程图和伪代码两种方法设计题目要求的算法，并分析流程图中哪些是顺序结构、分支结构和循环结构。

第 2 章
用 C 语言编写程序

本章要点

◎ 编写程序实现在屏幕上显示信息。

◎ 编写程序实现简单的数据处理。

◎ 使用 if...else 语句编程计算二分段函数。

◎ 使用 for 语句实现指定次数的简单循环结构程序。

◎ 使用自定义函数实现简单的多函数结构程序。

通过第 1 章的学习，读者对 C 语言和 C 语言编程有了初步的认识，包括程序和程序设计语言基本概念、算法概念及描述方法、C 程序基本结构、C 主要语法单位、C 程序上机步骤及问题求解过程等。

本章从程序设计角度，简单介绍三种基本结构和函数结构的程序示例，着重讲解 C 语言编程的思想、方法和风格，进一步加深读者对 C 语言和 C 语言程序的认识。

2.1 在屏幕上显示信息

2.1.1 案例分析

【例 2-1】在屏幕上显示一行信息 "This is a C program."。

程序清单：

```
/* 显示一行信息: This is a C program. */   /* 注释文本 */
#include <stdio.h>                         /* 编译预处理命令 */
int main()                                 /* 定义主函数 */
{
    printf("This is a C program.\n");      /* 调用 printf()函数输出文字 */
}
```

运行结果：

```
This is a C program.
```

程序解析：

① 注释文本：/* 显示一行信息：This is a C program. */，注释程序功能，注释文本必须包含在/*和*/之间。注释文本不影响程序编译和运行。适当插入注释，可增强程序可读性。

② #include <stdio.h>：编译预处理命令。printf()是标准输出函数，声明在系统文件 stdio.h 中。对系统函数的调用，一般需要将相应头文件用#include 命令包含到程序中。

☞说明：编译预处理命令的末尾不能加分号。

③ main()函数：程序第 3 行到第 6 行。定义一个 main()函数，它是一个特殊函数，称为

"主函数"，任何一个 C 程序都必须有且只能有一个 main() 函数，程序从 main() 函数开始运行。一对花括号把 main() 函数的语句括起来，称为函数体。

☞说明：C 语言规定一个完整的函数定义包括函数首部和函数体两部分。

④ 语句 "printf("This is a C program.\n");"：包括函数调用和英文分号。printf("This is a C program.\n")是函数调用，将双引号中的内容原样输出，\n 是换行符。英文分号表示语句结束。

☞说明：C 语言规定所有语句必须以分号结束。程序中所有标点符号必须是英文标点。

2.1.2 模仿练习

练习 2-1：编写在屏幕上显示两行信息的程序。

练习 2-2：编写在屏幕上显示如下图形的程序。

```
* * * *
 * * *
  * *
   *
```

2.2 求三角形的面积

2.2.1 案例分析

【例 2-2】输入三角形的底 a 和高 h，求三角形的面积。面积公式为 $area = \dfrac{1}{2} \times a \times h$ 。

问题分析：

求解目标：根据底和高求三角形面积。

约束条件：从键盘输入底和高。

解决方法：利用三角形面积公式求解。

算法设计：流程图描述如图 2-1 所示。

变量设置如下：

a：三角形底边长；

h：三角形高度；

area：三角形面积。

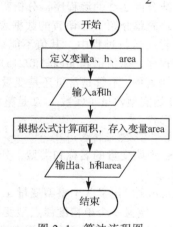

图 2-1 算法流程图

程序清单：

```c
#include <stdio.h>                    /* 编译预处理命令 */
int main()                           /* 主函数 */
{
    int a,h,area;                    /* 变量定义 */

    printf("Input a and h: ");       /* 输入提示 */
    scanf("%d%d",&a, &h);            /* 输入底和高 */
    area=1.0/2*a*h;                  /* 计算面积 */

    printf("a=%d,h=%d,area=%d\n",a,h,area);      /* 输出结果 */
    return  0;
}
```

运行结果：

```
Input a and h: 5 6
a=5,h=6,area=15
```

知识小结：

① 程序结构：顺序结构，所有语句从上往下顺序执行。语句 int a,h,area;定义三个整型变量 a、h、area，分别表示三角形的底、高和面积；调用 scanf()标准输入函数输入底和高；语句 area=1.0/2*a*h;计算面积；调用 printf()标准输出函数输出结果。scanf()和 printf()两个标准函数都声明在系统文件 stdio.h 中。

② printf()函数：程序中两次调用 printf()函数：第一次调用（不含%格式），原样输出固定不变的内容；第二次调用（含三个%d 格式）除输出固定不变的内容外，还在对应的%d 位置上分别输出变量 a、h、area 的值，从输出结果看，第一个%d 位置上输出变量 a 的值，第二个%d 位置上输出变量 h 的值，第三个%d 位置上输出变量 area 的值。

③ scanf()函数：程序中调用 scanf("%d%d",&a,&h)函数，从键盘上输入两个整数给变量 a 和 h，该函数含 3 个参数，"%d%d"是格式控制参数，控制其后输入变量 a 和 h 的数据格式。第一个%d 控制变量 a，第二个%d 控制变量 h。"&a,&h"是输入参数列表，表示两个输入变量 a 和 h 的地址。

☞小提示：%d 表示十进制整数格式。%d 是十进制整型数据输入/输出时的格式控制符，又称占位符。后面还会介绍其他类型的占位符，详细说明见 2.2.4 节。

2.2.2 常量、变量和数据类型

下面结合例 2-2 的源程序，分析程序使用了什么数据，以及它们是什么类型。

第 1 章简单介绍了 C 语言的数据表达，C 语言通过数据类型来表达数据，数据有常量和变量。在程序运行过程中，其值不能被改变的量称为常量，其值可以改变的量称为变量。例 2-2 的程序，赋值语句 area=1.0/2*a*h;中的 1.0 和 2 就是常量，a、h 和 area 就是变量。

在 C 语言中，不管是常量还是变量，都有数据类型区分，常量的类型由其书写形式决定。例如，1.0 是实型常量（实数），2 是整型常量（整数）。变量必须通过变量定义语句指出。

定义形式：

数据类型名 变量名表；

作用：声明变量的名称和类型，分配相应的内存单元。

例如：

int a,h,area;，定义 3 个整型变量 a、h 和 area，用于存放整数。

float x;，定义一个单精度浮点型变量 x，用于存放实数。

double s,t;，定义两个双精度浮点型变量 s 和 t，用于存放实数。

char ch;，定义一个字符型变量 ch，存放 1 个字符。

☞说明：关于 C 语言的常量、变量和数据类型，有以下几点说明。

① 常用基本数据类型：int（整型）、char（字符型）、float（单精度浮点型）、double（双精度浮点型）。float 和 double 都是浮点型，用于存放浮点数（实数），区别是 double 型占用更大的内存空间，表示的数据范围更大。

② 变量必须定义后才能使用。定义时必须给出变量名和类型，变量名必须是合法的标识符，最好能做到"见名知意"。变量名区分英文大小写字母，习惯使用小写字母命名变量，大写字母命名常量。例如，变量名 area 和 Area 是不同的变量名。一个变量定义语句可以定义一个变量，也可以定义多个变量，但变量间必须以逗号隔开。

③ 变量与内存单元：每个变量都分配一定的内存单元，变量名代表内存单元，存放变量值。内存单元的大小由变量类型决定，而且与编译系统有关。

2.2.3　算术运算与赋值运算

下面结合例 2-2 的源程序，分析程序对数据做了哪些运算操作。

1. 算法运算

算术运算包括加、减、乘、除和其他一些运算操作。如表 2-1 所示，算术运算符根据操作数的个数不同分为单目和双目两类，单目运算符只需一个操作数，双目运算符需要两个操作数。运算符有优先级，单目高于双目，双目运算符中，+、-运算符同级较低，*、/、%运算符同级较高。在此主要介绍双目运算符。

表 2-1　算术运算符

目　数	双		目			单		目	
名　称	加	减	乘	除	求余数（模）	自增	自减	正	负
运算符	+	-	*	/	%	++	--	+	-
优先级	低		中			高			

算术表达式即是用算法运算符将运算对象连接起来的符合 C 语法规则的式子。在例 2-2 中，1.0/2*a*h 就是求三角形面积的一个算术表达式。

☞说明：关于 C 语言的算术运算，有以下几点说明。

① 除法运算符/：如果两个操作数是整型数据，则运算结果是整型数据；如果两个操作数中一个是整型数据，另一个是实型数据，则运算结果是实型数据。例如，表达式 10/4 的值是 2，表达式 1/2 的结果是 0，表达式 1.0/2 的结果是 0.5。

② 求余运算符%：只能用于求两个整型数据相除的余数，不能用于实型数据的运算，且结果的正负号与被除数同号。例如，表达式 10%3 的结果是 1，表达式-10%3 的结果是-1。

③ 双目运算符两侧操作数的类型一般要求相同，否则，系统自动转换成相同类型后再运算。关于类型转换规则，一般是整型转换成实型。详细说明见第 3 章 3.4 节。在例 2-2 中，求解算术表达式 1.0/2*a*h，1.0 是 double 型，2 是 int 型，1.0/2 转换成 1.0/2.0 后再计算，结果是 double 型的 0.5，再依次与整型变量 a、b 做乘法运算，最终结果是 double 型。因此例 2-2 中的变量 area 实际应该定义成 double 类型，在打印时其对应的占位符应该修改为%f。请思考，若将表达式写成 1/2*a*b 或 a*b/2，计算结果正确吗？为什么？

2. 赋值运算

C 语言中的赋值运算是指用赋值运算符"="将一个变量和一个表达式连接起来构成一个赋值表达式。一般形式为：

变量=表达式

作用：先计算赋值号"="右边表达式的结果，再将结果赋给赋值号"="左边的变量。

例如：在例 2-2 中，area=1.0/2*a*h 就是一个赋值表达式。

☞说明：关于 C 语言的赋值运算，有以下几点说明。

① 赋值运算符=：=是赋值号，不是比较运算符；=左侧只能是变量，右侧可以是常量、变量、函数等组成的表达式。赋值运算符的优先级比算术运算符低。

② 类型转换：如果赋值运算符两侧的数据类型不同，则系统首先将赋值运算符右侧表达式的类型自动转换成赋值运算符左侧变量的类型，再给变量赋值。注意：类型转换是以赋

值运算符左侧变量为准，若将一个整型转换成一个实型，则一般没有问题；反之，会出现数据丢掉的警告错误。详细说明见第 3 章 3.4 节。

2.2.4　格式化输出函数 printf()与格式化输入函数 scanf()

在 C 语言中，没有专门的输入/输出语句，通过调用系统库函数中的相关函数来实现数据的输入和输出。因此，在源程序开始时必须使用编译预处理命令#include <stdio.h>。

下面结合例 2-2 的源程序，介绍格式化输出函数 printf()与格式化输入函数 scanf()。

1．格式化输出函数 printf()

格式化输出函数 printf()的一般格式为：

```
printf(格式控制字符串,输出参数表列);
```

作用：按照格式控制字符串的格式要求，将输出参数表列中的参数 1、参数 2、……、参数 n 的值依次输出。

☞说明：关于 printf()函数，有以下几点说明。

① 格式控制字符串：用英文双引号括起来，控制输出数据的格式。格式输出字符串中通常包含两种信息，即格式控制说明和普通字符。

格式控制说明：以%开头的格式控制字符，控制输出参数的输出格式，不同类型的数据采用不同的格式控制字符。例如，%d 为 int 型，%f 为 float 型，%lf 为 double 型，%c 为字符型，%s 为字符串等。这里主要介绍最常用的几种。

● d 格式——整数格式。

%d：按十进制整数的实际长度输出。

%md：m 控制输出参数的总宽度（包括符号位），若输出参数的位数少于 m，则数据右对齐，左端补空格，若大于 m，则按实际位数输出。注意：%-md 与%md 类似，只是数据左对齐，右端补空格。例如，%6d、%-6d。

%ld：按照实际长度输出长整型十进制数据。

%mld：与%md 类似，也有%-mld 的格式。例如，%8ld、%-8ld。

本例中的 printf("a=%d,h=%d,area=%d\n",a,h,area);使用了 3 个%d 格式，按顺序依次控制 a、h、area 3 个输出参数的数据输出格式。

● f 格式——小数实数格式。

%f：不指定宽度，由系统自动指定，使整数部分全部输出，并默认输出 6 位小数。单精度实数的有效位数一般是 8 位。双精度数据的有效位数是 16 位。

%m.nf：m 控制输出参数的总宽度（包括符号位和小数点），n 控制输出参数的小数位数。若输出参数的长度少于 m，则左端补以空格，若大于 m，则按实际长度输出。注意：%-m.nf 与%mf 类似，只是数据左对齐，右端补空格。例如，%6.2f、%-6.2f。

%lf：按照实际长度输出双精度十进制小数。

%m.nlf：与%m.nf 类似，也有%-m.nlf 的格式。例如，%8.2lf、%-8.2lf。

● 其他格式：将在后续内容中介绍。

普通字符：需要原样输出的字符。如例 2-2 第一个 printf("Input a and h: ");函数，双引号内所有字符都是普通字符。第二个 printf("a=%d,h=%d,area=%d\n",a,h,area);函数，双引号内除 3 个%d 格式控制说明外，所有字符都是普通字符，它们将原样输出。\n 是一个转义字符，即 n 不再是普通的字母 n，和斜杠结合后变为一个换行符号了。后面还会介绍其他类型的转意字符，详细说明见第 3 章 3.1.4 节。

② 输出参数表列：需要输出的数据参数。一般格式为：

```
参数1,参数2,...,参数n
```

说明：输出参数可以是常量、变量或表达式，参数间以英文逗号分隔。输出参数表列必须与格式控制字符中的格式控制说明相对应，即个数、类型、位置要一一对应。

例 2-2 第 2 个 printf("a=%d,h=%d,area=%d\n",a,h,area);函数，3 个%d 依次对应 a、h、area 3 个变量，输出时%d 处会被相应的输出参数值代替，起占位作用，所以称之为占位符。

2. 格式化输入函数 scanf()

格式化输入函数，它的一般格式为：

```
scanf(格式控制字符串,输入参数表列);
```

作用：按照格式控制字符串的格式要求，依次输入 n 个数据给输入参数表列中相应的 n 个输入参数。

☞说明：关于 scanf()函数，有以下几点说明。

① 格式控制字符串：基本同 printf()函数。请注意，格式控制字符串中的普通字符必须原样输入。例如，scanf("a=%d",&a);，假设要输入 100，则必须输入 a=100，否则出错。因此，建议在 scanf()函数的格式控制字符中，不要出现普通字符，可将 printf()与 scanf()结合使用，printf()函数起输入提示作用。例如，本例中的两条语句：

```
printf("Input a and h: ");  /* 输入提示 */
scanf("%d%d",&a,&h);         /* 输入底和高 */
```

② 输入参数表列：地址表列，由若干地址组成的表列。可以是变量地址或字符串首地址。如本例中的 scanf("%d%d",&a,&h)函数，&a 为变量 a 的地址，&h 为变量 h 的地址。符号&是地址运算符，表示取某变量的地址。

③ 输入参数表列必须与格式控制字符中的格式控制说明相对应，即个数、类型、位置一一对应。如本例中的 scanf("%d%d",&a,&h)函数，两个%d 依次对应 a、h 两个变量。

④ 多个数据的输入问题：若在一个 scanf()函数中需要输入多个数据，数据间必须使用一个或多个空格分隔，也可使用 Tab 符、回车符，但不能使用逗号、分号等其他标点符号。例如，本例中的 scanf("%d%d",&a,&h)函数：

```
正确输入: 3 4                  错误输入: 3,4
```

2.2.5　模仿练习

练习 2-3：输入球体的半径 r，求球体的体积。计算公式：$volume = \frac{4}{3} \times \pi \times r^3$。

练习 2-4：输入梯形的上底 a、下底 b 和高 h，求梯形的面积。计算公式为 $area = \frac{1}{2} \times (a+b) \times h$。

2.3　计算分段函数

2.3.1　案例分析

【例 2-3】为鼓励居民节约用电，电力公司采取按月用电量分段计费的办法计算电费，居民应交电费 y（元）与月用电量 x（kW·h）的函数关系式如下（设 $x \geq 0$）：

$$y = f(x) = \begin{cases} \dfrac{3}{5}x, & x \le 30 \\[2mm] \dfrac{4}{5}(x-30)+18, & x > 30 \end{cases}$$

输入月用电量 x（kw·h），计算并输出应支付的电费（元）（输出时保留两位小数）。

问题分析：
求解目标：根据 x 所在的范围选择相应的公式计算 y。

约束条件：电量和电费采用单精度类型，结果保留 2 位小数显示。

解决方法：scanf 实现电量输入；分支结构实现分段计算。

算法设计：流程图描述如图 2-2 所示。

变量设置如下：

x：用户电量；

y：应缴电费。

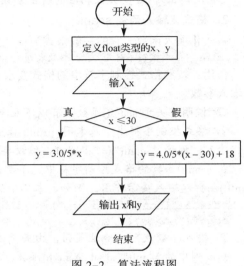

图 2-2　算法流程图

程序清单：

```
#include <stdio.h>              /* 编译预处理命令 */
int main()                      /* 主函数 */
{
    float x,y;                  /* 变量定义 */
    printf("Input x(x>=0): ");  /* 输入提示 */
    scanf("%f",&x);             /* 输入用电量 */
    if(x<=30)                   /* 分段计算电费 */
        y=3.0/5*x;             /* 此处不能写成 3/5，否则结果为 0 */
    else
        y=4.0/5*(x-30)+18;     /* 此处不能写成 4/5，否则结果为 0 */
    printf("x=%f,y=%.2f\n",x,y); /* 输出结果 */
    return 0;
}
```

运行结果：

```
Input x(x>=0): 15          Input x(x>=0): 45
x=15.000000,y=9.00         x=45.000000,y=30.00
```

知识小结：

① 程序结构：采用 if...else 双分支结构，实现二分段函数的计算。

② printf()函数：程序中调用 printf("x=%f,y=%.2f\n",x,y)函数，除原样输出普通字符外，还在对应的%f 和%.2f 位置上分别输出变量 x、y 的值。%f 指定保留 6 位小数格式，%.2f 指定保留两位小数格式。

③ scanf()函数：程序中调用 scanf("%f",&x)函数，从键盘上输入一个实数给变量 x，该函

数包含两个参数；"%f"是格式控制参数，控制其后输入变量 x 的数据输入格式是单精度浮点型小数。

④ 计算公式中的 3/5 和 4/5 在用 C 程序表达时要写成 3.0/5 和 4.0/5 的形式，否则根据除法运算符的运算规则，将变为整除，结果就会变为 0。

☞小提示：

● 在程序代码中，针对不同层次采用缩进格式，使程序结构清晰，增强可读性。
● 在程序中加入适当的输入提示，有利于程序的运行控制。通常在输入数据代码中将 printf()与 scanf()结合使用，printf()作输入提示，scanf()作输入。

2.3.2　关系运算

例 2-3 源程序中的 if...else 语句，用 x<=30 比较 x 与 30 的大小，这是一种关系运算。在 C 语言中，关系运算又称比较运算，对两个操作数进行大小比较，运算结果是"真"或"假"。若 x 的值是 15，则 x<=30 的值是"真"；若 x 的值是 45，则 x<=30 的值是"假"。

C 语言共提供了 6 种关系运算符，如表 2-2 所示，它们都是双目运算符。

表 2-2　关系运算符

名　　称	大于	大于或等于	小于	小于或等于	等　于	不等于
运算符	>	>=	<	<=	==	!=
优先级	高				低	
结合方向	从左向右					

用关系运算符将两个表达式连接起来构成关系表达式。关系表达式的值反映了关系运算（比较运算）的结果，它是一个逻辑量，取值"真"或"假"。由于 C 语言没有逻辑型数据，就用整数 1 代表"真"，0 代表"假"。这样，关系表达式的值就是 1 或 0，它的类型就是整型。例如，x<=30、x>100、x!=90、x%2==0 等都是合法的关系表达式。

在 C 语言中，可以用关系表达式描述给定的简单条件，通常用于分支结构语句中的分支条件表示和循环结构语句中的循环条件表示。例如，判定 a 是否为偶数，可以用关系表达式 a%2==0 表示。实际上，C 语言系统对条件（分支条件或循环条件）的判定依据就是：非 0 即"真"，0 即"假"，将在 if...else 语句中做详细介绍。

☞说明：关于 C 语言的关系运算，有以下几点说明。

① 关系运算符"=="与赋值运算符"="的比较："=="是关系运算符，用于比较两个操作数是否相等；而"="是赋值运算符，表示对变量进行赋值。两者不能混淆。

② 关系运算符的优先级低于算术运算符，高于赋值运算符和逗号运算符。结合方向为从左向右。

例如，当 a、b、c、d、x 分别取值 1、2、3、4、5 时，分析下列表达式的值：

a>b==c	等价于	(a>b)==c	值为 0
3<=x<=5	等价于	(3<=x)<=5	值为 1
d=a+b>=c	等价于	d=((a+b)>=c)	值为 1
b-1==a!=c	等价于	((b-1)==a)!=c	值为 1

2.3.3　if...else 语句

if...else 语句的一般格式如下：

```
if(表达式)
    语句 1;
else
    语句 2;
```

作用：实现二分支结构，根据表达式的值从语句 1 或语句 2 中选择一条语句执行。

执行流程：如图 2-3 所示，首先求解 if 后的表达式的值，若表达式的值为非 0（真），则执行语句 1；若表达式的值为 0（假），则执行语句 2。

If...else 语句常用于计算二分段函数，例 2-3 计算电费的程序中，if...else 程序段就是实现二分段函数的典型案例。

```
if(x<=30)
    y=3*x/5;                /* 当 x<=30 为真时执行 */
else
    y=4*(x-30)/5+18;        /* 当 x<=30 为假时执行 */
```

另外，if...else 语句还有一种特殊应用就是单分支 if 语句，即省略 else 部分，它的一般格式如下：

```
if(表达式) 语句;
```

作用：实现单分支结构，根据表达式的值选择是否执行表达式后的语句。

执行流程：如图 2-4 所示，首先求解 if 后的表达式的值，若表达式的值为非 0（真），则执行表达式后的语句；若表达式的值为 0（假），则不执行表达式后的语句。

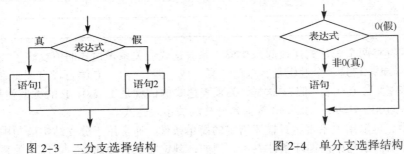

图 2-3 二分支选择结构   图 2-4 单分支选择结构

例如：下面程序段输出 x 的平方根。若 x>=0，则调用系统函数 sqrt(x) 求 x 的平方根，否则不处理。

```
if(x>=0) printf("%f",sqrt(x));
```

☞说明：关于 if...else 语句的使用，有以下几点说明。

① 语句 1 和语句 2 可以是单条语句，也可以是复合语句。建议：不管是单条语句还是复合语句，都使用 { } 将其括起来，这是一种好的编程风格，对初学者尤为重要。

② if 后的表达式：通常是一个关系表达式或逻辑表达式（在第 3 章介绍），表示一个判定条件。但实际上可以是任意类型的表达式，只要其值非 0 即 "真"，0 即 "假"。

2.3.4 常用数学库函数

在 C 语言中，函数的含义不同于数学中的函数关系或函数解析式，它是一个具有独立功能的处理过程。C 语言程序的处理过程全部都是以函数形式出现的，最简单的 C 程序至少也有一个 main() 函数。C 语言规定，函数必须先定义和声明后才能调用。从用户使用函数的角度来看，函数有两种：标准库函数和用户自定义函数。

　　标准库函数就是 C 语言系统提供的事先编好的函数，用户编程时可以直接调用，通常定义在相应的系统文件中（头文件），例如，stdio.h 是标准输入/输出头文件，math.h 是数学库函数头文件。编程时必须先用编译预处理#include 将相应的头文件包含进来。下面介绍常用的数学库函数。

（1）abs(x)函数

函数原型：int abs(int x)

作用：绝对值函数，求整数 x 的绝对值。函数参数和函数结果都是 int 型。

举例：abs(−4)的结果是 4，abs(8)的结果是 8。

（2）fabs(x)函数

函数原型：double fabs(double x)

作用：绝对值函数，求实数 x 的绝对值。函数参数和函数结果都是 double 型。

举例：fabs(−4.5)的结果是 4.5，fabs(8.8)的结果是 8.8。

☞说明：如果要获取小数的绝对值，则应选用 fabs()函数，否则选 abs()函数。

（3）exp(x)函数

函数原型：double exp(double x)

作用：指数函数，求 e^x。函数参数和函数结果都是 double 型。

举例：exp(3)求 e^3。

（4）pow(x,y)函数

函数原型：double pow(double x,double y)

作用：幂函数，求 x^y。函数参数和函数结果都是 double 型。

举例：pow(3,5)求 3^5。

（5）pow10(n)函数

函数原型：double pow10(int n)

作用：幂函数，求 10^n。函数参数是 int 型，函数结果是 double 型。

举例：pow10(5)求 10^5。

（6）log(x)函数

函数原型：double log(double x)

作用：对数函数，求 lnx。函数参数和函数结果都是 double 型。

举例：log(8)求 ln8。

（7）log10(x)函数

函数原型：double log10(double x)

作用：对数函数，求 $\log_{10}x$。函数参数和函数结果都是 double 型。

举例：log10(100)求 $\log_{10}100$，结果是 2.0。

（8）sqrt(x)函数

函数原型：double sqrt(double x)

作用：平方根函数，求 x 的平方根。函数参数和函数结果都是 double 型。

举例：sqrt(100)求 100 的平方根，值为 10.0。

【例 2-4】输入球半径 r，计算球体积（输出时保留两位小数）。计算公式：

$$\text{volume} = \frac{4}{3}\pi r^3$$

问题分析：

求解目标：从键盘输入半径，计算球体积并显示输出。

约束条件：半径必须大于 0。

解决方法：利用二分支结构判断半径正负，在大于 0 的情况下利用球体积公式计算体积。

算法设计：流程图描述如图 2-5 所示。
变量设置如下：
r：半径；
v：体积。

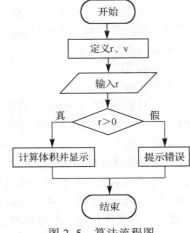

图 2-5　算法流程图

程序清单：

```
#include <stdio.h>                 /* 编译预处理命令，包含 stdio.h 头文件 */
#include <math.h>                  /* 编译预处理命令，包含 math.h 头文件 */
int main()                         /* 主函数 */
{
    double r,v;                    /* 变量定义 */
    printf("Input r(r>=0): ");     /* 输入提示 */
    scanf("%lf",&r);               /* 输入球半径 */
    if(r>=0) {                     /* 判断 r 是否合法 */
        v=4*3.14*pow(r,3)/3;       /* 计算球体积 */
        printf("r=%f,v=%.2f\n",r,v);      /* 输出结果 */
    }
    else
        printf("Input Error!\n");          /* 输出出错信息 */
    return 0;
}
```

运行结果：

```
Input r(r>=0): 10              Input r(r>=0): -10
r=10.000000,v=4186.67          Input Error!
```

知识小结：

① #include <math.h>：程序使用到 pow()数学函数，其定义是在 math.h 头文件中，因此，必须在程序头部加上 math.h 头文件包含的编译预处理命令，否则程序会出错。

② 语句 double r,v;：定义两个双精度型变量 r 和 v，分别表示球半径和球体积。

③ r 的立方在 C 语言中的表示方式和数学中的表示方式不同，在 C 语言中一般是 r*r*r 或 pow(r,3)，不能写成 r^3 或 r^3 这种数学形式，C 语言没有这些表示方式。

☞小提示：double 型数据的输入必须使用%lf 格式控制字符，否则会出错。但是打印时却和 float 类型一样要使用%f。

2.3.5　模仿练习

练习 2-5：编写程序，输入 x，计算并输出下列分段函数 $f(x)$的值（输出时保留 3 位小数）。

$$y = f(x) = \begin{cases} \dfrac{1}{x}, & x \neq 0 \\ 0, & x = 0 \end{cases}$$

练习 2-6：编写程序，输入 x，计算并输出下列分段函数 $f(x)$ 的值（输出时保留 2 位小数），请调用数学函数 sqrt() 求平方根，调用 pow() 函数求幂。

$$y = f(x) = \begin{cases} \dfrac{1}{x} + 2x + x^5, & x < 0 \\ \sqrt{x}, & x \geqslant 0 \end{cases}$$

2.4 输出华氏—摄氏温度转换表

2.4.1 案例分析

【例 2-5】输入两个整数 lower 和 upper，输出一张华氏—摄氏温度转换表。华氏温度的取值范围是 [lower,upper]，每增加 1℉，计算相应的摄氏温度。转换公式如下（c 为摄氏温度，f 为华氏温度）：

$$c = \frac{5 \times (f - 32)}{9}$$

问题分析：

求解目标：根据给定的华氏温度范围，利用转换公式逐个计算并显示华氏—摄氏对应温度值。

约束条件：控制华氏温度范围。

解决方法：利用 for 循环，控制华氏温度在 [lower,upper] 范围变化，逐个转换计算成摄氏温度并显示。

算法设计：流程图描述如图 2-6 所示。变量设置如下：

    f：循环控制变量，华氏温度；

    lower：华氏温度起始值；

    upper：华氏温度终止值；

    c：摄氏温度。

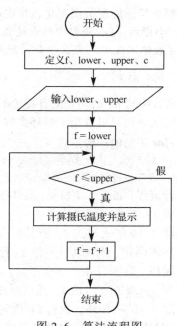

图 2-6 算法流程图

程序清单：

```c
#include <stdio.h>        /* 编译预处理命令 */
int main()                /* 主函数 */
{
    int f,lower,upper;  /* 变量定义 */
    double c;
```

```
    printf("Input lower and upper: ");   /* 输入提示 */
    scanf("%d%d",&lower,&upper);          /* 输入华氏温度的转换范围 */
    printf("farh  celsius\n");            /* 输出表头 */

    /*输出表体: 华氏温度 f 从 lower 开始, 到 upper 结束, f 每增加 1℃重复转换并输出。*/
    for(f=lower;f<=upper;f++){
        c=5.0/9*(f-32);                   /* 温度转换 */
        printf("%d%6.1f\n",f,c);          /* 输出一行转换结果 */
    }
    return 0;
}
```

运行结果:

```
Input lower and upper: 30 33
farh  celsius
30  -1.1
31  -0.6
32   0.0
33   0.6
```

知识小结:

程序结构: for 循环结构, 按给定的整数范围[lower,upper]逐个处理数据, 变量 f 是循环变量, 控制在华氏温度范围变化, 每次循环结束, f 加 1, 起到控制循环次数的作用。

☞小提示: for 语句中的表达式 f++作用是改变循环控制变量, 使循环趋向于结束, 如果变量 f 始终不改变, 那么就会出现死循环的情况。

2.4.2 for 语句

C 语言中的 for 语句是最有特色的循环语句, 使用最为灵活方便, 不仅可以用于循环次数确定的情况, 而且可以用于循环次数不确定且只给出循环结束条件的情况。

1. for 语句的一般形式

```
for(表达式 1;表达式 2;表达式 3)
    循环体语句
```

执行流程: 如图 2-7 所示。具体执行过程描述如下:

步骤 1: 首先求解表达式 1。

步骤 2: 求解表达式 2, 若其值为 "真" (非 0), 则执行循环体语句, 然后执行步骤 3。若其值为 "假" (0), 则结束循环, 转步骤 4。

步骤 3: 求解表达式 3, 然后返回步骤 2 继续循环。

步骤 4: 结束循环, 执行 for 语句下面的一条语句。

☞说明: 关于 for 语句的流程图, 有以下几点说明。

① 表达式 1: 初值表达式, 在整个循环过程中只执行一次, 并不参与循环过程。

② 循环过程: 由表达式 2、循环体语句、表达式 3 组成。执行顺序: 表达式 2→循环体语句→表达式 3。

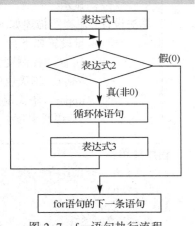

图 2-7 for 语句执行流程

③ 表达式 2：循环条件，只有其值为"真"（非 0）时，才执行循环。若其值为"假"（0），则结束循环。

2．for 语句组成

for 语句是由三个表达式和循环体语句构成。下面结合例 2-5 讨论 for 语句的 3 个表达式和循环体语句的含义和功能。

（1）表达式 1

初值表达式，设置循环变量初始值，指定循环的起点。如本例 f=lower，设置循环变量 f 的初值为温度取值范围的下限值 lower，即循环从 lower 开始。

（2）表达式 2

循环控制表达式，控制循环执行的条件，若值为非 0（"真"），则继续循环；若值为 0（"假"），则结束循环。通常是判断循环变量是否超出循环的终点。如本例 f<=upper，upper 为温度取值范围的上限值，一旦 f 的值超出 upper，表达式 2 的值为 0（"假"），结束循环。

（3）表达式 3

步长表达式，设置循环的步长，改变循环变量的值，进而改变表达式 2 的值。如本例 f++（步长为 1），使 f 值增 1，一旦 f 的值超出 upper，表达式 2 的值为 0（"假"），结束循环。

（4）循环体语句

被重复执行的语句，只能是一条语句。可以是一条简单语句，也可以是多条语句构成的一条复合语句。

☞说明：关于循环体语句，有以下几点说明。

① 不管是一条简单语句，还是一条复合语句，建议都将循环体语句用一对花括号{ }括起来变成一条复合语句。

案例：省略本例 for 语句中循环体语句的花括号，程序如下：

```
for(f=lower;f<=upper;f++)
    c=5.0/9*(f-32);              /* ① */
    printf("%d%6.1f\n",f,c);     /* ② */
```

分析：在上述程序段中，只有语句①是循环体语句，参与循环，语句②变成 for 语句的下一条语句，不参与循环，只有结束循环后才被执行，显然错误。

② 不要在 for 语句末尾随意添加分号，否则循环体变成空语句。在 C 语言中，空语句是指仅由一个分号";"构成的语句，它什么也不做。

案例：将本例中的 for 语句改写如下。

```
for(f=lower;f<=upper;f++);       /* 分号代表空语句 */
c=5.0/9*(f-32);                  /* ① */
printf("%d%6.1f\n",f,c);         /* ② */
```

分析：在上述程序段中，循环体语句变成空语句，需要反复执行的语句①和语句②变成 for 语句的下一条语句，不参与循环。循环结束后才被执行。

2.4.3 指定次数的循环结构程序设计

下面通过几个经典案例，详细介绍利用 for 语句编写简单的指定次数的循环结构程序。

【例 2-6】输入一个整数 n，求 $\sum_{i=1}^{n} i$。

问题分析：

求解目标：计算 1 到 n 的整数之和。

约束条件：输入 n 为正整数。

解决方法：利用 for 循环，从 1 开始循环到 n，每次循环将循环变量累加起来，最后输出累加结果。

算法设计：流程图描述如图 2-8 所示。变量设置如下：

i：循环控制变量；

n：输入的正整数；

sum：累加和。

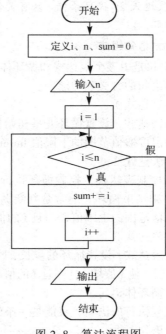

图 2-8　算法流程图

程序清单：

```
#include <stdio.h>            /* 编译预处理命令 */
int main()                    /* 主函数 */
{
    int i,n,sum=0;            /* 变量定义,同时初始化 sum 为 0 */

    printf("Input n:(n>0): ");  /* 输入提示 */
    scanf("%d",&n);             /* 输入一个正整数 */
    for(i=1;i<=n;i++){          /* 求累加和: i 从 1 开始, 到 n 结束, 每次增加 1 */
        sum=sum+i;
    }

    printf("sum=%d\n",sum);    /* 输出结果 */
    return 0;
}
```

运行结果：

```
Input n:(n>0): 100
sum=5050
```

☞小提示：循环体语句使用复合语句形式，且向右缩进对齐，明确标识循环体的范围，层次结构好。

【例 2-7】输入一个正整数 n，求 $1-\dfrac{1}{2}+\dfrac{1}{3}-\dfrac{1}{4}+\cdots$ 的前 n 项之和。

问题分析:

求解目标: 计算指定数列的前 n 项之和。

约束条件: 奇数项为正、偶数项为负。

解决方法: 数列通项为 flag*1/i, flag 为项符号（初值为第 1 项符号 1）。利用 for 循环, 从 1 开始循环到 n, 每次循环依次计算项、累加项、变符号。最后输出结果。

算法设计: 流程图描述如图 2-9 所示。变量设置如下:

i: 循环控制变量;

n: 输入的正整数, 代表项数;

sum: 累加和, 初值为 0;

flag: 符号变量, 交替变化项符号。

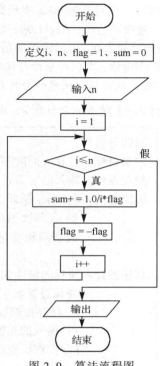

图 2-9 算法流程图

程序清单:

```
#include <stdio.h>                   /* 编译预处理命令 */
int main()                          /* 主函数 */
{
    int i,n,flag;                   /* 变量定义 */
    double sum;                     /* 定义累加和变量 */

    printf("Input n:(n>0): ");      /* 输入提示 */
    scanf("%d",&n);                 /* 输入一个正整数 */
    flag=1;sum=0;                   /* 变量初始化 */
    for(i=1;i<=n;i++){              /* 求累加和: i 从 1 开始, 到 n 结束, 每次增加 1*/
        sum=sum+flag*1.0/i;         /* 计算并累加第 i 项 */
        flag=-flag;                 /* 求下一项符号 */
    }
    printf("sum=%f\n",sum);         /* 输出结果 */
    return 0;
}
```

运行结果:

```
Input n:(n>0): 10
sum=0.645635
```

知识小结:

① 数列类问题: 解决思路就是找通项规律并正确表示, 往往需要配合使用循环变量。本案例中变量 i 既充当了循环变量的角色, 又参与通项的计算。

② 变量 flag: 编程时一般作为标志变量使用, 本案例作为通项正负交替的符号变量, 令

其初值为 1，语句 flag=-flag 实现交替改变符号的功能。

③ 通项表达式：flag*1.0/i，注意分子上必须用 1.0，否则将变成整除运算，使得数列从第二项开始都为 0，得到错误的结果。

☞小提示：本例的分母与循环变量 i 有关，若找不到变化规律，最好引入一个表示分母的变量 fm，从而简化问题的分析和解决过程。

【例 2-8】输入一个整数 n，求 n 的阶乘。

问题分析：

求解目标：计算 n 的阶乘。

约束条件：输入的 n 为正整数。

解决方法：利用 for 循环，从 1 开始循环到 n，每次循环将循环变量累乘到乘积变量。最后输出结果。

算法设计：流程图描述如图 2-10 所示。

变量设置如下：

i：循环控制变量；

n：输入的正整数；

fact：乘积变量，初值为 1。

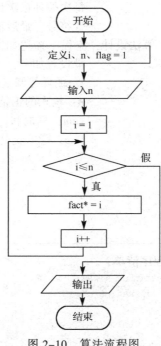

图 2-10 算法流程图

程序清单：

```c
#include <stdio.h>                    /* 编译预处理命令 */
int main()                           /* 主函数 */
{
    int i,n,fact=1;                  /* 变量定义，fact 是乘积变量，初值为 1 */

    printf("Input n:(n>0): ");       /* 输入提示 */
    scanf("%d",&n);                  /* 输入一个正整数 */
    for(i=1;i<=n;i++){               /* 累乘：i 从 1 开始，到 n 结束，每次增加 1 */
        fact=fact*i;                 /* 求乘积 */
    }

    printf("fact=%d\n",fact);        /* 输出结果 */
    return 0;
}
```

运行结果：

```
Input n:(n>0): 5
fact=120
```

知识小结：

① fact 是乘积变量，初值应置 1，不能置 0，否则结果就恒为 0。

② 当 n 较大时（n>12），阶乘结果将超过整型变量最大取值范围，必须把 fact 定义为浮点型变量。

☞小提示：综合上述案例可以看出，指定次数的循环结构，一般使用 for 语句实现。要设计好一个 for 语句，一般应该包括以下 4 项内容：

① 初始化：指定循环起点，给循环变量赋初值，如 i=1。
② 循环条件：设置循环执行条件，一般是关系表达式或逻辑表达式，如 i<=n。
③ 循环体：重复执行的语句，必须是一条语句（简单语句或复合语句）。
④ 改变循环变量：破坏循环条件的"真""假"值。如 i++，使 i 每次加 1。

2.4.4　模仿练习

练习 2-7：编写程序，输入两个正整数 m 和 n，求 $S=\sum_{i=m}^{n}i$。

练习 2-8：编写程序，输入一个正整数 n，求 $S=1-\dfrac{1}{2}+\dfrac{2}{3}-\dfrac{3}{5}+\dfrac{5}{8}-\dfrac{8}{13}+\cdots$ 的前 n 项之和。

练习 2-9：编写程序，输入两个正整数 m 和 n，求 $S=\dfrac{m!}{n!}$。

习　题

一、选择题

1. C 语言程序中的常量类型_____。
    A. 由书写形式确定　　　　　　B. 必须用定义语句定义
    C. 在运算时才能确定　　　　　D. 无法确定

2. 假设 m 是一个两位数，将 m 的个位与十位互换的表达式是_____。
    A. m/10*10+m%10　　　　　　B. m%10*10+m/10
    C. m*10%10+m/10　　　　　　D. m/10+m%10/10

3. 执行 scanf("a=%d,b=%d",&a,&b);语句，要使变量 a、b 的值分别为 3 和 4，正确的输入方法是_____。
    A. 3,4　　　　B. a:3 b:4　　　　C. a=3,b=4　　　　D. 3 4

4. 设 b=1234，执行 printf("%%d@%d",b);语句，输出结果为_____。
    A. 1234　　　　B. %1234　　　　C. %%d@1234　　　　D. %d@1234

5. 若输入 2.50，则下列程序的运行结果是_____。
```
int main()
{
    float r,area ;
    scanf("%f",&r);
    printf("%f\n",area=1/2*r*r);
}
```
    A. 0　　　　B. 3.125　　　　C. 3.13　　　　D. 程序有错

6. 下列条件语句中，功能与其他语句不同的是_____。
    A. if(a) printf("%d\n",x); else printf("%d\n",y);
    B. if(a==0) printf("%d\n",y); else printf("%d\n",x);

    C. if(a!=0) printf("%d\n",x); else printf("%d\n",y);

    D. if(a==0) printf("%d\n",x); else printf("%d\n",y);

7. 与数学表达式 $3x^n/(2x-1)$ 对应的 C 语言表达式是_____。

    A. 3*x^n(2*n-1)   B. 3*x**n/(2*x-1)

    C. 3*pow(x,n)/(2*x-1)   D. 3*pow(n,x)/(2*x-1)

8. 对于 for(表达式1; ;表达式3)可理解为_____。

    A. for(表达式1; 0 ;表达式3)   B. for(表达式1; 1 ;表达式3)

    C. for(表达式1; 表达式1; 表达式3) D. for(表达式1; 表达式3; 表达式3)

9. 下面关于 for 循环的正确描述是_____。

    A. for 循环只能用于循环次数已知的情况

    B. for 循环是先执行循环体语句，后判断表达式

    C. for 循环只能用于循环次数未知的情况

    D. for 循环的循环体语句中，可以包含多条语句

10. 下面程序段的输出结果是_____。

```
int i,sum;
for(i=1;i<=10;i++) sum+=sum;
printf("%d\n",i);
```

    A. 10   B. 9   C. 15   D. 11

二、填空题

1. 若变量 s 为 int 型，且其值大于 0，则表达式 s%2+(s+1)%2 的值为_____。

2. 判定 n 是偶数的 C 语言关系表达式是_____。

3. 设 x 和 y 为 double 型，x 的值是 1.5，则执行赋值表达式 y=x+3/2 后 y 的值为_____。

4. 数学表达式 $\dfrac{x^{(y/(2+y))}}{\sqrt{3\pi}}$ 的 C 语言表达式是_____。

5. 以下程序运行时如果从键盘输入"7 8 9"，则运行结果是_____。

```
#include <stdio.h>
int main()
{
    int a,b,c,x,y;

    printf("请输入 3 个整数: ");
    scanf("%d%d%d",&a,&b,&c);
    if(a>b){
        x=a;y=b;
    }
    else{
        x=b;y=a;
    }
    if(x<c) x=c;
    if(y>c) y=c;

    printf("x=%d,y=%d",x,y);
}
```

6. 以下程序的运行结果是_____。

```
#include <stdio.h>
```

```
int main(void)
{
    int i,s=0;

    for(i=1;i<10;i+=2)
        s+=i+1;

    printf("%d\n",s);
}
```

7. 以下程序的功能是计算 s=1+12+123+1234+12345。请填空。

```
#include <stdio.h>
int main()
{
    int t,s,i;

    ____①____ ;
    for(i=1;i<=5;i++){
        ____②____ ;
        s=s+t;
    }

    printf("s=%d\n",s);
}
```

8. 以下程序的功能是计算 s=1+1/2+1/3+…+1/10。请填空。

```
#include <stdio.h>
int main()
{
    int n;
    float s;

    ____①____ ;
    for(n=10;n>=1;n--)
        ____②____ ;

    printf("%6.4f\n",s);
}
```

9. 以下程序的功能是在输入的 10 个正整数中求出最大者。请填空。

```
#include <stdio.h>
int main()
{
    int i,a,max=0;

    for(i=1;i<=10;i++){
        ____①____ ;
        if(max<a)____②____ ;
    }

    printf("%d",max);
}
```

三、程序设计题

1. 编写程序，输入任意一个 3 位正整数，反序输出它的各位数字。如输入 123，则输出
3 2 1。

2. 为鼓励居民节约用水，自来水公司采取按月用水量分段计费的办法计算水费，居民应交水费 y（元）与月用水量 x（t）的函数关系式如下（设 $x>=0$）。输入用户的月用水量 x（t），计算并输出该用户应支付的水费（元）（输出时保留两位小数）。

$$y = f(x) = \begin{cases} \dfrac{5}{4}x, & x \leqslant 15 \\ \dfrac{2}{5}(x-15)+\dfrac{75}{4}, & x > 15 \end{cases}$$

3. 编写程序，计算银行存款的本息。输入存款金额 money、存期 year 和年利率 rate，根据下列公式计算到期时的本息和 sum，输出结果保存两位小数。

$$sum = money(1 + rate)^{year}$$

4. 编写程序，输入两个整数 m 和 n（$m \geqslant n$），求 $\sum\limits_{i=m}^{n}\left(\sqrt{i}+\dfrac{1}{i}\right)$。

5. 编写程序，输入一个正整数 n，计算 $1-\dfrac{1}{2}+\dfrac{2}{3}-\dfrac{3}{5}+\cdots$ 的前 n 项和，输出结果保留 2 位小数。项的变化规律：正负交替，后一项分子等于前一项分母，后一项分母等于前一项分子与分母之和。

6. 编写程序，输入一个正整数 n 和一个实数 x，计算多项式 $x^1+x^2+\cdots+x^n$ 之和，输出结果只保留 2 位小数。要求调用数学库函数 pow(x,n) 计算 x^n。

第3章
C语言的基本数据类型与表达式

本章要点

◎ C语言的基本数据类型。

◎ C语言基本数据类型常量的表现形式。

◎ C语言的表达式，各种表达式的求解规则。

通过前两章的学习，读者对 C 语言和 C 语言编程有了初步的认识，并且能编写一些简单程序，实现对数据的处理。在编程时通常需要考虑数据表达、运算操作和流程控制 3 方面。在 C 语言中，数据表达通过数据类型来描述，运算操作通过运算符和表达式来实现，流程控制通过控制语句来实现。本章主要讨论前两个问题。

3.1 C语言的基本数据类型

3.1.1 数据类型概述

计算机中的数据不单是简单的数字，所有计算机处理的信息，包括文字、声音、图像等都是以一定的数据形式存储的。数据在内存中保存，存放的情况由数据类型决定。C语言一个重要的特点就是数据类型十分丰富，且数据处理能力很强。C语言的数据类型如图 3-1 所示，由这些数据类型可以构造出不同的数据结构。

在程序中对用到的所有数据都必须指定其数据类型。每种数据类型都有常量和变量之分，例如，整数包括整型常量和整型变量。由这些数据类型可以构造出不同的数据结构，程序中所使用的每个数据都属于其中的某种类型，在编程时需要正确定义和使用。

图 3-1 C 语言的数据类型

本章主要讨论基本数据类型，包括整型（short 型、int 型、long 型和 unsigned 型）、字符型（char）、实型（float 型和 double 型）。

3.1.2 整数类型

整数类型的数据即整型，在 C 语言中又分为短整型（short）、基本整型（int）、长整型（long）

和无符号型（unsigned）4 种，无符号型又细分为无符号整型（unsigned int）、无符号短整型（unsigned short）、无符号长整型（unsigned long）。有符号数是指存储单元最高的二进制位是符号位，用 0 表示正，1 表示负。而无符号数的存储单元所有的二进制位都用来存放数据。

C 标准没有具体规定以上各类型数据所占内存的字节数，且不同计算机在处理上有所不同，在使用 C 语言进行程序设计时应特别注意。Turbo C 规定的整型数据如表 3-1 所示。

表 3-1 Turbo C 规定的整型数据

数据类型	关 键 字	数据比特（位）数	取 值 范 围
[有符号]整型	int	16	$-32\,768 \sim 32\,767$（$-2^{15} \sim 2^{15}-1$）
[有符号]短整型	short [int]	16	$-32\,768 \sim 32\,767$（$-2^{15} \sim 2^{15}-1$）
[有符号]长整型	long [int]	32	$-2\,147\,483\,648 \sim 2\,147\,483\,647$（$-2^{31} \sim 2^{31}-1$）
无符号整型	unsigned [int]	16	$0 \sim 65\,535$（$0 \sim 2^{16}-1$）
无符号短整型	unsigned short int	16	$0 \sim 65\,535$（$0 \sim 2^{16}-1$）
无符号长整型	unsigned long int	32	$0 \sim 4\,294\,967\,295$（$0 \sim 2^{32}-1$）

☞说明：现代编程工具如 VC++6.0、Visual Studio、Codeblocks、Dev-C++z 等软件中，普通整型 int 所占内存的比特数一般都是 32（位），即 4 字节。

整型数据溢出：若一个 int 型数据超出最大允许值，出现数据丢失的情况称为整型数据的溢出。例如，假设在 Turbo C 环境下有语句：int x=32768，则由于 x 的类型是 int，所占内存为 16 位，其所能存储的最大整数位 32767，而 32768 超过了该范围，因此，x 实际存储的并不是 32767。解决办法是使用表示范围更大的数据类型，如 long int x=32768 等。

在表 3-1 中，虽然 int 和 unsigned int 位数相同，但它们的取值范围不同。

C 语言整型数据一般有十进制整数、八进制整数和十六进制整数 3 种表达形式。

① 十进制整数：与数学上的表示相同，如 1234、-888 等。

② 八进制整数：以数字 0 开头，后跟其他数字，如 01234、-012 等。

③ 十六进制整数：以 0x 开头（数字 0 与小写字母 x），后跟其他数字，如 0x124、-0x1A 等。

☞说明：八进制包含 0~7 共 8 个符号。十六进制包含 0~9、a~f（或 A~F）共 16 个符号。

ℹ 注意

常整数除前缀符号表示外，还可在整数后面加字母 l 或 L，表示长整型。例如，342l 或 342L，在函数调用中经常用到。

3.1.3 实数类型

实数类型的数据即实型数据，在 C 语言中，实型数据又称浮点型数据，包括单精度型（float）和双精度型（double）两类。Turbo C 规定的实型数据如表 3-2 所示。

表 3-2 Turbo C 规定的实型数据

类 型 名	关 键 字	数据比特（位）数	取 值 范 围	精度（位）
单精度型	float	32	约 $\pm 3.4 \times 10^{\pm 38}$	7~8
双精度型	double	64	约 $\pm 1.7 \times 10^{\pm 308}$	15~16

☞说明：实数在计算机中只能近似表示，运算中也会产生误差。

　　C 语言实型数据有两种表达形式：

　　① 浮点表示形式：由正号、负号、数字 0～9 和小数点组成，必须有小数点，并且小数点的前后至少一边有数字。实数的浮点表示法又称实数的小数形式，如 1.23、0.88 等。

　　② 科学计数法形式：由正号、负号、数字 0～9、字母 E（或 e）和小数点组成，E（e）是指数的标志，在 E（e）之前的尾数必须有数据（可以是小数），E（e）之后的指数只能是整数，指数为正则可以省略符号，如 1.234E+6、1.234E6、-1.234e-6 等。下列情况是错误的：1.2e0.5、.e3、e2。

　　实型数据溢出：若一个 float 型数据超出最大允许值，出现数据丢失，则称为实型数据的溢出。解决办法是使用表示范围更大的数据类型，如 double、long double 等。

　　☞**说明**：long double 类型是 C99 标准中引入的类型，它所占的内存字节数取决于所使用的编译器，有的编译器规定其占 8 字节、有的为 10 字节、还有的为 12 字节，读者可以使用 printf("%d",sizeof(long double));语句来测试所用的编译器规定其为几字节。

3.1.4　字符类型

　　字符类型的数据即字符型数据，在 C 语言中，ANSI C 规定的字符型数据如表 3-3 所示。

表 3-3　ANSI C 规定的字符型数据

类　型　名	关　键　字	数 据 长 度	取 值 范 围
字符型	char	8	0～255

　　☞**说明**：关于字符型数据有几点说明。

　　① 字符型常量：用单引号括起来的一个字符，如'A'、'a'、'1'。

　　② 字符型数据的内存表示：占 1 字节，用于存储它的 ASCII 码，具有整数的特点，可以参加运算，实际上相当于按字符的 ASCII 码进行运算。

　　ASCII 码规律：每个字符对应一个 ASCII 码，相邻字符的 ASCII 码相差 1。例如，字符'A'的 ASCII 码是 65，字符'B'的 ASCII 码是 66，字符'a'的 ASCII 码是 97，字符'b'的 ASCII 码是 98，字符'0'的 ASCII 码是 48，字符'1'的 ASCII 码是 49。同一个字母的大小写 ASCII 码相差 32。例如，'A'+32 结果就是'a'。

　　③ 转义字符：用反斜杠开头（\）引导的一个字符或一个数字序列可以表示字符量，它将反斜杠后面的字符或数字转换成别的意义。表 3-4 列出了常见的转义字符。

表 3-4　常见的转义字符

字符形式	功　　能
\n	换行
\t	横向跳格（跳到下一个输出区）
\\	反斜杠
\ "	双引号
\ '	单引号
\b	退格
\r	回车
\ddd	1～3 位八进制数代表的字符。例如，\102 即八进制数 102，相当十进制数 66，即字符'B'
\xhh	1～2 位十六进制数代表的字符。例如，\x41 即十六进制数 41，相当十进制数 65，即字符'A'

思考：字符串"ab\nc\65B\x44\b"中共有几个字符？如果打印出来会显示什么？

3.2 常量与变量

3.2.1 常量与符号常量

在 C 语言中，不管是哪种数据类型，都有常量和变量之分。常量是指在程序运行过程中，其值不能被改变的量。常量有不同的类型，包括直接常量和符号常量两种形式。直接常量指数值型常量和字符常量，符号常量是指用标识符定义的常量，如图 3-2 所示。

1. 整型常量

整型常量即常说的整数。只要整型常量的值不超出表 3-1 中列出的整型数据的取值范围，就是合法的整型常量。

整型常量一般有十进制整数、八进制整数和十六进制整数 3 种表达形式。

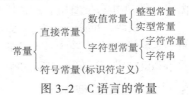

图 3-2　C 语言的常量

2. 实型常量

实型常量即常说的实数。只要实型常量的值不超出表 3-2 中列出的实型数据的取值范围，就是合法的实型常量。

实型常量一般只能用十进制表示，不能用八进制、十六进制表示。例如，28.76、564.03、3.4E+4 等都是合法的实型常量，而 5.64E+4.8、E-7 等都是不合法的实型常量。

3. 字符常量

字符常量是用单引号括起来的一个字符，即字符常量。例如，'A'、'a'、'1'、'\123'、'\x41'、'\t'、'\n'等都是合法的字符常量。

4. 字符串常量

字符串常量用双引号括起来的一个字符序列。例如，"123"、"teacher"、"123\0x41"等都是合法的字符串常量。

5. 符号常量

在 C 语言中可以使用宏定义命令#define 定义一个标识符作为符号常量，其一般定义格式如下：

```
#define 标识符  常量
```

例如：

```
#define  MAX 100
#define  MIN 0
#define  PI 3.14
```

作用：一旦某标识符定义成为一个常量后，以后在程序处理时，凡是碰到该标识符，都将替换成对应的常量。

☞说明：符号常量名一般使用大写字母，以区分变量名。

【例 3-1】输入球的半径，计算并输出球的表面积和体积。

```
#include <stdio.h>
#define PI 3.14            /* 定义 PI 是符号常量 */
int main()
{
    double r,s,v;
```

```
printf("Enter r: ");
scanf("%lf",&r);
s=4.0*PI*r*r;
v=4.0/3.0*PI*r*r*r;
printf("s=%f,v=%f\n",s,v);
return 0;
}
```

程序解析：程序中定义 PI 为符号常量，代表常数 3.14，在赋值语句 s=4.0*PI*r*r;和赋值语句 v=4.0/3.0*PI*r*r*r;中引用 PI，增加程序的可读性，也利于后期程序的移植和维护。另外，在语句 s = 4.0*PI*r*r;和 v = 4.0/3.0*PI*r*r*r;中引用直接常量 4.0、3.0。

☞**说明**：C 语言中圆周率不能用数学中的符号 π 表示，只能用小数表示，比如 3.14，或者定义专门的符号常量，如例 3-1 中的 PI。

3.2.2　变量与变量定义

变量是指在程序运行过程中，其值是可以被改变的量。变量通常具有名字，称为变量名，变量名必须是合法的标识符。变量有数据类型，定义时必须指明变量的数据类型，以便系统为其分配内存空间。不同类型的变量占用的内存单元大小也不同，而且与编译系统有关。在 C 语言中，变量必须"先定义，后使用"。

1．变量定义语句

格式：数据类型名　变量名表;

作用：声明变量的名称和类型，分配相应的内存单元。

例如，以下语句定义了两个整型变量 i 和 fact：

```
int i,fact;
```

☞**说明**：关于变量的定义，有以下几点说明。

① 数据类型名：C 系统规定的任何一种数据类型。

② 变量名约定：必须是合法的标识符，即由字母、数字、下画线组成，且首字符是字母或下画线。变量名区分大小写字母，一般使用小写字母。例如：

- 合法变量名：a、b1、i、fact、a1、_ptr、SUM、sum 等。
- 非法变量名：12、1a、ab&cd 等。

③ 变量定义位置：

- 一般放在函数的开头部分声明，即局部变量，作用域为本函数内。
- 函数名后的括号内声明，即函数形式参数，也是局部变量，作用域为本函数内。
- 放在复合语句的开头部分声明，即临时变量，作用域为复合语句内。
- 放在任何函数外声明，即全局变量，作用域为整个程序。

ⓘ **注意**

关于变量的作用域将在第 6 章做详细介绍。

2．变量赋初值

除了在变量定义语句中赋值外，还可以使用赋值语句进行赋值。

变量使用"="赋初值，但必须保证"="右边的常量与"="左边的变量类型一致。

例如：

```
int sum=0;
char ch;
```

```
ch='a';
```
☞说明：关于变量赋初值，有以下几点说明。

① 若 "=" 两边类型不一致，系统自动进行类型转换，转换时以 "=" 左边的变量类型为准，因此，可能会造成数据丢失。例如：

```
int s=3.5;                /* s 为整型变量，s 的值为 3 */
```
② 对几个变量赋同一个值，不能连等赋值，必须逐个赋值。例如：

```
int a=b=c=10;             /* 非法赋值 */
int a=10,b=10,c=10;       /* 合法赋值 */
int a,b,c;a=b=c=10;       /* 先定义再连环赋值是合法的 */
```
③ 初始化不是在编译阶段完成，而是在程序运行时执行，相当于一个赋值语句。例如：

```
int a=10;
```
该语句相当于先定义变量 a，再给 a 赋值 10。即：

```
int a;
a=10;
```

3.3　运算符与表达式

在 C 语言中，对数据对象实施的基本运算操作几乎都是通过运算符来实现。C 语言的运算符非常丰富，主要有三大类：算术运算符、关系运算符与逻辑运算符、按位运算符。除此以外，还有一些用于完成特殊运算任务的运算，如赋值运算符、条件运算符、逗号运算符等。C 语言的运算符归纳如下：

① 算术运算符：+（加）、-（减）、*（乘）、/（除）、%（求余数）、++（自增）、--（自减）。

② 关系运算符：>（大于）、<（小于）、==（等于）、>=（大于或等于）、<=（小于或等于）、!=（不等于）。

③ 逻辑运算符：&&（逻辑与）、||（逻辑或）、!（逻辑非）。

④ 位运算符：<<（左移）、>>（右移）、~（取反）、|（或）、&（与）、^（异或）。

⑤ 赋值运算符：=（赋值）、复合赋值符（+=、-=、*=、/=）。

⑥ 条件运算符：?:。

⑦ 逗号运算符：,。

⑧ 指针运算符：*（间接）、&（取地址）。

⑨ 求字节运算符：sizeof。

⑩ 强制类型转换运算符：(类型)。

⑪ 分量运算符：.（成员）、->（指向）。

⑫ 下标运算符：[ ]。

⑬ 其他。

本章主要介绍算术运算符、赋值运行符、逗号运算符、特殊运算符以及由它们组成的表达式。其他运算符和表达式将在后续章节中做专门介绍。

3.3.1　算术运算符与算术表达式

1. 基本算术运算符

C 语言的基本算术运算符在第 2 章中做了详细介绍，包括+、-、*、/、%、+（正号）、-（负号）等，在此不再介绍。

2．自增运算符与自减运算符

C 语言的自增运算符为++，自减运算符为−−，属单目运算符，操作对象只能是变量，功能是使变量的值加 1 或减 1。下面以自增运算符（++）为例，介绍它的使用。

自增运算符（++）有两种使用格式，即前加和后加两种。

（1）前加

形式：++n，相当于 n=n+1，运算顺序是先执行 n=n+1，再将 n 的值作为表达式的值。

例如：

```
int a=9,b;
b=++a;
```

运算顺序：先执行++a（即 a=a+1），a 变为 10，再将 a 赋给 b，使 b 变为 10，整个表达式 b=++a 称为赋值表达式，它的值由左侧的变量值决定，因此，最终结果也为 10。

（2）后加

形式：n++，相当于 n=n+1，运算顺序是先将 n 的值作为表达式的值，再执行 n=n+1。

例如：

```
int a=9,b;
b=a++;
```

运算顺序：先将 a 的值赋给 b，使 b 变为 9，再执行 a++(a=a+1)，使 a 变为 10，整个表达式的结果就是 b 的值，即 9。

☞说明：关于自增与自减运算，有几点说明。

① 自减运算−−：意义与自加运算相同，有"前减"与"后减"两种。

② 自增与自减运算符的运算对象只能是变量，不能是常量或表达式。例如，3++或(i+j)++等都是非法表达式。

③ 自增与自减运算常用于循环语句中，使循环变量自加 1 或自减 1。也可用于指针变量运算中，使指针指向下一个地址或前一个地址。

3．算术运算符的优先级与结合性

在算术四则运算中，遵循"先乘除后加减"的运算规则。同样，在 C 语言中，计算表达式的值也需要按运算符的优先级从高到低的顺序进行计算。

例如，表达式 a+b*c 相当于 a+(b*c)，若操作数两侧运算符的优先级相同，则按结合性（结合方向）决定计算顺序，若结合方向为"从左到右"，则操作数先与左边的运算符结合；若结合方向为"从右到左"，则操作数先与右边的运算符结合。例如，表达式−a++，−与++同级，此时按结合方向决定计算顺序（右结合），相当于−(a++)。

C 语言中，算术运算符的优先级与结合性如表 3-5 所示。

表 3-5　算术运算符的优先级与结合性

运　算　符	优　先　级		结　合　性
++、−−、+（正）、−（负）	同级	高	右结合
*、/、%	同级	↑	左结合
+（加）、−（减）	同级	低	左结合

4．算术表达式

用算术运算符和括号将运算对象连接起来的符合 C 语言语法规则的式子称为算术表达式。运算对象包括常量、变量、函数等。

例如，求解一元二次方程 $ax^2+bx+c=0$ 的实数解。涉及的算术表达式有：

判别式：b^2-4ac 就是一个数学式，写成 C 语言的算术表达式为 b*b-4*a*c。

实数解 1：$\dfrac{-b+\sqrt{b^2-4ac}}{2a}$，写成 C 语言的算术表达式为(-b+sqrt(b*b-4*a*c))/(2*a)。

实数解 2：$\dfrac{-b-\sqrt{b^2-4ac}}{2a}$，写成 C 语言的算术表达式为(-b-sqrt(b*b-4*a*c))/(2*a)。

算术表达式求值规则：在表达式求值时，先按运算符的优先级别高低次序执行，先乘除后加减，如表达式 a+b*c 相当于 a+(b*c)。若一个运算对象两侧运算符的优先级别相同，再按结合方向处理，基本算术运算符的结合方向是"左结合"，如表达式 a+b-c 相当于(a+b)-c。但自增（++）与自减（--）运算符的结合方向是"右结合"。

例如，求解 j=-i++相当于 j=-(i++)，若 i 值是 2，则计算顺序是：

① 计算 i++：后加操作，首先取 i 值 2 作表达式的值，然后再使 i 增 1（i 变为 3）。

② 做负值运算：将表达式的值 2 取相反数得到-2。

③ 将表达式的值-2 赋给变量 j（j 变为-2）。

☞说明：关于算术表达式，有以下几点说明。

● 算术表达式的值和类型由参加运算的运算符和运算对象决定。

● 若一个运算符两侧的数据类型不同，则先进行自动类型转换，使两侧具有同种类型，然后进行运算。例如，求解算术表达式 b*b-4*a*c，假定变量 a、b、c 是 float，常数 4 是 int，为了提高精度，计算时会将 float 类型的 a、b、c 先转换成 double 型，且 4 也转换成 double 型后再计算，最后结果再转换回 float。

3.3.2 赋值运算符与赋值表达式

C 语言的简单赋值运算符"="在第 2 章中做了详细介绍，在此不再介绍。本节主要介绍复合赋值运算符，复合赋值运算符又分为复合算术赋值运算符和复合位赋值运算符。

复合算术赋值运算符就是在"="前加上算术运算符构成，包括+=、-=、*=、/=、%=等，如表 3-6 所示。

表 3-6　复合算术赋值运算符

运　算　符	名　　称	等　价　于
+=	加赋值	x+=exp 等价于 x=x+exp
-=	减赋值	x-=exp 等价于 x=x-exp
*=	乘赋值	x*=exp 等价于 x=x*exp
/=	除赋值	x/=exp 等价于 x=x/exp
%=	取余赋值	x%=exp 等价于 x=x%exp

（1）优先级：低于算术运算符、关系运算符和逻辑运算符。

例如，求解 x=6<y。

① 先求解 6<y 的值（结果为 0 或 1）。

② 再将其值赋给变量 x。

（2）结合性：按照"自右向左"的方向结合。

例如，求解 a=b=20/4。

① 相当于 a=(b=20/4)，先计算 20/4，结果为 5，将 5 赋给 b，再将 5 赋给 a。

② x=y=3*z/w，相当于 x=(y=3*z/w)。

（3）复合赋值表达式的运算。

例如，若 x=15，a=12，y=1，求解 x/=a+y*3。

它相当于求解 x=x/(a+y*3)，运算顺序如下：

① 先计算 a+y*3，得 12+1*3=15。

② 再计算 x/15，得 15/15=1。

> ⓘ **注意**
>
> "="右边应看成一个整体。

3.3.3　逗号运算符与逗号表达式

C 语言提供一种特殊的运算符——逗号运算符","，用它将两个表达式连接起来。

例如，"3+5,6+8"便是一个逗号表达式，其中","称为逗号运算符，又称顺序求值运算符。它的一般形式为：

> 表达式 1,表达式 2,…,表达式 n

求解过程：先计算表达式 1 的值，再计算表达式 2 的值，……，最后计算表达式 n 的值，并将表达式 n 的值作为整个逗号表达式的值，将表达式 n 的类型作为逗号表达式的类型。

举例：计算 n=(a=3,a++,3*a+2)。

求解过程：从左至右，先将 3 赋给 a，然后执行 a++ 的运算得 4，再执行 3*a+2 得 14 并赋给 n。逗号表达式的值是 14，类型是整型。

优先级：逗号表达式的级别最低，低于赋值运算符。因此，逗号表达式须用括号括起来，作为整体。

结合性：从左至右。

逗号表达式常用于循环语句 for 中的表达式 1，实现给多个变量赋初值，也可用于表达式 3 改变多个变量的值。

> ⓘ **注意**
>
> 函数参数间用逗号分隔，但不是逗号运算符。例如：
> printf("%d%d%d",a,b,c);，则 a、b、c 是 3 个参数，并非逗号表达式；
> printf("%d",(a,a+b,a+b+c));，则 (a,a+b,a+b+c) 是逗号表达式。

3.3.4　条件运算符与条件表达式

条件运算符是 C 语言中的一个三目运算符，它将 3 个表达式连接在一起，组成条件表达式。它的一般格式为：

> <表达式 1>?<表达式 2>:<表达式 3>

求解过程：先计算表达式 1 的值，如果它的值为非 0（"真"），则求解表达式 2 的值并把它作为整个表达式的值；如果表达式 1 的值为 0（"假"），则求解表达式 3 的值并把它作为整个表达式的值。

举例：max=a>b?a:b，功能是求 a 和 b 的最大值。

求解过程：若 a 大于 b，将 a 赋给 max；否则，将 b 赋给 max。实现求 a 与 b 的最大值。

优先级：条件运算符的优先级较低，只比赋值运算符高。

结合性：从右至左。

ℹ️ **注意**

条件表达式常用于两分支的简单情况，替代简单的 if...else 语句。

3.3.5 其他运算符

1．长度运算符

长度运算符 sizeof 是一个单目运算符，用来返回常量、变量或数据类型的字节长度。使用长度运算符可以增强程序的可移植性，使之不受具体计算机数据类型长度的限制。

一般形式：

```
sizeof(常量)
```

或

```
sizeof(变量名)
```

或

```
sizeof(类型名)
```

举例：

```
float a,b;
printf("%d,%d,%d",sizeof(3.14),sizeof(float),sizeof(a));
```

输出结果：

```
8,4,4
```

2．特殊运算符

C语言中，还有一些比较特殊的、具有专门用途的运算符。例如：

① 括号()：改变运算顺序。

② 下标[]：用来表示数组元素。

③ *和&：*为指针运算符，表示间接操作；&为地址运算符，表示取变量的地址。

④ ->和.：->为指针中的指向运算符，小数点.为结构中的成员运算符。

【例 3-2】阅读下列程序，解析程序功能。

```
#include <stdio.h>
int main()
{
    char ch;

    printf("input characters: ");
    ch=getchar();
    for(;ch!='\n';){                              /* 循环条件: 回车结束 */
        if(ch>='A' && ch<='Z') ch=ch+32;          /* 大写转换成小写 */
        else if((ch>='a' && ch<='z')) ch=ch-32;   /* 小写转换成大写 */
        putchar(ch);
        ch=getchar();
    }
    return 0;
}
```

程序解析： 语句 ch=getchar();从键盘输入一个字符，语句 putchar(ch);输出一个字符。程序中使用 for()语句实现从键盘输入多个字符，循环条件是 ch!= '\n'（即回车结束），循环体语句是一条复合语句，其中 if...else 语句实现大小写字母互换，下列几个表达式的作用是：

① ch>='A' && ch<='Z'：逻辑表达式，判定 ch 是否是大写字母。

② ch>='a' && ch<='z'：逻辑表达式，判定 ch 是否是小写字母。

③ ch=ch+32：赋值表达式，将 ch 中的大写字母转换成小字字母。

④ ch=ch−32：赋值表达式，将 ch 中的小写字母转换成大字字母。

程序功能：从键盘输入一个以回车符结束的字符串，实现大小写字母的互相转换。

3.4 类 型 转 换

在 C 语言中，整型、单精度型、双精度型和字符型数据可以进行混合运算。字符型数据可以与整型数据通用，例如，100+'A'+8.65−2456.75+'a'是一个合法的运算表达式。在进行运算时，不同类型的数据要先转换成同一类型，然后再进行运算。

C 语言数据类型转换可以归纳成 3 种转换方式：自动转换、赋值转换和强制转换。

3.4.1 自动类型转换

在进行转换时，不同类型的数据要转换成同种类型，自动类型转换规则如图 3−3 所示。

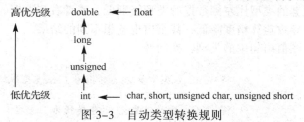

图 3−3 自动类型转换规则

为保证运算的精度不降低，可采用以下方法：

① float 型数据自动转换成 double 型。

② char 与 short 型数据自动转换成 int 型。

③ int 型与 double 型数据运算，直接将 int 型转换成 double 型。

④ int 型与 unsigned 型数据运算，直接将 int 型转换成 unsigned 型。

⑤ int 型与 long 型数据运算，直接将 int 型转换成 long 型。

关于自动类型转换规则说明以下两点：

① 图 3−3 中纵向箭头表示当运算符两边的运算数为不同类型时的转换，如一个 long 型数据与一个 int 型数据一起运算，需要先将 int 型数据转换为 long 型，然后两者再进行运算，结果为 long 型。举例：

```
char ch='a';
int i=13;
float x=3.65;
double y=7.528e-8;
```

则表达式 i+ch+x*y 的类型转换规则为：先将 ch 转换成 int 型，计算 i+ch 的结果为 110；再将 x 转换为 double 型，计算 x*y，结果为 double 型；最后将 i+ch 的值 110 转换成 double 型，与 x*y 的结果做加运算，结果为 double 型。因此，整个表达式的值最后为 double 型。

② 图 3−3 中水平方向的箭头表示必定转换，即只要有箭头右侧的类型参加运算，必须先转换成箭头左侧的类型再运算。另外，需要特别注意的是 float 类型的数和非 double 类型的

数运算时，先临时转换成 double 类型，完成运算后会转换回 float 类型。举例：

```
float x=3.65;
```

则表达式 x+1 的类型转换规则为：先将 x 变量中存放的 3.65 临时转换成 double 型，再将 1 转换为 double 型，计算 x+1，按规则结果应该是 double，但这种情况下会转换回 float 型。

3.4.2 赋值转换

如果赋值运算符两侧的类型不一致，但都是数值型或字符型时，在赋值过程中会自动进行类型转换。转换的基本原则为：

① 将整型赋给单、双精度变量时，数值不变，但将整数变成浮点数存储到变量中。

② 将实型（单、双精度）赋给整型变量时，舍弃实数的小数部分变成整数存储在变量中。

③ 将字符型数据赋给整型变量时，字符数据占整型数据的低字节，高字节补位。

④ 将带符号的整型数据（int）赋给 long int 型变量时，要进行符号扩展。若为正数，则高 16 位补 0，否则补 1。

⑤ 将 unsigned int 型数据赋给 long int 型变量时，不存在符号扩展，只需将高位补 0 即可。

总之，精度高的向精度低的赋值，运算精度会降低，甚至出现数据丢弃。注意：类型最好相同，至少右侧数据的类型比左侧数据的类型级别低，或者右侧数据的值在左侧变量的取值范围内；否则，会导致运算精度降低，甚至出现意想不到的结果。

举例：分析下面赋值语句中的类型转换问题。

```
int a,b;
float x1=2.5,x2;        /* 将 double 型常量 2.5 转换为 float 型赋给变量 x1 */
double y1=2.2;
a=x1;                   /* 将 float 型的变量 x1 的值转换为 int 型赋给变量 a */
x2=3.1415925*y1;        /* 将=右边表达式值 double 型转换为 float 型赋给变量 x2 */
b='a';                  /* 将 char 型常量'a'转换为 int 型赋给 int 型变量 b */
```

3.4.3 强制类型转换

可以利用强制类型转换运算符将一个表达式的值转换成所需类型。例如：

(int)(a+b)：强制将(a+b)的值转换为 int。

(double)x：强制将 x 的值转换为 double。

☞说明：强制类型转换，只是临时的转换变量的类型，并不能根本改变变量的类型。

(float)(10%3)：强制将(10%3)的值转换为 float。

强制类型转换的一般形式：

```
(类型名)(表达式)
```

举例：

```
int a=7,b=2;
float y1,y2;
y1=a/b;          /* y1 为 3: a、b 是 int，整除运算 */
y2=(float)a/b;   /* y2 为 3.5: a 强制转成 float，b 自动转成 float，实数除法 */
```

ℹ️ 注意

(int)(x+y)和(int)x+y 强制类型转换的对象是不同的，(int)(x+y)是对 x+y 进行强制类型转换，而(int)x+y 只对 x 进行强制类型转换。

【例 3-3】阅读下列程序，解析程序并写出程序运行结果。

```
#include <stdio.h>
int main()
{
    int i;
    double x;
    x=3.8;
    i=(int) x;                              /* 强制类型转换，并赋值 i */
    printf("x=%f,i=%d \n",x,i);
    printf("(double)(int)x=%f\n",(double)(int)x);/* 两次强制类型转换 */
    printf("x mod 3=%d\n",(int)x%3);         /* 强制类型转换 */
    return 0;
}
```

程序解析：程序中变量 i 是 int 型、x 是 double 型。语句 i=(int)x;使用强制类型转换，i 值为 3。语句 printf("(double)(int)x=%f\n",(double)(int)x);先后两次使用强制类型转换，输出 3.0。语句 printf("x mod 3 = %d\n", (int)x%3);使用强制类型转换，输出 0。

运行结果：

```
x=3.800000,i=3
(double)(int)x=3.000000
x mod 3=0
```

习　　题

一、选择题

1. C 语言中，最基本的数据类型包括_____。

　　A. 整型、实型、逻辑型　　　　　　　B. 整型、实型、字符型

　　C. 整型、字符型、逻辑型　　　　　　D. 整型、实型、逻辑型、字符型

2. C 语言整型常数有十进制、八进制和十六进制三种表达形式，_____是合法的十六进制常数表示形式。

　　A. 12　　　　　　B. 012　　　　　　C. 0x12　　　　　　D. 1A

3. 在 ANSI C 语言中，int、char 和 short 3 种类型数据所占用的内存_____。

　　A. 均为 2 个字节　　　　　　　　　　B. 由用户自己定义

　　C. 由所用机器的字长决定　　　　　　D. 是任意的

4. 数学表达式 $\dfrac{x^{y/(2+y)}}{\sqrt{3a}}$ 的 C 语言表达式是_____。

　　A. pow(x,y/(2+y))/sqrt(3*a)　　　　B. xy/(2+y)/sqrt(3*a)

　　C. xy/(2+y)/sqrt(3*a)　　　　　　　D. xy/(2+y))/$\sqrt{3a}$

5. C 语言中的运算符有优先级，关于运算符优先级的正确叙述是_____。

　　A. 逻辑运算符高于算术运算符，算术运算符高于关系运算符

　　B. 算术运算符高于关系运算符，关系运算符高于逻辑运算符

　　C. 算术运算符高于逻辑运算符，逻辑运算符高于关系运算符

　　D. 关系运算符高于逻辑运算符，逻辑运算符高于算术运算符

6. 设有下列说明语句，执行语句 c=a+b+c+d;后，变量 c 的数据类型是_____。

```
char a;
int b;
float c;
double d;
```
  A. int   B. char   C. float   D. double

7. 设有一个 3 位正整数 m，计算 m 十位数的表达式为_____。

  A. m/100   B. m/10   C. m%100/10 D. m%100

8. 执行下列程序段的输出结果是_____。

```
int a=2;
a+=a*=a-=a*=3;
printf("%d",a);
```
  A. -6   B. 12   C. 0   D. 2

9. 设有定义 int a=5,b=6;，则表达式(++a==b--)?++a:--b 的值是_____。

  A. 5   B. 6   C. 7   D. 8

10. 下面选项中，_____是 C 语言正确的用户自定义标识符。

  A. 2xy   B. data_file C. break   D. a@163.com

11. 执行下列程序段后，a 的值是_____。

```
int a,b,c,m=10,n=9;
a=(--m==n++)?--m:++n;
```
  A. 11   B. 10   C. 9   D. 8

12. 下面不正确的赋值语句是_____。

  A. a==b   B. a++;   C. a=1,b=1; D. a+=b;

13. 与 y=(x>0?1:0);等价的是_____。

  A. if(x>0) y=1;   B. if(x)y=1;else y=0;

  C. y=1;if(x<=0)y=0;   D. if(x<=0)y=1;

14. 下面程序的输出结果是_____。

```
main()
{   int x=10,y=3;
    printf("%d\n",y=x/y);
}
```
  A. 0   B. 1   C. 3   D. 不确定的值

15. 下面程序的输出结果是_____。

```
main()
{
    char x=040;
    printf("%d\n",x=x++);
}
```
  A. 32   B. 33   C. 40   D. 41

16. 设 int a=1,b=2,c=3;，则逗号表达式(a=3,a++,3*a+2)的值是_____。

  A. 14   B. 11   C. 12   D. 13

17. 假设所有变量均为整型，则执行表达式 x=(a=2,b=5,b++,a+b)后，x 值为_____。

  A. 7   B. 8   C. 6   D. 2

18. 执行下列程序段后，y1、y2 的值分别是_____。

```
int a=7,b=2;
```

```
float y1,y2;
y1=a/b;
y2=(float)a/b;
```
  A．3 3.5   B．3 3   C．3.5 3.5   D．7 2

19．有以下变量定义，则表达式 a*b+d−c 的值类型是＿＿＿＿＿＿＿＿。
```
char a;
int b;
float c;
double d;
```
  A．float   B．int   C．char   D．double

20．变量 x、y、z 均为 double 型且已正确赋值，不能正确表示数学式 $\dfrac{x}{yz}$ 的 C 语言表达式是＿＿＿＿＿＿＿＿。

  A．x/y*z   B．x*(1/(y*z))   C．x/y*1/z   D．x/y/z

二、填空题

1．C 语言的整型分为短整型、基本整型、长整型和无符号型 4 种，分别用关键字
＿＿＿＿＿＿＿、＿＿＿＿＿＿＿、＿＿＿＿＿＿＿和＿＿＿＿＿＿＿表示。

2．在 C 语言中，实数又称浮点数，分为单精度和双精度两种，关键字是＿＿＿＿＿＿＿＿＿＿＿和
＿＿＿＿＿＿＿＿。

3．设变量 a、b 已正确定义并赋初值，则与 a−=a+b 等价的赋值表达式为＿＿＿＿＿＿＿＿。

4．若变量 s 为 int 型，且其值大于 0，则表达式 s%2+(s+1)%2 的值是＿＿＿＿＿＿＿＿。

5．绝对值函数 abs(x) 的条件表达式是＿＿＿＿＿＿＿＿。

6．设置变量 a=10，b=4，c=5，d=1，x=2.5，y=3.5，计算下列各表达式的值。

 ① a%=(b%=3) 的值是＿＿＿＿＿＿＿＿。

 ② (float)(a+c)/2+(int)x%(int)y 的值是＿＿＿＿＿＿＿＿。

 ③ a<b?x:'A' 的值是＿＿＿＿＿＿＿＿。

 ④ a<b?a:c<d?c:d 的值是＿＿＿＿＿＿＿＿。

 ⑤ a+b,18+(b=4)*3,(a/b,a%b) 的值是＿＿＿＿＿＿＿＿。

 ⑥ x+a%3*(int)(x+y)%2/4+sizeof(int) 的值是＿＿＿＿＿＿＿＿。

7．描述从 a、b、c 中找出最大者赋给 max 的条件表达式是＿＿＿＿＿＿＿＿。

8．下列程序的输出结果是＿＿＿＿＿＿＿＿。
```
#include <stdio.h>
int main()
{
    int a=-1,b=4,k;
    k=++a+b--;
    printf("%d %d %d\n",a,b,k);
    return 0;
}
```

9．下列程序的功能是输出 a、b、c 三个变量中的最小值。请填空。
```
#include <stdio.h>
int main()
{
    int a,b,c,t1.t2;
```

```
    scanf("%d%d%d",&a,&b,&c);
    t1=a<b?___①_____;
    t2=c<t1?___②_____;
    printf("%d\n",t2);
    return 0;
}
```

10. 下列程序的运行结果是_____。

```
#include <stdio.h>
int main()
{
    int a,b,c;
    a=25;b=025;c=0x25;
    printf("%d %d %d\n",a,b,c);
    return 0;
}
```

11. 下列程序的运行结果是_____。

```
#include <stdio.h>
int main()
{
    int i,j,m,n;

    i=8;j=10;
    m=++i;
    n=j++;

    printf("%d,%d,%d,%d\n",i,j,m,n);
    return 0;
}
```

12. 下列程序的运行结果是_____。

```
#include <stdio.h>
int main()
{
    int x=10,y=20,z=30;
    printf("%d,%d,%d,%d\n",x=y=z,x=y==z,x==(y=z),x==(y==z));
    return 0;
}
```

三、程序设计题

1. 编写程序，求出给定半径 r 的圆面积和圆周长，并输出计算结果。其中，r 的值由用户输入，用实型数据处理。

2. 已知华氏温度和摄氏温度之间的转换关系是 $C = 5/9*(F-32)$（C 表示摄氏温度，F 表示华氏温度）。编写程序，将用户输入的华氏温度转换为摄氏温度，并输出结果。

第4章

分 支 结 构

🎯 本章要点

◎ 分支结构的概念及作用。

◎ 分支结构语句及其功能。

◎ 使用 if...else 语句，else...if 语句和 switch 语句编程。

◎ switch 语句中 break 语句的作用。

◎ 逻辑运算和关系运算的异同。

◎ 字符型数据在内存中的存储。

通过前三章的学习，读者对 C 语言的数据表达、运算和流程控制等内容有了初步的认识，能使用 C 语言的三种基本控制结构以及函数编写一些简单的程序。

选择结构是程序设计三种基本结构之一，C 语言提供了条件语句（if 语句和 switch 语句）用以实现选择结构。C 语言中的条件通常用关系表达式或逻辑表达式表示。通常情况下，关系表达式可以进行简单的关系运算，表示简单条件，逻辑表达式则可以进行复杂的关系运算，表示复杂条件。

本章通过经典案例，介绍选择结构程序设计的思想和实现方法，并介绍字符型数据、逻辑运算及条件语句等语言知识。

4.1 统计一批字符中各类字符的个数

4.1.1 程序解析

【例 4-1】输入 10 个字符，统计其中英文字母、数字字符和其他字符的个数。

问题分析：

求解目标：分三类计数 10 个字符中英文字母、数字字符和其他字符的个数。

约束条件：10 个字符，三个类别。

解决方法：for 循环控制循环次数；分支结构实现分类计数；逻辑表达式表示分支条件。

算法设计：流程图描述如图 4-1 所示。变量设置如下：

        i：循环控制变量，控制循环次数；

        ch：输入字符变量；

        digit、letter、other：数字字符计数器、英文字母计数器、其他字符计数器。

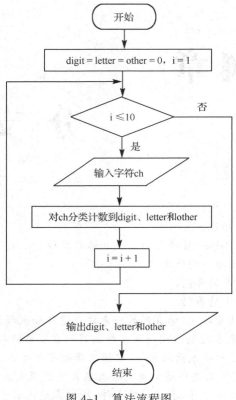

图 4-1 算法流程图

程序清单：

```
#include <stdio.h>
int main()
{
    int i,digit,letter,other;          /* 定义 3 个计数器变量，存放计数结果 */
    char ch;                           /* 定义 1 个字符变量 ch */
    digit=0;letter=0;other=0;          /* 设置 3 个计数器变量的初值为零 */

    /* 循环 10 次，分类计数 */
    printf("Enter 10 characters: ");/* 输入提示 */
    for(i=1;i<=10;i++){
        ch=getchar();                  /* 从键盘输入一个字符，赋值给变量 ch */
        if((ch>='a'&&ch<='z')||(ch>='A'&&ch<='Z'))
            letter++;                  /* 英文字母计数器增 1 */
        else if(ch>='0'&&ch<='9')
            digit++;                   /* 数字字符计数器增 1 */
        else
            other++;                   /* 其他字符计数器增 1 */
    }

    /* 输出统计结果 */
    printf("letter=%d,digit=%d,other=%d\n",letter,digit,other);
    return 0;
}
```

知识小结：

① 计数器变量：letter、digit、other，初值为零。

② for 语句：每次循环，getchar()读入一个字符，else...if 分类计数，共循环 10 次。

③ else...if 语句：多分支结构语句，实现分类计数。

④ 逻辑表达式：表示分支条件。各逻辑表达式含义如下：

- 字母条件：(ch>='a'&&ch<='z')||(ch>='A'&&ch<='Z')
- 数字条件：(ch>='0'&&ch<='9')

⑤ 字符类型：字符型变量 ch 和字符常量'a' 'Z' '0' '9'。

☞小提示：多层缩进的书写格式，使程序层次分明。

4.1.2 字符类型

1. 字符型常量

在 C 语言中，字符常量是用单引号括起来的单个字符。例如，'a' 'A' '=' '+' '7'等都是合法字符常量，它们分别表示字母 a、A、=、+和数字字符 7。

字符在计算机中以 ASCII 码值存储，每个字符都有对应的 ASCII 码值。ASCII 码字符集（见附录 A）列出了所有可以使用的字符，共 256 个。字符常量有以下特点：

① 字符常量只能是一个字符，且只能用单引号括起来，不能是双引号或其他括号。

② 字符可以是 ASCII 码字符集中的任意字符。

☞小提示：区分数字和数字字符。7 是整型，而'7'是字符型，对应 ASCII 码为 55。

2. 字符型变量

字符型变量的类型说明符是 char，字符型变量用来存放字符常量，即存放单个字符。字符型变量定义的一般形式为：

```
char 变量名表；
```

例如，在例 4-1 程序中，语句：

```
char ch;
```

定义 ch 是字符型变量，分配一个字节的内存空间，因此只能存放一个字符。在内存单元中，实际上存放的是字符的 ASCII 码值。例如，'A'的 ASCII 码值是 65，'a'的 ASCII 码值是 97，'0'的 ASCII 码值是 48。

如果对字符变量 ch 赋值，则使用语句 ch='A';，其含义是：字符变量 ch 的内存单元存放二进制数 01000001（对应的十进制是 65），即字符'A'的 ASCII 码值。

由此可见，字符数据在内存中的存储形式与整型数据的存储形式类似。所以，在 C 语言中字符型数据和整型数据之间可以通用，即：

① 可以将字符型数据作为整型数据处理。

② 允许对整型变量赋以字符值。

③ 允许对字符变量赋以整型值。

④ 允许把字符变量按整型量输出。

⑤ 允许把整型量按字符量输出。

☞小提示：整型占 2 字节，字符型占 1 字节，当整型按字符型处理时，只有低字节参与操作，使用时需要注意数据的有效范围。

4.1.3 字符型数据的输入与输出

字符数据的输入和输出可以调用系统函数 getchar()、putchar()和 scanf()、printf()。它们包含在 stdio.h 头文件中，因此，使用前必须使用#include <stdio.h>命令将它们包含进来。

1．字符输入函数 getchar()

getchar()函数是字符输入函数，功能是从键盘上输入一个字符。它的一般形式：

```
getchar();
```

例如：

```
char ch;                  /* 定义字符型变量 ch */
ch=getchar();             /* 键盘输入字符并赋值给字符变量 ch */
```

☞说明：使用 getchar()函数的几点说明。

① 使用 getchar()函数前必须要包含头文件 stdio.h。

② 该函数只能接收单个字符，输入数字也按字符处理。当需要输入多个字符时，需要多次调用该函数，一般采用循环调用方式实现。例 4-1 中的程序段：

```
for(i=0;i<10;i++)
{
    ch=getchar();
    ...
}
```

作用：在 for()循环中，语句 ch=getchar();被调用 10 次，共读入 10 个字符。

③ 通常把输入的字符赋予一个字符变量，构成赋值语句。例如：

```
ch=getchar();
```

2．字符输出函数 putchar()

putchar()函数是字符输出函数，功能是在显示器上输出一个字符。它的一般形式为：

```
putchar(c);
```

其中，c 可以是字符型变量或整型变量，也可以是字符型常量。

例如：

```
char c='A';
putchar(c);          /* 输出字符变量 c 的值：大写字母 A */
putchar('b')         /* 输出字符常量'b' */
putchar('\n');       /* 输出换行符，'\n'是转义字符，代表换行符 */
```

☞说明：使用 putchar()函数的几点说明。

① 使用 putchar()函数前必须要包含头文件 stdio.h。

② 该函数只能输出单个字符。当需要输出多个字符时，需要多次调用该函数，一般采用循环调用方式实现。例如，下列程序段实现输出多个字符：

```
for(ch='A';i<='Z';ch++){
    putchar(ch);
    ...
}
```

作用：在 for()循环中，语句 putchar();被调用 26 次，输出'A'～'Z'之间的 26 个字母。

【例 4-2】阅读下列程序，分析程序的功能。

```
#include <stdio.h>
int main()
{
    int count=0;                              /* count 计数器：计数字符个数 */
    char ch;

    /* 输出 26 个大写英文字母，每行输出 10 个 */
    for(ch='A';ch<='Z';ch++){
```

```
        putchar(ch);                     /* 输出一个字符 */
        count++;                         /* 计数器加 1 */
        if(count%10==0) putchar('\n');   /* 十个换行 */
    }
    putchar('\n');                       /* 换行 */
    return 0;
}
```

程序功能：输出 26 个大写英文字母，每行输出 10 个。

知识小结：

① for 语句：控制 ch 从'A'变化到'Z'，每次输出 ch 对应的字母。

② 计数器 count：控制每行输出 10 个字母。

3. 调用函数 scanf()和 printf()输入/输出字符

函数 scanf()和 printf()也可以使用格式控制%c 处理字符型数据的输入/输出。

【例 4-3】阅读下列程序，分析程序的功能。

```
#include <stdio.h>
int main()
{
    int data1,data2;
    char op;
    printf("Please enter the expression data1+data2: ");
    scanf("%d%c%d",&data1,&op,&data2);
    printf("%d%c%d=%d\n",data1,op,data2,data1+data2);
    return 0;
}
```

程序功能：输入一个形如"操作数 运算符 操作数"的简单算术表达式，输出运算结果。

知识小结：

scanf("%d%c%d",&data1,&op,&data2)：控制输入形如 data1+data2 的表达式。

☞说明：输入表达式，操作数和运算符之间不能出现空格。如果输入空格，由于%c 表示读入一个字符，空格本身也是一个字符，因此空格被作为输入字符。

4.1.4　逻辑运算

在 2.3 节中，介绍了用关系表达式描述给定的条件，一般而言，关系表达式通常只能表示简单关系，对于较复杂的关系则不能表示。例如，数学表达式"x<-10 或 x>0"就不能用关系表达式表示。又如，数学表达式"0< x <10"，虽然也是合法的关系表达式，但在 C 程序中不能得到正确的值。在例 4-1 的程序中，使用了如下的逻辑表达式：

① ((ch>='a'&&ch<='z')||(ch>='A'&&ch<='Z'))：表示 ch 是英文字母的条件。

② (ch>='0'&&ch<='9')：表示 ch 是数字字符的条件。

逻辑表达式：用逻辑运算符将逻辑运算对象连接起来的合法式子，其值是"真"或"假"，逻辑运算对象可以是关系表达式或逻辑表达式。逻辑表达式通常用来描述复杂条件。C 语言提供了表 4-1 所示的三种逻辑运算符。

表 4-1　逻辑运算符

目　　数	单目	双目	
运 算 符	!	&&	||
名　　称	逻辑非	逻辑与	逻辑或

1. 逻辑非（！）

逻辑非运算符"！"是一个单目运算符，具有右结合性，其真值表如表 4-2 所示。

表 4-2 ！运算真值表

a	!a
真	假
假	真

从表 4-2 可知，逻辑非运算表示对逻辑运算对象的值取反。

例如，逻辑表达式!(ch>='0'&&ch<='9')中的"！"是逻辑非运算符，(ch>='0'&&ch<='9')是逻辑运算对象，表示 ch 是数字字符，通过"！"取反，则整个表达式就表示 ch 是非数字字符。

2. 逻辑与（&&）

逻辑与运算符"&&"是一个双目运算符，具有左结合性，其真值表如表 4-3 所示。

表 4-3 &&运算真值表

a	b	a&&b
真	真	真
真	假	假
假	真	假
假	假	假

由表 4-3 可知，在逻辑与运算中，当参与运算的两个操作数均为真时，其运算结果为真，其余为假。分析例 4-1 的程序清单，其中有三个逻辑与表达式：

① ch>='a'&&ch<='z'：&&是逻辑"与"运算符，关系表达式 ch>='a'和 ch<='z'是逻辑运算对象；只有当它们的值都为"真"时，ch>='a'&&ch<='z'的值才为"真"；否则为"假"。因此，该逻辑表达式用于判断 ch 是否为小写英文字母。

② (ch>='A'&&ch<='Z')：同理，该逻辑表达式用于判断 ch 是否为大写英文字母。

③ (ch>='0'&&ch<='9')：同理，该逻辑表达式用于判断 ch 是否为数字字符。

3. 逻辑或（∥）

逻辑或运算符"∥"是一个双目运算符，具有左结合性，其真值表如表 4-4 所示。

表 4-4 ||运算真值表

a	b	a||b
真	真	真
真	假	真
假	真	真
假	假	假

由表 4-4 可知，在逻辑或运算中，当参与运算的两个操作数均为"假"时，其运算结果为"假"，其余为"真"。

案例：分析逻辑表达式((ch>='a'&&ch<='z')||(ch>='A'&&ch<='Z'))的作用。

分析：ch>='a'&&ch<='z'和 ch>='A'&&ch<='Z'是逻辑"与"表达式，作为||的逻辑运算对象，只有它们的值同时为"假"，整个表达式的值才为"假"，否则为"真"。因此，表达式就表示"ch 是小写英文字母，或者 ch 是大写英文字母"的条件，即"ch 是英文字母"的条件。

4.1.5　多分支结构和 else...if 语句

2.3 节介绍了二分支结构和 if...else 语句，在此不再赘述。当程序需要实现多分支选择时，C 语言提供了多种方法，else...if 语句是最常用的一种。

else...if 语句的一般形式：

```
if(表达式1)
    语句1;
else if(表达式2)
    语句2;
    …
else if(表达式n-1)
    语句n-1;
else
    语句n;
```

☞说明：

① 表达式 1，表达式 2，…：通常是关系表达式和逻辑表达式，表示判定条件。

② 语句 1，语句 2，…：可以是一条简单语句，也可以是一条复合语句。

执行流程：如图 4-2 所示，首先求解表达式 1，若其值为"真"，则执行语句 1，并结束整个 if 语句的执行，转至整个 if 语句的下一条语句；否则，求解表达式 2，若其值为"真"，则执行语句 2，并结束整个 if 语句的执行，转至整个 if 语句的下一条语句；……；最后的 else 处理给出的条件都不满足的情况，即表达式 1、表达式 2、……、表达式 n-1 的值都为"假"时，执行 else 后面的语句 n。

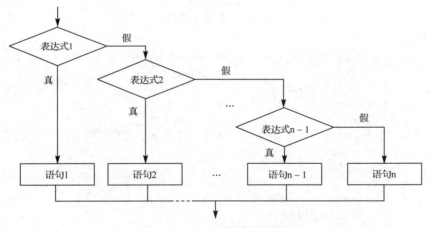

图 4-2　else...if 语句流程图

【例 4-4】继续讨论例 2-3 中提出的分段函数计算电费的问题。为了完善计算电费的程序，现将原来居民用电的函数关系修正为如下三分段函数，并按新的函数编程实现。

$$y = f(x) = \begin{cases} \dfrac{3}{5}x, & 0 \leqslant x \leqslant 30 \\ 0, & x < 0 \\ \dfrac{4}{5}(x-30)+18, & x > 30 \end{cases}$$

问题分析：

求解目标：三分段函数计算并输出电费。

约束条件：三分段函数，三种情况。

解决方法：多分支结构实现三分段函数；逻辑表达式表示分支条件。

算法设计：流程图描述如图 4-3 所示。变量设置如下：

    x：用电量；   y：电费。

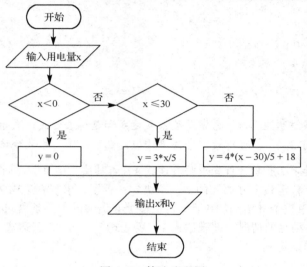

图 4-3 算法流程图

程序清单：

```
#include <stdio.h>              /* 编译预处理命令 */
int main()                      /* 主函数 */
{
    float x,y;                  /* 变量定义 */

    printf("Input x: ");        /* 输入提示 */
    scanf("%f",&x);

    if(x<0) y=0;
    else if(x<=30) y=3*x/5;
        else y=4*(x-30)/5+18;

    printf("x=%f,y=%.2f\n",x,y);
    return 0;
}
```

知识小结：

else...if 语句：多分支结构语句，实现三分段电费的计算。

4.1.6 模仿练习

练习 4-1：输入 x，计算并输出符号函数 y=sign(x)的值。函数规则：当 x>0 时，y=1；当 x=0 时，y=0；当 x<0 时，y=-1。

练习 4-2：输入 15 个字符，统计字母、空格或回车符、数字字符和其他字符的个数。

练习 4-3：运输公司对用户计算运费。设每千米每吨货物的基本运费为 p，货物质量为 w，路程为 s，折扣为 d，运费 f 计算公式为 f=p*w*s*(1*d)。折扣 d 与路程 s 的标准如下：

s<250 km，	无折扣	250 km≤s<500 km	2%折扣
500 km≤s<1000 km	5%折扣	1000 km≤s<2000 km	8%折扣
2000 km≤s<3000 km	10%折扣	3000 km≤s	15%折扣

4.2　查询我国一线城市的行政区号

4.2.1　程序解析

【例4-5】北京、上海、广州和深圳是我国一线城市，行政区号分别是 010、021、020 和 0755。在屏幕上显示查询菜单，用户输入编号 1～4，显示相应城市区号；输入 0，退出查询；输入其他编号，显示区号为 00。查询超过 5 次自动退出，不到 5 次可选择退出。

```
[1] Select Beijing Xing Zheng Qu Hao
[2] Select Shanghai Xing Zheng Qu Hao
[3] Select Guangzhou Xing Zheng Qu Hao
[4] Select Shenzhen Xing Zheng Qu Hao
[0] Exit
```

问题分析：

求解目标： 创建具有编号和名称的菜单供用户选择，用户选择编号，显示对应城市的行政区号。

约束条件： 可以多次选择，最多不超过 5 次。

解决方法： for 循环控制循环次数；多分支结构实现分类设置 area 值。

算法设计： 流程图描述如图 4-4 所示。

变量设置如下：

i：循环控制变量；

choice：菜单选项变量；

area：行政区号变量。

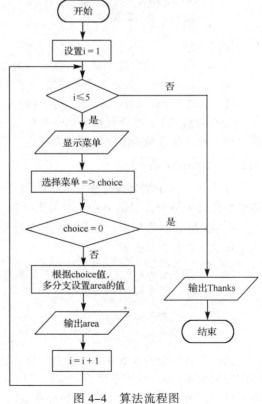

图 4-4　算法流程图

程序清单：

```
#include <stdio.h>
int main()
{
    int choice,area,i;
    for(i=1;i<=5;i++){  /* 菜单功能：显示菜单、选择菜单、分支执行菜单 */
        printf("[1] Select Beijing Xing Zheng Qu Hao \n");
        printf("[2] Select Shanghai Xing Zheng Qu Hao \n");
        printf("[3] Select Guangzhou Xing Zheng Qu Hao \n");
        printf("[4] Select Shenzhen Xing Zheng Qu Hao \n");
        printf("[0] Exit \n");
        printf("Enter choice: ");          /* 输入提示 */
        scanf("%d",&choice);               /* 接收用户输入的菜单编号 */

        if(choice==0)break;                /* break跳出for循环 */
        switch(choice){                    /* 多分支设置行政区号area */
            case 1: area=10;break;         /* break跳出switch，下同 */
            case 2: area=21;break;
            case 3: area=20;break;
            case 4: area=755;break;
            default: area=0;break;
        }
        printf("area=0%d\n",area);     /* 输出城市行政区号area的值 */
    }
    printf("Thanks \n");               /* 结束查询，谢谢用户使用 */
    return 0;
}
```

知识小结：

① for语句：控制最多循环5次，实现显示菜单、选择菜单和分支执行菜单功能。

② switch语句：多分支结构语句，分支设置area的值。

③ break语句：跳出switch，转向执行switch后的printf()语句。

☞小提示：break语句在循环语句和switch语句中的作用不同；printf("area=0%d\n",area);语句输出行政区号前面0的处理技巧。

4.2.2 switch 语句

除使用else...if语句处理多分支选择问题外，还可使用switch语句，且更加方便有效。switch语句也称开关语句，根据switch语句使用break语句的方法，分三种情况。

1. 在switch语句中，各分支都有单独语句段和break语句

形式1（主要形式）

```
switch(表达式){
    case 常量表达式1:语句1;break;
    case 常量表达式2:语句2;break;
        ...
    case 常用表达式n:语句n;break;
    default:        语句n+1;break;
}
```

执行流程：如图4-5所示，首先计算表达式的值，若表达式的值与某个case后的常量表达式的值相等，则执行该常量表达式后的相应语句段，接着执行其后的break语句跳出switch；若表达式的值与任何一个case后的常量表达式的值都不相等，则执行default后的语句段，接着执行其后的break语句跳出switch。

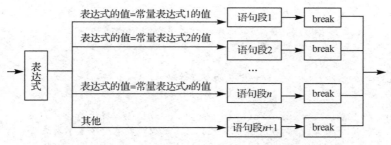

图 4-5　每个分支都有 break 语句的 switch 语句执行流程

👉说明：

① switch: 关键字，其后用花括号 {} 括起来的部分称为 switch 的语句体。

② case: 关键字，其后引出的语句代表一个分支。

③ 表达式、常量表达式 1、常量表达式 2、…、常量表达式 n: 一般是整型、字符型或枚举类型，所有的常量表达式的值都不能相等。

④ 语句 1、语句 2、…、语句 n、语句 n+1: 一条简单语句或一条复合语句。

⑤ default: 关键字，可省略，可出现在 switch 语句的任何位置，一般放在最后。

⑥ break: 跳出 switch 语句。在 switch 语句嵌套中，break 只跳出当前层 switch 语句。

【例 4-6】输入一个形如"操作数 运算符 操作数"的算术表达式，输出运算结果。

问题分析：

求解目标：分 4 种情况计算并输出表达式的值。

约束条件：4 种情况。

解决方法：多分支结构（switch）实现求解 4 种表达式的值。

算法设计：流程图描述如图 4-6 所示。变量设置如下：

v1: 第一操作数；　　　v2: 第二操作数；　　　op: 运算符。

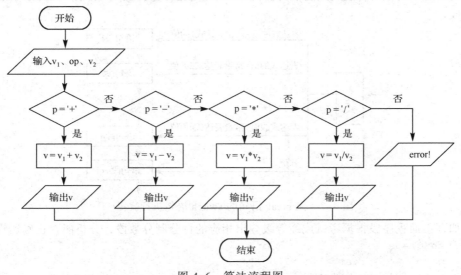

图 4-6　算法流程图

程序清单：

```
#include <stdio.h>
int main(void)
{
    double v1,v2;             /* 定义两个操作数 v1 和 v2 */
    char op;                  /* 定义运算符 op */

    printf("Type in an expression: ");  /* 输入提示 */
    scanf("%lf%c%lf",&v1,&op,&v2);       /* 输入一个算术表达式 */

    switch(op){               /* 多分支计算并输出简单算术表达式的值 */
        case '+': v=v1+v2;printf("v=%.2f\n",v);break;
        case '-': v=v1-v2;printf("v=%.2f\n",v);break;
        case '*': v=v1*v2;printf("v=%.2f\n",v);break;
        case '/': v=v1/v2;printf("v=%.2f\n",v);break;
        default: printf("Unknown operator\n");break;
    }
    return 0;
}
```

☞小提示：case 后的常量表达式只能常量值，不能是其他任何表达式。

2. 在 switch 语句中，各分支都不使用 break 语句

形式 2

```
switch(表达式){
    case 常量表达式1:语句1;
    case 常量表达式2:语句2;
        ...
    case 常用表达式n:语句n;
    default:       语句n+1;
}
```

执行流程：如图 4-7 所示，若表达式的值与某个常量表达式的值相等，则执行该常量表达式后的所有语句段；若表达式的值与任何一个常量表达式的值都不相等，则执行 default 后的语句段。

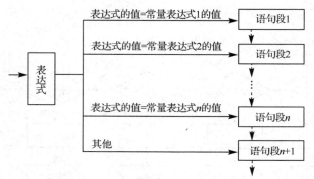

图 4-7　无 break 语句的 switch 语句执行流程

例如，下面程序段根据考试成绩等级输出相应的百分制分数段，分析能否正确实现。

```
switch(grade){
    case 'A': printf("85~100\n");
    case 'B': printf("70~84\n");
    case 'C': printf("60~69\n");
```

```
      case 'D': printf("不及格\n");
      default: printf("输入错误!\n");
}
```

分析：若 grade 的值是'C'，则程序在执行到 switch 语句时，按顺序与 switch 的语句体逐个比较。当在 case 中找到与 grade 相匹配的'C'时，由于没有 break 语句，程序将从分支 case 'C': 开始，向后顺序执行其后的所有语句段。

运行结果：

```
60～69
不及格
输入错误!
```

☞**小提示**：实际上，该形式的 switch 语句很少使用，不能实现多分支情况的处理。

3．在 switch 语句中，多个分支共用相同语句段和 break 语句

在 switch 语句中，允许 case 常量表达式后的语句段为空，这样，就使得多个 case 分支共用相同语句段和 break 语句。在实际应用中，当两个或多个分支所要执行的语句段功能完全相同时，可以通过共用相同语句段和 break 语句的 switch 形式来实现，使程序实现起来更简易。这种形式的 switch 结构非常有用，请读者认真把握。

【例 4-7】将"4.1.6 模仿练习"中的练习 4-3 改用 switch 语句编程实现。

问题分析：折扣"变化点"是 250 的倍数，可令 c=s/250，表示 250 的倍数关系，根据 c 确定折扣 d。s、c 和 d 间的关系如下：

- 当 s<0 时，c 取−1，d=100%；
- 当 0≤s<250 时，c 取 0，d=0%；
- 当 250≤s<500 时，c 取 1，d=2%；
- 当 500≤s<1000 时，c 取 2、3，d=5%；
- 当 1000≤s<2000 时，c 取 4、5、6、7，d=8%；
- 当 2000≤s<3000 时，c 取 8、9、10、11，d=10%；
- 当 3000≤s 时，c 取为 12、13、…，d=15%。

算法设计：流程图描述如图 4-8 所示。变量设置如下：

s：路程； d：折扣；
c：中间变量（反映 s、d 间关系）；
p：单价； w：质量；
f：运费

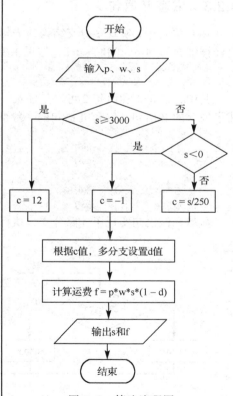

图 4-8 算法流程图

程序清单：

```
#include <stdio.h>
int main()
```

```
{
    int c,s;
    float p,w,d,f;
    printf("请输入p、w、s的值: ");
    scanf("%f%f%d",&p,&w,&s);        /* 输入p、w、s的值 */
    if(s>=3000)c=12;                 /* 根据s的值计算c值 */
    else if(s<0)c=-1;
    else c=s/250;
    switch(c){                       /* 根据c值情况，多分支设置d值 */
        case 0:d=0;break;
        case 1:d=2;break;
        case 2:case 3:d=5;break;
        case 4:case 5:case 6:case 7:d=8;break;
        case 8:case 9:case 10:case 11:d=10;break;
        default:d=100;
    }
    f=p*w*s*(1-d/100.0);             /* 计算f的值 */
    printf("距离为%dkm的运费是: %.2f元。\n",s,f); /* 输出s和f的值 */
    return 0;
}
```

知识小结：在 switch 语句中，允许多个 case 共用相同语句段和 break 语句。

4.2.3 嵌套 if 语句

在 C 语言中，实现多分支结构的语句包括 else...if 语句、switch 语句和嵌套 if 语句。前面已经详细介绍 else...if 和 switch，这里主要介绍嵌套 if 语句。基本 if 语句的一般格式：

```
if(表达式) 语句1;
else       语句2;
```

其中，语句 1 和语句 2 可以是任意一条合法的语句。如果它又是一条 if 语句，那么就构成了嵌套的 if 语句。嵌套 if 语句的一般形式如下：

```
if(表达式1)
    if(表达式2)  语句1
    else        语句2
else
    if(表达式3)  语句3
    else        语句4
```

显然，该语句实现了 4 路分支，执行流程如图 4-9 所示。

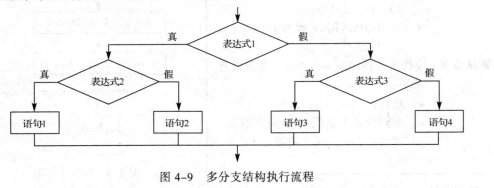

图 4-9 多分支结构执行流程

【例 4-8】编程：输入身高 h 和体重 w，根据公式 $t=w/h^2$，计算体重指数 t，根据体重指数 t 判断并输出体型。其中：w 单位为千克，h 单位为米。体型标准如下：

- 当 $t \leqslant 18$ 时，体型为瘦削。
- 当 $18 < t \leqslant 25$ 时，体型为正常。
- 当 $25 < t \leqslant 27$ 时，体型为偏胖。
- 当 $t \geqslant 27$ 时，体型为肥胖。

问题分析：
求解目标： 输入身高和体重，计算体重指数，根据体重指数分 4 种情况显示体型。
约束条件： 4 种体型。
解决方法： 用多分支结构或嵌套 if 语句实现。
算法设计： 流程图描述如图 4-10 所示。设置 w、h 和 t 三个变量，分别表示体重、身高和体重指数。

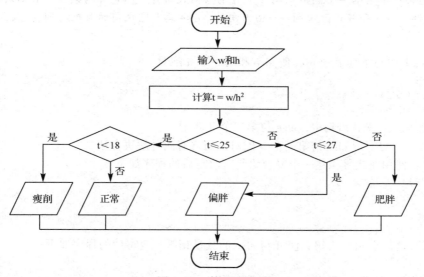

图 4-10　算法流程图

程序清单：

```c
#include <stdio.h>
int main()
{
    double w,h,t;

    printf("请输入体重和身高: ");
    scanf("%lf%lf",&w,&h);

    t=w/(h*h);          /* 计算体重指数 */

    /* 嵌套 if 语句: 分 4 种情况判断并输出体型结果 */
    if(t<=25)
        if(t<18) printf("瘦削\n");
        else printf("正常\n");
    else
        if(t<=27) printf("偏胖\n");
        else printf("肥胖\n");
```

```
    return 0;
}
```

☞说明：else...if 语句和嵌套 if 语句都可以实现多分支结构，各有特色。else...if 语句的逻辑结构更清晰，但效率较低。嵌套 if 语句较复杂，容易产生二义性，但效率较高。

思考：在嵌套 if 中，如果内嵌 if 省略 else，使得 else 与 if 数量不等，可能在语义上产生二义性。如何正确匹配？

案例：假设有以下形式的 if 语句，第一个 else 与哪一个 if 匹配？

```
if(表达式1)
    if(表达式2) 语句1;
else                    /* 问题：该else与哪一个if匹配？ */
    if(表达式3) 语句2;
    else 语句3
```

匹配结果：虽然第一个 else 与第一个 if 书写格式对齐，但它却与第二个 if 对应匹配。

☞说明：else 和 if 匹配规则——由内向外，else 总与它之前的且未与别的 else 匹配的 if 相匹配。

【例 4-9】改写下列 if 语句，使 else 和第一个 if 配对。

```
if(x<2)
    if(x<1)y=x+1
    else y=x+2;
```

匹配结果：上述 if 语句中，else 与第二个 if 匹配。

解决方法：要实现 else 与第一个 if 配对，通常有两种解决方法。

方法 1：使用花括号构建一个复合语句。改写后的程序如下：

```
if(x<2){
    if(x<1)y=x+1
}
else y=x+2;
```

方法 2：增加空 else 语句，使 if 与 else 的数量相等。改写后的程序如下：

```
if(x<2)
    if(x<1)y=x+1
    else;
else y=x+2;
```

☞说明：一般情况下，内嵌的 if 最好不要省略 else 部分，这样可使 if 和 else 的数量相同，从内层到外层一一对应，结构清晰，不易出错。

4.2.4　模仿练习

练习 4-4：判断某年是否闰年（被 4 整除但不能被 100 整除，或者能被 400 整除）。

练习 4-5：输入正整数 n 和 n 个学生的成绩，计算平均分，并统计所有及格的人数。

练习 4-6：输入 10 个字符，使用 switch 分类统计空格或回车符、数字、其他字符的个数。

练习 4-7：重新编写例 4-3 的程序，要求使用嵌套的 if...else 语句，并上机运行。

习　　题

一、选择题

1. 下面数据中属于字符型常量的是_____。

    A. "AND"　　　　　B. 'N'　　　　　　C. "ABC"　　　　D. 'OR'

2. 以下选项中，非法的字符常量是_____。

    A. 't'　　　　　　B. '\x41'　　　　　C. "n"　　　　　D. '\t'

3. 若有以下定义和语句，执行后的输出结果是_____。

```
char c1='a',c2='f';
printf("%d,%c\n",c2-c1,c2-'a'+'B');
```

    A. 2,M　　　　　　B. 5,!　　　　　　C. 2,E　　　　　D. 5,G

4. 设 a 为整型变量，不能正确表达数学关系：10<a<15 的 C 语言表达式是_____。

    A. 10<a<15　　　　　　　　　　　　B. a==11||a==12||a==13||a==14

    C. a>10&&a<15　　　　　　　　　　D. !(a<=10)&&!(a>=15)

5. 在以下一组运算符中，优先级最高的是_____。

    A. <=　　　　　　B. =　　　　　　　C. %　　　　　　D. &&

6. 设 a、b、c 都是 int 型变量，且 a=3、b=4、c=5，则下面表达式中，值为 0 的表达式是_____。

    A. 'a'&&'b'　　　　B. a<=b　　　　　C. c||+c&&b-c　　D. !((a<b)&&!c||1)

7. 在 C 语言的 if 语句中，用作判断的表达式为_____。

    A. 关系表达式　　B. 逻辑表达式　　C. 算术表达式　　D. 任意表达式

8. 在以下运算符中，优先级最高的运算符是_____。

    A. <=　　　　　　B. /　　　　　　　C. !=　　　　　　D. &&

9. 能正确表示 a 和 b 同时为正或同时为负的逻辑表达式是_____。

    A. (a>=0||b>=0)&&(a<0||b<0)　　　　B. (a>=0&&b>=0)&&(a<0&&b<0)

    C. (a+b>0)&&(a+b<=0)　　　　　　　D. a*b>0

10. 与语句 y=(x>0?1:x<0?-1:0);的功能相同的 if 语句是_____。

    A. if(x>0) y=1;　　　　　　　　B. if(x)

       else if(x<0) y=-1;　　　　　　 if(x>0) y=1;

       else y=0;　　　　　　　　　　　 else if(x<0) y=-1;

                             else y=0;

    C. y=-1;　　　　　　　　　　　　D. y=0;

       if(x)　　　　　　　　　　　　 if(x>=0)

         if(x>0) y=1;　　　　　　　　 if(x>0) y=1;

         else if(x==0) y=0;　　　　　else y=-1;

         else y=-1;

11. 在嵌套使用 if 语句时，C 语言规定 else 总是_____。

    A. 和之前与其具有相同缩进位置的 if 配对

    B. 和之前与其最近的 if 配对

    C. 和之前与其最近的且不带 else 的 if 配对

    D. 和之前的第一个 if 配对

12. 下面程序运行时如果输入"-1 2 3 3 6 2<回车>"，则输出结果是_____。

```
#include <stdio.h>
int main()
{
    int t,a,b,i;
```

```
    for(i=1;i<=3;i++){
        scanf("%d%d",&a,&b);
        if(a>b) t=a-b;
        else if(a==b) t=1;
            else t=b-a;
            printf("%d",t);
    }
    return 0;
}
```

  A. 304   B. 114   C. 134   D. 314

13. 下面程序运行时，如果输入字符A，则输出结果是_____。

```
#include <stdio.h>
int main()
{
    char grade;

    grade=getchar();
    switch(grade){
        case 'A': printf("85~100");
        case 'B': printf("70~84");
        case 'C': printf("60~69");
        case 'D': printf("不及格");
        default: printf("输入错误!");
    }

    putchar('\n');
    return 0;
}
```

  A. 85~100

  B. 85~10070~8460~69 不及格输入错误!

  C. 70~84

  D. 不及格输入错误!

14. 下面程序运行时，如果输入 7mazon，则输出结果是_____。

```
#include <stdio.h>
int main()
{
    char ch;
    int i;

    for(i=1;i<=5;i++){
        ch=getchar();
        if(ch>='a'&&ch<='u') ch+=5;
        else if(ch>='v'&&ch<='z') ch='a'+ch-'v';
        putchar(ch);
    }
    return 0;
}
```

  A. 7rfet   B. 7rtets   C. rfet   D. rfets

二、填空题

1. 若有定义：char c='\010';，则变量 c 中包含的字符个数为_____。

2. 表示条件 10<x<100 或 x<0 的 C 语言逻辑表达式是_____。

3. 设 y 为 int 型变量，则描述 "y 是奇数" 的逻辑表达式是_____。

4. 设 x、y、z 为 int 型变量，则描述 "x 或 y 中只有一个小于 z" 的表达式是_____。

5. 两次运行下面的程序，如果从键盘上分别输入 6 和 4，则输出的结果是_____。

```
int main()
{
    int x;
    scanf("%d",&x);
    if(x++>5)
        printf("%d\n",x);
    else
        printf("%d\n",x--);
    return 0;
}
```

6. 设 a=3、b=4、c=5，试写出下面逻辑表达式的值。

① 逻辑表达式 a+b>c&&b==c 的值是_____。

② 逻辑表达式 a||b+c&&b-c 的值是_____。

③ 逻辑表达式 !(a>b)&&!c||1 的值是_____。

④ 逻辑表达式 !(x=a)&&(y=b)&&0 的值是_____。

⑤ 逻辑表达式 !(a+b)+c-1&&b+c/2 的值是_____。

7. 输入一个学生的数学成绩（0~100），将其转换为五级积分制成绩后输出。如果输入不正确的成绩，显示 "Invalid input"。请填空。

```
int main()
{
    int mark;
    _____①_____;
    scanf("%d",mark);
    if(_____②_____){
        if(mark>=90)  grade='A';
        else if(mark>=80) grade='B';
        else if(mark>=70) grade='C';
        else if(mark>=60) grade='D';
        else grade='E';
        putchar(grade);   putchar('\n');        }
    else
        printf("Invalid input\n");
    return 0;
}
```

8. 下列程序读入时间数值，将其加 1 s 后输出，时间格式为 hh:mm:ss，当小时等于 24 小时时置为 0。请填空。

```
int main()
{
    int hh,mm,ss;
    scanf("%d:%d:%d",&hh,&mm,&ss);
    ss++;
```

```c
    if(      ①      ==60){
             ②       ;
        ss=0;
        if(mm==60){
            hh++;mm=0;
            if(      ③      ) hh=0;
        }
    }
    printf("%d:%d:%d",hh,mm,ss);
    return 0;
}
```

9. 下列程序段的输出结果是_____。

```c
int main()
{
    int m,k=0,s=0;
    for(m=1;m<=4;m++){
        switch(m%4){
            case 0:
            case 1: s+=m;break;
            case 2:
            case 3: s-=m;break;
        }
        k+=s;
    }
    printf("%d",k);
    return 0;
}
```

三、程序设计题

1. 有三个整数 a、b、c，由键盘输入，输出其中最大的数。

2. 试编写程序，使其能输出 21 世纪所有的闰年。判断闰年的条件是：能被 4 整除但不能被 100 整除，或者能被 400 整除。

3. 一个不多于 5 位的正整数，要求：①求出它是几位数；②分别打印出每一位数字；③按递序打印出各数字，例如原数为 321，应输出 123。

4. 输入 4 个整数，要求按由小到大的顺序输出。

5. 输入一个职工的月薪 salary，输出应交的个人所得税 tax（保留两位小数）。个人所得税计算公式为 tax=rate×(salary−850)/100。

当 salary<850 时，rate=0；

当 850≤salary<1350 时，rate=5；

当 1350≤salary<2850 时，rate=10；

当 2850≤salary<5850 时，rate=15；

当 5850≤salary 时，rate=20。

6. 某城市普通出租车收费标准如下：起步里程 3 km，起步费 10 元；超起步里程后 10 km 内每千米租费 2 元；超过 10 km 以上的部分加收 50%的回空补贴费，即每千米租费用 3 元。营运过程中，因路阻及乘客要求临时停车的，每 5 min 按 1 km 租费计收。运价计费尾数四舍五入，保留到元。编写程序，输入行车里程（千米）与等待时间（分钟），计算并输出乘客应支付的车费（元）。

第5章

循 环 结 构

本章要点

◎ 循环的概念，使用循环的方法。

◎ 实现循环时，确定循环变量、循环条件和循环体的方法。

◎ 使用 while 和 do...while 语句实现次数不确定的循环的方法。

◎ 使用循环辅助语句 break 和 continue 处理多循环条件的方法。

◎ 实现多重循环的方法。

实际中，经常会碰到循环问题，例如，计算前 100 个自然数之和。循环是结构化程序设计的基本结构之一：C 语言提供了 3 种循环语句（while、do...while 和 for）。在程序设计中，如果需要重复执行某些操作，便可选用三种循环语句实现循环。

第 2 章已经详细介绍了 for 语句，在此基础上，本章将进一步介绍 while 语句、do...while 语句和其他与循环相关的辅助语句，并举例介绍循环结构的编程应用。

5.1 while 语 句

5.1.1 引例

【例 5-1】编写一个程序，输入一批学生成绩，求平均成绩。

问题分析：

求解目标：求一批学生的平均成绩。

约束条件：一批学生，人数不定，但成绩无负数。

解决方法：先累加成绩和计数人数，再求平均成绩，使用循环结构实现。

    ● 循环体：输入成绩、累加成绩和计数人数。

    ● 循环条件：scoore>= 0。

算法设计：流程图描述如图 5-1 所示。变量设置如下：

    score：成绩变量；

    sum：总成绩变量；

    count：总人数变量；

    avg：平均成绩变量。

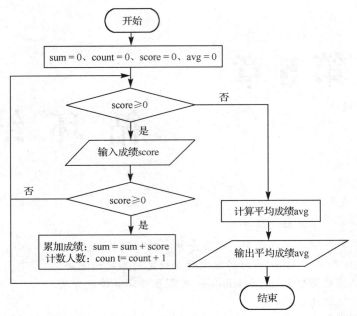

图 5-1　算法流程图

程序清单：

```c
#include <stdio.h>
int main()
{
    float score=0;          /* score: 成绩，初值为 0，确保正常循环*/
    float sum=0,avg=0;      /* sum: 总成绩，初值为 0*/
    int count=0;            /* count: 总人数，初值为 0 */

    printf("Enter score ( 负数结束输入): ");      /* 输入提示 */
    while(score>=0)         /* 输入一批成绩，求总成绩与总人数，循环条件 score>=0 */
    {
        scanf("%f",&score);              /* 输入成绩 */
        if(score>=0){
            sum+=score;                  /* 累加成绩 */
            count++;                     /* 计数人数 */
        }
    }
    if(count!=0)avg=sum/count;           /* 计算平均成绩 */
    printf("Average is %6.2f",avg); /* 输出平均成绩，保留两位小数 */
    return 0;
}
```

知识小结：

① 成绩累加器与人数计数器：sum、count，初值为零。

② while 语句：循环体由{scanf("%f",&score)、if(score>=0)…}两条语句构成的一条复合语句，循环条件是 while 后面括号内的关系表达式 score>=0。执行流程是先测试循环条件是否成立，若 score>=0 时就执行循环体，否则结束循环。

☞小提示：循环体包括多条语句，必须使用{}构成复合语句。

while 语句：C 语言中一种重要的循环语句，它是先通过判断循环控制条件是否成立来决定是否继续循环，又称"当型"循环。一般语句形式：

```
while(表达式)
    循环体
```

其中：

● 表达式：循环条件，可以是任意合法的表达式，通常是关系表达式和逻辑表达式。

● 循环体：重复执行的语句。

执行流程：如图 5-2 所示。当表达式的值为"真"时，执行循环体，直至表达式的值为"假"，循环中止并继续执行 while 的下一条语句。

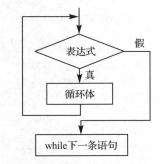

☞说明：在使用 while 语句时，需要注意以下几个问题。

① 先判断循环条件再决定是否执行循环体，若初始循环条件就是"假"，则循环体一次都不执行。例 5-1 中，若 score 的初值为负数，则循环体一次也不执行。

② 循环体中如果包含多条语句，应使用花括号{}括起来，形成复合语句。如果不加花括号，则 while 语句的范围只到 while 后面的第一个分号处。

图 5-2 while 语句的执行流程

③ 循环体中应有使循环趋于结束的语句，否则会出现"死循环"。例 5-1 中，循环结束的条件是 score<0，只有通过循环体内的 scanf("%f",&score);语句输入负数，才能退出循环。

5.1.2 用 while 语句编程

【例 5-2】利用格雷戈里公式求 π 的近似值，要求精确到最后一项的绝对值小于 10^{-4}。

$$\frac{\pi}{4} = 1 - \frac{1}{3} + \frac{1}{5} - \frac{1}{7} + \cdots$$

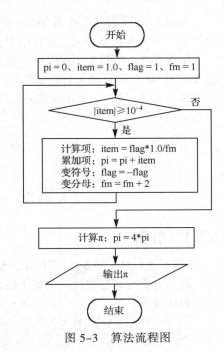

问题分析：

求解目标：求解多项式的和。

约束条件：最后一项的绝对值小于 10^{-4}。

解决方法：多项式求和问题，需要使用循环结构实现。但项符号交替变化。

　　● 循环体：计算项、累加项、变符号、变分母。

　　● 循环条件：|item|>= 10^{-4}。

算法设计：流程图描述如图 5-3 所示。变量设置如下：

　　fm：项分母，初值为 1；

　　flag：项符号，初值为+1；

　　item：项变量，初值为 1；

　　pi：累加和变量，初值为 0。

图 5-3 算法流程图

程序清单：

```
#include <stdio.h>
#include <math.h>                    /* 调用绝对值函数 fabs()，需包含 math.h */
int main()
{
    int fm=1,flag=1;                 /* fm: 分母，初值为 1; flag: 负号，初值为 1 */
    double item=1,pi=0;              /* item: 项，初值为 1; pi: 累加和，初值为 0 */

    while(fabs(item)>=0.0001)        /* 计算 π/4: 循环条件是|item| ≥10⁻⁴ */
    {
        item=flag*1.0/fm;           /* 计算项 */
        pi=pi+item;                  /* 累加项 */
        flag=-flag;                  /* 变符号 */
        fm=fm+2;                     /* 变分母 */
    }

    pi=pi*4;                         /* 计算 π */
    printf("pi=%f\n",pi);            /* 输出 π */
    return 0;
}
```

知识小结：

① 确保正常循环：while 循环是先判断循环条件，再决定是否执行循环体。必须对循环条件正确初始化，确保循环能正常开始。本例对 item 赋初值 1.0，保证初始循环条件为真。

② 避免"死循环"：循环体中必须有改变循环条件的语句，使循环趋于结束，否则会出现"死循环"。本例循环体中的"fm=fm+2"语句将导致 item 值的变化，最终结束循环。

5.1.3　模仿练习

练习 5-1：运行例 5-1 程序时，如果将最后一个输入数据改为-2，运行结果有什么变化？如果第一个输入数据是-1，运行结果是什么？为什么？

练习 5-2：在例 5-2 程序中，如果对 item 赋初值 0，运行结果是什么？为什么？如果将精度改为 10⁻³，运行结果有什么变化？为什么？

练习 5-3：输入一个正实数 eps，计算并输出下面表达式的值，直到最后一项的绝对值小于 eps。

$$s=1-\frac{1}{4}+\frac{1}{7}-\frac{1}{10}+\frac{1}{13}-\frac{1}{16}+\dots$$

5.2　do...while 语句

5.2.1　引例

【例 5-3】对于例 5-1，用 do...while 语句编程实现。

问题分析与算法设计： 例 5-1 已详细描述了问题分析与算法设计，在此不再赘述。

程序清单：

```
#include <stdio.h>
int main()
{
```

```
float score,sum=0;              /* sum: 总成绩, 初值为 0*/
int count=0;                    /* count: 学生人数, 初值为 0 */

printf("Enter scores:（负数结束输入）");  /* 输入提示 */
do                              /* 输入一批成绩, 累加成绩、计数人数 */
{
    scanf("%f",&score);         /* 输入成绩 */
    if(score>=0){
        sum+=score;             /* 累加成绩 */
        count++;                /* 计数人数 */
    }
}while(score>=0);               /* 循环条件: score>=0 */

if(count!=0) sum=sum/count;     /* 求平均成绩 */
printf("Average is %6.2f",sum); /* 输出平均成绩, 保留两位小数 */
return 0;
}
```

知识小结：

① 成绩累加器与人数计数器：sum、count，初值为零。

② do...while 语句：循环体由 "{scanf("%f",&score)" "if(score＞=0)…}" 两条语句构成一条复合语句，循环条件是 while 后面括号内的关系表达式 score>=0。执行流程是先执行循环体，再测试循环条件是否成立，若 score>=0 时就继续循环，否则结束循环。

☞**小提示**：循环体包括多条语句，必须使用{}构成复合语句。

do...while 语句：C 语言中一种重要的循环语句，它是先执行一次循环体再判断循环控制条件是否成立决定是否继续循环，又称"直到型"循环。一般语句形式：

```
do
{
    循环体
}while(表达式);
```

其中：

● 表达式：循环条件，可以是任意合法的表达式，通常是关系表达式和逻辑表达式。

● 循环体：重复执行的语句。

执行流程：如图 5-4 所示。首先执行 do 和 while 之间的循环体一次，然后判别 while 后括号内的表达式，若表达式值为"真"，则继续执行循环体，直至表达式值为"假"，才中止循环并继续执行 do...while 的下一条语句。

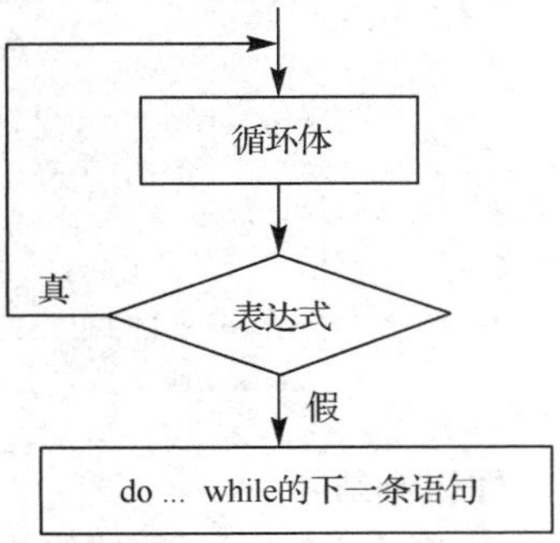

图 5-4 do...while 语句的执行流程

☞**说明**：在使用 do...while 语句时，需要注意以下几个问题。

① 先执行循环体再判断循环条件来决定是否继续循环，因此至少执行一次循环体。

② 循环体介于 do 和 while 之间，必须使用花括号{}括起来，形成复合语句。

③ 循环体中应有使循环趋于结束的语句，否则会出现"死循环"。例 5-3 中，循环结束条件是 score<0，只有通过循环体内的 scanf("%f",&score);语句输入负数，才能退出循环。

5.2.2　用 do...while 语句编程

【例 5-4】输入一个整数，求该数的位数。例如，输入 12345，输出 5；输入 –95，输出 2；输入 0，输出 1。

问题分析：

　　求解目标：计数一个整数的位数。

　　约束条件：整数 num 不为零。

　　解决方法：不断去除整数 num 末位，计数位数，直到整数为零。需要使用循环结构。

　　　　● 循环体：去除整数 num 末位、位数计数器加 1。

　　　　● 循环条件：num!=0。

　　算法设计：流程图描述如图 5-5 所示。变量设置如下：

　　　　count：位数计数器，初值为 0；

　　　　num：所求整数。

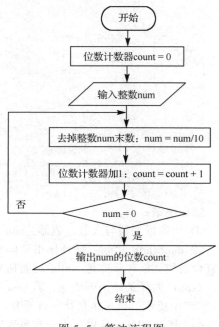

图 5-5　算法流程图

程序清单：

```c
#include <stdio.h>
int main()
{
    int count=0,num;           /* count: 位数计数器，初值为 0 */

    printf("Enter a number: "); /* 输入提示 */
    scanf("%d",&num);          /* 输入整数 num */

    do{                        /* 计数 num 位数 */
        num=num/10;            /* 去掉 num 末位 */
        count++;               /* 位数计数器加 1 */
    }while(num!=0);            /* 循环条件: num!=0 */

    printf("It contains %d digits.\n",count);   /* 输出 num 位数 */
    return 0;
}
```

知识小结：

① 负数和相应正数的位数一样，无须把负数转换为正数后再处理。

② 语句 num=num/10;的功能是去掉 num 的末位数，循环条件是 num!=0。

③ 避免"死循环"：循环体必须有改变循环条件的语句，使循环趋于结束，否则会出现"死循环"。本例循环体中的 num=num/10;语句将导致 num 值的变化，最终结束循环。

5.2.3　再析 while 和 do...while

从前面介绍的知识可知：while 语句是先判定循环条件再决定是否继续循环，若初始化循环条件为 0，则循环体一次也不执行；do...while 语句是先执行循环体再判定循环条件来决定是否继续循环，循环体至少执行一次。

应特别注意的是，循环（控制）变量必须在循环体内有所改变，才能使 while 和 do...while 语句的循环控制条件表达式的值不断改变，直至循环结束。否则会造成死循环。

例如，要求程序输出 100 个 "*"。程序片段如下：

```
i=1;
while(i<=100)
    putchar('*');
    i++;
```

显然，这个循环永远不会结束，因为 i++;语句不属于循环体中的语句，循环控制变量 i 没有在循环体内被改变。因此，上述程序段应修改为：

```
i=1;
while(i<=100){
    putchar('*');
    i++;
}
```

另外，while 和 do...while 还可转换。例如，可将上面的 while 语句改成如下的 do...while 语句：

```
i=1;
do{
    putchar('*');
    i++;
}while(i<=100);
```

知识点小结：

while 和 do...while 语句是相通的，可以互相转换。但实现上有差异性，主要区别：前者是先判断循环条件，再决定是否执行循环，循环可能一次都不执行；后者是先执行循环，再判断循环条件决定是否继续循环，循环至少执行一次。

5.2.4　模仿练习

练习 5-4：如果将例 5-4 程序中的 do...while 语句改为下列 while 语句，会影响程序的功能吗？为什么？再增加一条什么语句就可以实现同样的功能？

```
while(number!=0){
    number=number/10;
    count++;
}
```

练习 5-5：输出 2000 年至 9999 年之间所有的闰年，每行输出 10 个年份。闰年：能被 4 整除但不能被 100 整除，或者能被 400 整除的年数。

5.3　三种循环语句的比较

5.3.1　进一步讨论 for 语句

在 2.4 节中，详细讨论了 for 语句的一般形式、组成和执行流程等。本节将在此基础上，

结合下面求 *n*!的 fact()函数，进一步讨论 for 语句。

```
int fact(int n)                    /* 定义计算n!的函数 */
{
    int i,res=1;                   /* 定义变量并赋初值 */
    for(i=1;i<=n;i++) res=res*i;   /* 循环连乘求 n! */
    return res;                    /* 返回结果 */
}
```

1. 省略表达式

for 语句中的三个表达式都是可以省略的。

如果省略表达式 1（初值表达式），则应在 for 语句之前给循环变量赋初值，但其后的分号不能省略。

例如，fact()函数可以改写为：

```
int fact(int n)                    /* 定义计算n!的函数 */
{
    int i,res=1;                   /* 定义变量并赋初值 */
    i=1;                           /* 变量赋初值 */
    for(;i<=n;i++) res=res*i;      /* 循环连乘求 n!，省略表达式 1 */
    return res;                    /* 返回结果 */
}
```

如果省略表达式 2（循环条件表达式），则表示 for 语句是无终止条件的循环，但其后的分号不能省略。这样，可能导致无限循环。因此，应在 for 语句的循环体内设置强制跳出循环的 break 语句。

例如，fact()函数可以改写为：

```
int fact(int n)                    /* 定义计算n!的函数 */
{
    int i,res=1;                   /* 定义变量并赋初值 */
    for(i=1;;i++){                 /* 循环连乘求 n!，省略表达式 2 */
        if(i>n) break;             /* 如果 i>n，则通过 break 强制跳出循环 */
        res=res*i;
    }
    return res;                    /* 返回结果 */
}
```

如果省略表达式 3（步长表达式），则可能导致无限循环。因此，应在 for 语句的循环体内修改循环变量的值。

例如，fact()函数可以改写为：

```
int fact(int n)                    /* 定义计算n!的函数 */
{
    int i,res=1;                   /* 定义变量并赋初值 */
    for(i=1;i<=n;){                /* 循环连乘求 n!，省略表达式 3 */
        res=res*i;
        i++;                       /* 循环变量 i 增 1 */
    }
    return res;                    /* 返回结果 */
}
```

如果省略表达式 1 和表达式 3，则应在 for 语句前给循环变量赋初值，在 for 语句的循环体内修改循环变量的值。

例如，fact()函数可以改写为：

```
int fact(int n)                 /* 定义计算 n!的函数 */
{
    int i,res=1;                /* 定义变量并赋初值 */
    i=1;                        /* 变量赋初值 */
    for(;i<=n;){                /* 循环连乘求 n!，省略表达式 1 和表达式 3 */
        res=res*i;
        i++;                    /* 循环变量 i 增 1 */
    }
    return res;                 /* 返回结果 */
}
```

如果三个表达式都省略，但分号不能省，则必须综合上面讨论的情况，在 for 语句前对循环变量赋初值，在 for 语句的循环体内修改循环变量的值，在 for 语句的循环体内设置强制跳出循环的语句 break。

例如，fact()函数可以改写为：

```
int fact(int n)                 /* 定义计算 n!的函数 */
{
    int i,res=1;                /* 定义变量并赋初值 */
    i=1;                        /* 变量赋初值 */
    for(;;){                    /* 循环连乘求 n!，三个表达式都省略 */
        if(i>n) break;          /* 如果 i>n，则通过 break 强制跳出循环 */
        res=res*i;
        i++;                    /* 循环变量 i 增 1 */
    }
    return res;                 /* 返回结果 */
}
```

2. for 语句中的逗号表达式

for 语句中的表达式 1 和表达式 3 都可以是逗号表达式。上述 fact()函数中，若将表达式 1 和表达式 3 都改成逗号表达式，则循环体将变成空语句。改写后的 fact()函数如下：

```
int fact(int n)                         /* 定义计算 n!的函数 */
{
    int i,res;                          /* 定义变量 */
    for(i=1,res=1;i<=n;res=res*i,i++)   /* 循环连乘求 n!，注意：逗号表达式 */
        ;                               /* 循环体是空语句 */
    return res;                         /* 返回结果 */
}
```

思考：若将表达式 3 改写成 i++,res=res*i，正确吗？为什么？

在有多个循环变量参与循环控制的情况下，若表达式 1 和表达式 3 为逗号表达式，将使程序显得非常清晰。

案例分析：阅读并分析下列程序，写出程序运行结果。

```
#include <stdio.h>
void main()
```

```
{
    int i,j;
    for(i=1,j=5;i<=j;i++,j--)
        printf("i=%d,j=%d\n",i,j);
}
```

程序分析：i 和 j 都是 for 语句中的循环变量，表达式 1（i=1,j=5）是逗号表达式，设置循环变量的初值；表达式 3（i++,j--）也是逗号表达式，改变循环变量的值。循环条件是 i<=j。循环共执行 3 次，结束循环时 i、j 的值变为 4、3，循环条件不满足，退出循环。

运行结果：

```
i=1,j=5
i=2,j=4
i=3,j=3
```

3. 循环体为空语句

for 语句的循环体也可以为空语句，它的一般形式为：

```
for(表达式1;表达式2;表达式3)
    ;
```

例如，下列求 *n*! 运算的 for 语句，它的循环体就是空语句：

```
for(i=1,res=1;i<=n;res=res*i,i++)
    ;          /* 循环体为空语句 */
```

编程者还可以通过一个空循环获得一个时间延迟 SOME_VALUE。以下代码示出了如何使用 for 循环语句来产生一个时间延迟：

```
for(t=0;t<SOME_VALUE;t++)
    ;          /* 循环体为空语句 */
```

另外，空的循环体在 while 语句和 do...while 语句中也经常被使用。这是 C 语言的一个特点。例如，下面程序段中 while 语句的循环体就是空语句，其功能实现了在屏幕上显示输入的字符，直到输入"."符号才结束循环。

```
while(putchar(getchar())!='.')
    ;          /* 循环体为空语句 */
```

5.3.2 循环语句的比较与选择

遇到循环问题，应该使用三种循环语句的哪一种呢？通常情况下，这三种语句是通用的，但在使用上各有特点，略有不同。下面举例说明。

【例 5-5】将例 5-4 中的整数位数计数问题使用 for 语句和 while 语句编程实现。

问题分析与算法设计：详见例 5-4，在此不再赘述。

程序清单 I：改用 for 语句编程实现。

```
#include <stdio.h>
int main(void)
{
    int count,num;                          /* count: 位数计数器 */

    printf("Enter a num: ");                /* 输入提示 */
    scanf("%d",&number);

    if(num==0) count=1;else count=0;        /* 思考: count 初始化问题 */
    for(;num!=0;){                          /* 循环条件: num!=0 */
        num=num/10;                         /* 去掉 num 末位 */
        count++;                            /* 位数计数器加 1 */
    }
```

```
        printf("It contains %d digits.\n",count);
        return 0;
}
```

程序清单 II：改用 while 语句编程实现。

```
#include <stdio.h>
int main(void)
{
    int count,num;                      /* count: 位数计数器 */

    printf("Enter a number: ");         /* 输入提示 */
    scanf("%d",&num);

    if(num==0) count=1;else count=0;    /* 思考: count 初始化问题 */
    while(num!=0){                       /* 循环条件: number!=0 */
        num=num/10;                      /* 去掉 num 末位 */
        count++;                         /* 位数计数器加 1 */
    }

    printf("It contains %d digits.\n",count);
    return 0;
}
```

知识小结：

①共性与差异：for 和 while 都是先判断循环条件，再决定是否进入循环，若初始化循环条件不正确，则可能导致不能正常循环，因此，使用 for 和 while 时必须在循环之前正确设置循环条件，防止不能"进入循环"。for 通过表达式 3 修改循环变量，while 和 do...while 通过循环体修改循环变量，保证正常"中止循环"，避免出现"死循环"。

② 选择原则：若循环次数明确，则首选 for；若循环次数不明确，且须先循环再判断是否继续循环，则选择 do...while，否则选择 while。选择流程描述如下：

循环语句选择流程

```
if(循环次数明确)
    选用 for 语句
elseif(循环条件在进入循环时明确)
    选用 while
else
    选用 do...while 语句
```

5.4 break 语句、continue 语句和 goto 语句

这一类语句的功能是改变程序的执行流程，使程序从某处转向另一处去执行。这些语句在循环结构的程序设计中也很有用，特别是 break 语句和 continue 语句。

5.4.1 break 语句

在 4.2 节已经介绍了在 switch 语句中如何使用 break 语句，其作用是跳出所在的 switch 结构，使流程转向 switch 结构的下一条语句。同样，循环结构中也可使用 break 语句。

一般语句形式：

```
break;
```

break 语句在循环结构中作用：强制跳出所在的循环结构，使流程转向执行该循环结构的下一条语句。

执行流程：for 结构中 break 语句的执行流程如图 5-6 所示，显然，该流程图中的循环结构有两个出口：

出口 1：表达式 2 为"假"，正常跳出循环。

出口 2：执行 break 语句，异常跳出循环。

显然，不同出口的含义不同。通常，在退出循环后，需要判断流程从哪个出口跳出，分别进行处理。

下面举例说明 break 语句在循环语句中的应用。

【例 5-6】从键盘输入一个正整数 m，判断它是否为素数。素数就是只能被 1 和自身整除的正整数，1 不是素数，2 是素数。

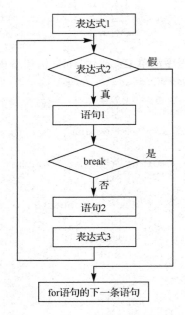

图 5-6　for 结构中 break 语句的执行流程

问题分析：

求解目标： 判断给定整数 m 是否为素数。

约束条件： 检测范围在[2, m-1]区间整数，循环次数确定。

解决方法： 让 i 在[2, m-1]范围变化，重复检测 m 与 i 的整除关系，若整除就中止。需要使用循环结构。

- 循环体：检测 m 与 i 的整除关系，若整除则中止。
- 循环条件：i<m。

算法设计： 流程图描述如图 5-7 所示。变量设置如下：

i：循环变量，初值为 2；

m：给定整数。

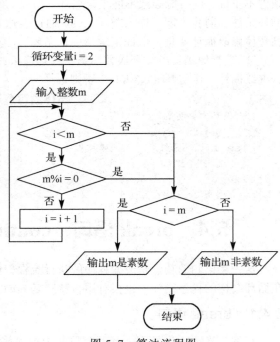

图 5-7　算法流程图

程序清单：

```
#include <stdio.h>
int main(void)
{
    int i,m;                          /* i: 循环控制变量 */

    printf("Enter a number: ");       /* 输入提示 */
    scanf("%d",&m);
    for(i=2;i<m;i++)                  /* 循环条件: i<m */
        if(m%i==0) break;             /* 若 m 能整除 i，则 m 非素数，跳出循环 */

    /* 循环两个出口，需要判断 */
    if(i==m) printf("%d is a prime number!\n",m);     /* 素数出口 */
    else printf("%d is not a prime number!\n",m);     /* 非素数出口 */
    return 0;
}
```

知识小结：

① 程序中存在两个跳出 for 循环的出口，含义不同，应在退出循环后进行判定。

② break 语句一般需要与 if 语句配合使用，即当满足某条件时才跳出循环。

③ i 的范围还可缩小到 $[2, m/2]$ 或 $[2, \sqrt{m}\,]$，为什么？请思考。

☞说明：关于 break 语句的几点说明

① 若循环体中包括 switch 语句，则 switch 中的 break 只跳出 switch，不跳出循环。

② break 语句只能跳出其所在层的循环，不能一次跳出多重循环。

5.4.2 continue 语句

像 break 语句一样，continue 也是循环结构中的一条重要语句，可以改变程序执行流程。

一般语句形式：

```
continue;
```

continue 在循环结构中的作用：强制跳过循环体中 continue 后面的语句，继续下一次循环。

执行流程：for 结构中 continue 语句的执行流程如图 5-8 所示，使得流程转移到 for 结构中的表达式 3，开始下一次循环。

下面举例说明 continue 语句在循环语句中的应用。

【例 5-7】输出 100 以内 3 的倍数的整数并统计个数。整数间以逗号分隔，个数换行输出。

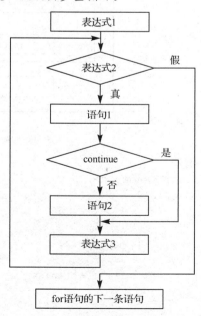

图 5-8 for 结构中 continue 语句的执行流程

问题分析：
求解目标：输出 100 以内 3 的倍数的正整数及个数。
约束条件：100 以内的正整数，循环次数确定。
解决方法：让 i 在[1, 100]范围变化，重复检测 i 与 3 的整除关系，若满足，则输出并计数。需要使用循环结构。
● 循环体：检测 3 的倍数，计数 3 的倍数、输出 3 的倍数。
● 循环条件：i<=100。
算法设计：流程图描述如图 5-9 所示。变量设置如下：
i：循环变量，初值为 1；
count：个数计数器。

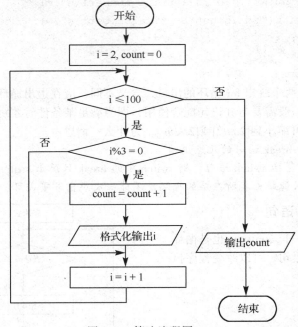

图 5-9 算法流程图

程序清单：

```
#include <stdio.h>
int main()
{
    int i,count=0;                   /* count: 个数计算器 */

    for(i=1;i<=100;i++)              /* 输出 100 内满足条件的整数并统计个数 */
    {
        if(i%3!=0) continue;        /* continue: 跳过其后的循环体语句, */
        count++;                    /* 个数计数器加 1 */
        if(count==1)printf("%d",i); /* 输出 i */
        else printf(",%d",i);
    }
```

```
    printf("\ncount=&d\n",count);     /* 输出计数结果 */
    return 0;
}
```

知识小结：

① continue 语句一般需要与 if 语句配合使用，即当满足条件时才跳过循环体中 continue 后面的语句，继续下一次循环。

② if...else 语句实现整数间以逗号分隔输出，区分第一个数与非第一个数两种情况。

5.4.3　goto 语句

goto 语句称为无条件转移语句，它的一般形式为：

```
goto 标号;
```

执行流程：执行 goto 语句，使流程转移到标号所在的语句，并从该语句继续执行。

语句标号：用标识符表示，即以字母或下画线开头，由字母、数字和下画线组成。语句标号一般放在语句的前面，并用英文 "：" 分隔。它的一般形式为：

```
标号: 语句
```

【例 5-8】 用 goto 语句改写例 5-1，求全班平均成绩。

问题分析与算法设计： 详见例 5-1，在此不再赘述。

程序清单：

```
#include <stdio.h>
int main()
{
    float score,sum=0,avg=0;     /* sum: 总成绩，avg: 平均成绩 */
    int count=0;                 /* count: 人数计数器 */

    /* 输入一批学生分数，计算总成绩和总人数 */
    printf("Enter grades ( 负数结束输入): ");    /* 输入提示 */
loop:scanf("%f",&score);         /* 标号语句: loop 是语句标号 */
    if(score<0)goto end;         /* 输入负数结束循环 */
    sum+=score;                  /* 累加成绩 */
    count++;                     /* 计数人数 */
    goto loop;                   /* 转移到 loop 语句标号处继续循环 */

    /* 计算并输出学生平均成绩 */
end:if(count!=0)avg=sum/count;               /* 标号语句: end 是语句标号 */
    printf("Grade average is %6.2f\n",avg);
    return 0;
}
```

知识小结：

① loop 标号语句与 goto loop 语句之间的语句构成循环结构，求总成绩与总人数。

② if(score<0) goto end 语句，当 score<0 时，结束循环转至 end 标号语句求平均成绩。

③ goto 语句一般需要与 if 语句配合使用，当满足条件时，才跳转到标号语句执行。

☞ **说明：** 关于 goto 语句的使用说明。

① 允许 goto 语句在同一函数内部转移，不许转移到其他函数执行。

② 允许 goto 语句从循环内部跳转到循环外部，不许从循环外部跳转到循环内部。

③ 多重循环中，允许 goto 语句从内循环跳转到外循环，不许从外循环跳转到内循环。

④ goto 语句破坏了 3 种基本结构，程序的结构性和可读性变差，应慎用 goto 语句。

5.4.4 模仿练习

练习 5-6：模仿例 5-6，输出前 10 个"个位数与百位数之和等于十位数"的三位整数。

练习 5-7：模仿例 5-7，输出所有的个数数与百位数相同的三位整数。

5.5 循环嵌套

5.5.1 求 1!+2!+…+10!的值

【例 5-9】计算 1!+2!+…+10!。要求定义和调用函数 fact(n)计算 *n* 的阶乘。

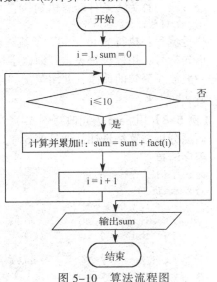

问题分析：

求解目标：求多项式 1!+2!+…+10!的值。

约束条件：求 10 项阶乘和，循环次数确定。

解决方法：让 i 在[1,10]范围变化，重复计算
i!并累加。需要使用循环结构。

* 循环体：计算并累加 i!。
* 循环条件：i<=10。
* 阶乘计算：定义 fact(n)函数。

算法设计：流程图描述如图 5-10 所示。变
量设置如下：

i：循环变量，初值为 1；

sum：累加和变量，初值为 0。

图 5-10 算法流程图

程序清单：

```c
#include <stdio.h>
int main()
{
    int i,sum=0;                /* sum: 累加和, 初值为 0 */
    int fact(int n);            /* 函数声明 */

    for(i=1;i<=10;i++)          /* 求 1!+2!+3!+…+10! */
        sum=sum+fact(i);            /* 调用 fact(i)求 i!并累加到 sum */

    printf("1!+2!+…+10!=%d\n",sum); /* 输出结果 */
    return 0;
}
int fact(int n)                 /* 定义求 n! 的函数 */
{
    int i,result=1;             /* result: 存放阶乘值 */

    for(i=1;i<=n;i++)           /* 循环执行 n 次, 计算 n! */
        result=result*i;

    return result;              /* 把结果回送给主函数 */
}
```

知识小结：

① 程序采用函数结构，定义 fact(n)函数计算 n!，供主函数调用。

② fact()函数值类型为 int 型，当阶乘值太大时，可能会溢出，需要扩展为更大类型。

5.5.2 循环嵌套

从例 5-9 的程序代码中，抽出如下的"累加和"程序段：

```
for(i=1;i<=10;i++)
    sum=sum+fact(i);
```

再对其做进一步的变化，增加 item 变量（存放 i!），得到如下程序段：

```
for(i=1;i<=10;i++){
    item=fact(i);        /* 调用 fact(i)函数：计算 i! */
    sum=sum+item;        /* 累加 i! */
}
```

观察 fact(i)函数求 i!的程序段，核心代码是连乘运算，可用下面的 for 语句来实现。

```
item=1;
for(j=1;j<=i;j++)
    item=item*j;
```

用 fact(i)函数的核心代码代替"item=fact(i);"语句，得到如下"累加和"程序段：

```
for(i=1;i<=10;i++){       /* 外循环：执行 10 次，求阶乘和 */
    item=1;
    for(j=1;j<=i;j++)     /* 内循环：执行 i 次，计算 i!赋给 item */
        item=item*j;
    sum=sum+item;         /* 累加 item */
}
```

嵌套循环：上述结构形式的循环称为嵌套循环，又称多重循环，即外层循环中嵌套了内层循环。在本例中，外层循环（循环变量 i）重复 10 次，通过 sum=sum+item;语句累加一项 item（即 i!），而累加项 item 由内层循环（循环变量 j）计算得到，内层循环重复 i 次，通过 item=item*j;语句连乘计算一项。

【例 5-10】使用嵌套循环，编程计算 1!+2!+…+10!。

程序清单：

```
#include <stdio.h>
int  main()
{
    int i,j;
    int item,sum=0;          /* item: 阶乘，sum: 阶乘和 */

    for(i=1;i<=10;i++){      /* 外循环：执行 10 次，求阶乘和 */
        item=1;
        for(j=1;j<=i;j++)    /* 内循环：执行 i 次，计算 i!赋给 item */
            item=item*j;
        sum=sum+item;        /* 累加 item */
    }

    printf("1!+2!+…+10!=%d\n",sum);          /* 输出结果 */
    return 0;
}
```

知识小结：

① 外层循环：多项式求和，在外层循环前须将 sum 初始化为 0，保证从 0 开始累加。

② 内层循环：求 i!，在每次内层循环前都须将 item 初始化为 1，保证从 1 开始连乘。

执行过程：首先外循环变量 i 固定在一个值上，然后执行内循环，内循环变量 j 变化一个轮次（j 从 1 变化到 i）；外循环变量 i 加 1 后，重新执行内层循环，内循环变量 j 再变化一个轮次；依此类推。可见，当外循环变量 i=1 时，内循环变量 j 从 1 变化到 1，循环 1 次；当 i=2 时，内循环变量 j 从 1 变化到 2，循环 2 次；依此类推，当 i=100 时，内循环变量 j 从 1 变化到 100，循环 100 次。

下面进一步讨论嵌套循环的问题。将程序中的嵌套循环修改成下列形式：

```
for(sum=0,item=1,i=1;i<=10;i++){     /* 外层循环执行 10 次，求累加和 */
    for(j=1;j<=i;j++)                /* 内层循环重复 i 次，计算 i! */
        item=item*j;
    sum=sum+item;                    /* 累加 i! 到 sum */
}
```

问题分析：由于将 item=1 放在外层循环表达式 1 的位置，除了计算 1! 时 item 从 1 开始连乘，计算其他阶乘值都是用上次外循环的 item 值乘以新的阶乘值，例如，当 i=5 时，计算 $1! \times 2! \times 3! \times 4! \times 1 \times 2 \times 3 \times 4 \times 5$，显然不对。出错原因就是循环初始化语句放错位置，混淆了外层循环和内层循环的初始化，这是初学者非常容易犯的错误。

☞**说明**：关于循环嵌套的使用说明。

① 内、外层循环变量不能同名。例如上例，外循环变量是 i，内循环变量是 j。

② 内循环必须被完整包含在外循环的循环体中，不允许出现内、外层循环体交叉的情况。如图 5-11 所示的程序结构，在外层 do...while 循环体内开始内层 while() 循环，但是外层 do...while 循环又结束在内层 while() 循环体内，它们互相交叉，这是非法结构。

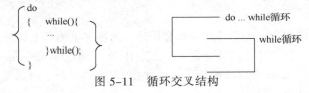

图 5-11　循环交叉结构

5.5.3　模仿练习

练习 5-8：输入一个正整数 n 和一个实数 x，计算下列多项式的前 n 项之和（保留两位小数）。要求使用嵌套循环。

$$s = x + \frac{x}{2!} + \frac{x}{3!} + \frac{x}{4!} + \cdots$$

练习 5-9：输入正整数 n（约定 n<10），输出 n 行 "*" 构成的图形。如 n=4 时，输出的图形如下所示：

5.6　循环结构程序设计

5.6.1　程序举例

在程序设计中，如果需要重复执行某种操作，就要用到循环结构。在设计循环结构的程序时，必须归纳如下两个基本要点：

① 循环体：明确需要反复执行的操作。

② 循环控制条件：明确重复执行操作的条件。

在明确了循环结构的两个基本要点后，再选择合适的循环语句（for、while、do...while）来实现。当然，实际问题是复杂的，解决实际问题的程序往往需要结合多种结构构成复合结构。复合结构指的是在循环体中包含选择结构，或在选择结构中含有循环结构，含有复合结构的程序称为复合结构程序。必须注意，复合结构程序必须做到嵌套层次结构清楚，嵌套层次之间不能相互交叉。

循环结构程序设计是三种基本结构的重点与难点。下面通过一些案例的学习，让读者进一步理解循环结构程序设计的思路与技巧

【例 5-11】评定一批学生的成绩等级。学生成绩从键盘输入。成绩等级评定标准为 A：90 及以上，B：[80,89]，C：[70,79]，D：[60,69]，E：60 以下。

问题分析：

求解目标： 评定一批学生的成绩等级。

约束条件： 一批学生，人数不定，但成绩非负数。

解决方法： 逐个输入成绩并多分支评定成绩等级。使用循环结构和分支结构实现。
- 循环体：输入成绩、分支评定成绩等级。
- 循环条件：score>=0。

算法设计： 流程图描述如图 5-12 所示。变量设置如下：
score：成绩变量。

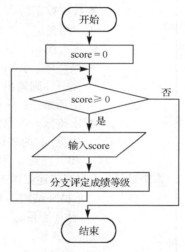

图 5-12 算法流程图

程序清单：

```c
#include <stdio.h>
int main()
{
    int score=0;                            /* score: 成绩 */
    printf("Enter score (负数结束输入): ");   /* 输入提示 */
    while(score>=0)                         /* 循环条件: score>=0 */
    {
        scanf("%f",&score);         /* 输入成绩 */
        switch(score/10)            /* 多分支评定成绩等级 */
        {
            case 10:case 9: printf("%d:A\n",score);break;
            case 8: printf("%d:B\n",score);break;
            case 7: printf("%d:C\n",score);break;
            case 6: printf("%d:D\n",score);break;
            case 0: case 1: case 2: case 3:case 4: case 5:
                    printf("%d:E\n",score);break;
            default: printf("%d:error or end!\n",score);break;
```

```
        }
    }
    return 0;
}
```

【例5-12】输出所有三位"水仙花数"并统计个数。"水仙花数"就是满足各数位数字的立方和等于本身的整数。例如，153 是水仙花数，因为 $153=1^3+5^3+3^3$。

问题分析：

求解目标：输出所有三位"水仙花数"并统计个数。

约束条件：所有三位整数，循环次数确定。

解决方法：让 i 在[100,999]变化，依次求 i 各数位数字的立方和 s、若 s 等于 i 则输出 i 并计数。使用循环结构实现。

● 循环体：求 i 的立方和 s、若 s 等于 i 则输出 i 并计数个数。

● 循环条件：i<=999。

● 求整数 n 各数位立方和：逐位去除 n 的末位并累加其立方和，直到 n 为零。

算法设计：流程图描述如图 5-13 所示，属于二重循环结构。变量设置如下：

i：循环变量；

s：立方和；

d：数位数字；

count：个数计数器。

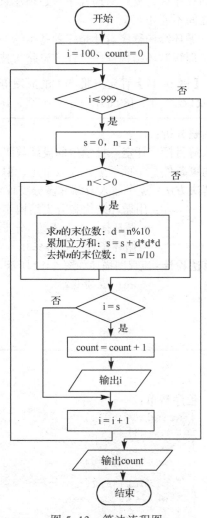

图 5-13　算法流程图

程序清单：

```
#include <stdio.h>
int main()
{
    int i,s,n,d,count=0;      /* count: 计数器，计数满足条件的整数个数 */

    printf("输出所有三位"水仙花数: ");
    for(i=100;i<=999;i++){   /* 外循环变量 i 从 100 变化到 999 */
        s=0;n=i;              /* 累加和 s 赋 0，i 赋给 n（避免破坏外循环变量 i） */
        while(n!=0){          /* 内循环求 n 的各数位数字的立方和 */
```

```
        d=n%10;              /* 取 n 的末位数 */
        s=s+d*d*d;           /* 累加立方和 */
        n=n/10;              /* 去掉 n 的末位数 */
    }
    if(s==i){                /* 若 s 等于 i，则输出 i 并计数个数 */
        printf("%d  ",i);
        count++;
    }
}
printf("\n 共%d 个水仙花数.\n",count);
return 0;
}
```

【例 5-13】编程：输出 100 以内的全部素数，且每行输出 10 个。素数就是只能被 1 和自身整除的正整数，1 不是素数，2 是素数。

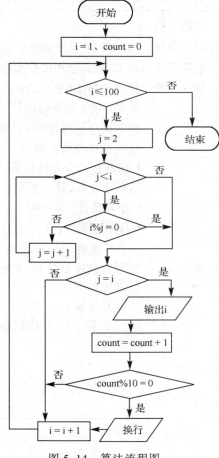

问题分析：

求解目标：输出 100 以内全部素数。

约束条件：100 以内整数，循环次数确定。

解决方法：让 i 在[2,100]变化，依次检测 i 是否素数，若 i 是素数则输出 i 并计数个数。换行使用计数器控制。使用循环结构实现。

- 循环体：素数检测、素数输出、素数计数。
- 循环条件：i<=100。
- 素数检测：检查 n 与[2,n/2] 区间内的整数 j 有无整除关系，若有则 n 不是素数。

算法设计：流程图描述如图 5-14 所示，属于二重循环结构。变量设置如下：

　　　　i：外层循环变量；

　　　　j：内层循环变量；

　　　　count：个数计数器。

图 5-14　算法流程图

程序清单：

```
#include <stdio.h>
int main()
{
    int i,j,count=0;                /* count: 计数器，初值为 0 */
```

```
    printf("100 以内的全部素数: \n");
    for(i=1;i<=100;i++){          /* 外循环: i 从 1 变化到 100 */
        for(j=2;j<i;j++)          /* 内循环: 检测 i 与 j 有无整除关系 */
            if(i%j==0)break;      /* 若 i 整除 j, 则 i 非素数, 跳出循环 */
        if(j==i){                 /* 判定检测结果, 若 j==i 则 i 是素数 */
            printf("%4d",i);      /* 输出 i */
            count++;              /* 计数个数 */
            if(count%10==0) printf("\n");   /* 控制换行 */
        }
    }
    return 0;
}
```

【例 5-14】输出斐波那契数列的前 20 项, 要求每行输出 5 项。斐波那契数列的前两项为 1、1。从第三项开始, 每项是前两项之和。

问题分析:

求解目标: 输出前 20 项斐波那契数列。

约束条件: 前 20 项, 循环次数确定。

解决方法: 让 i 在[1,20]变化, 依次分支计算第 i 项、分支输出第 i 项和更新前两项。可使用 i 控制换行。使用循环结构实现。
- 循环体: 分支计算第 i 项、分支输出第 i 项、更新前两项。
- 循环条件: i<=20。
- 注意: 第 1、2 项的计算不同于其他项。

算法设计: 流程图描述如图 5-15 所示。变量设置如下:

i: 循环变量;

x1、x2 和 x3: 依次代表相邻三项。

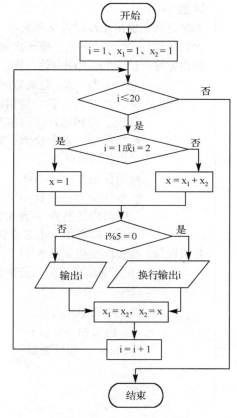

图 5-15 算法流程图

程序清单:
```c
#include <stdio.h>
int main()
{
    int i,x1,x2,x;                /* x1、x2、x: 依次代表相邻三项 */
```

```
    x1=1;x2=1;                          /* 设置初值: 头两项都是 1 */
    printf("斐波那契数列的前 20 项: \n ");
    for(i=1;i<=20;i++){                 /* 循环计算并输出前 20 项 */
        if(i==1||i==2)x=1;             /* 分支计算第 i 项 */
        else x=x1+x2;
        if(i%5==0)printf("%12ld\n",x); /* 分支输出第 i 项: 控制每行 5 项 */
        else printf("%12ld",x);
        x1=x2;x2=x;                     /* 更新前两项: 为计算下项做准备 */
    }
    return 0;
}
```

【例 5-15】电文加密问题：编写程序，输入一行字符，转换成加密电文输出。已知电文加密规则为：将字母变成其后面的第 4 个字母，其他字符保持不变。例如，a→e，A→E，w→a, W→A, x→b, X→B, y→c, Y→C, z→d, Z→D。

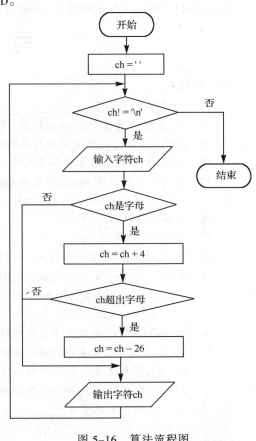

问题分析：

求解目标：输入一行电文并加密输出。

约束条件：一行电文，按【Enter】键结束，循环次数不确定。

解决方法：重复输入字符 ch、加密字符 ch、输出字符 ch，直到输入回车符。使用循环结构实现。

- 循环体：输入字符 ch、分支加密字符 ch、输出字符 ch。
- 循环条件：ch!='\n'。
- 加密操作：先做 ch=ch+4，再判断 ch 是否超出字母范围，若超出则做 ch=ch−26（回退 26）。

算法设计：流程图描述如图 5-16 所示。变量设置如下：

ch：输入字符变量。

图 5-16 算法流程图

程序清单：

```
#include <stdio.h>
int main()
{
    char ch=' ';                       /* ch 赋空格字符，保证正常进入循环 */
```

```
    printf("请输入明文（回车结束）: ");
    while(ch!='\n'){                    /* 循环条件: ch 不是'\n' */
        ch=getchar();                   /* 输入明文字符 */
        if((ch>='a'&& ch<='z'||(ch>='A')&& ch<='Z')){    /* ch 是字母 */
            ch+=4;                      /* 加密 ch */
            if((ch>'Z'&&ch<'a')||(ch>'z'))ch-=26;    /* 加密越界，回退 ch */
        }
        printf("%c",ch);                /* 输出密文字符 */
    }
    return 0;
}
```

5.6.2　模仿练习

练习 5-10：输入一个整数，将其逆序输出。假设正数和负数逆序输出的结果一样。

练习 5-11：输入一个正整数 n，再输入 n 个整数，输出其最小值。

习　　题

一、选择题

1. 下列叙述中正确的是_____。

　　A. break 语句只能用于 switch 语句体中

　　B. continue 语句的作用是使程序的执行流程跳出包含它的所有循环

　　C. break 语句只能用在循环体内和 switch 语句体内

　　D. 在循环体内使用 break 语句和 continue 语句的作用相同

2. 执行 "x=-1;do{ x=x*x; }while(!x);" 循环时，下列说法正确的是_____。

　　A. 循环体将执行一次　　　　　　　B. 循环体将执行两次

　　C. 循环体将执行无限次　　　　　　D. 系统将提示有语法错误

3. 以下能正确计算 $1 \times 2 \times 3 \times 4 \times ... \times 10$ 的程序段是_____。

　　A. do{i=1;s=1;s=s*i;i++}while(i<=10);　　B. do{i=1;s=0;s=s*i;i++}while(i<=10);

　　C. i=1;s=1; do{s=s*i;i++}while(i<=10);　　D. i=1;s=0; do{s=s*i;i++}while(i<=10);

4. C 语言中 while 和 do...while 循环的主要区别是_____。

　　A. do...while 的循环体至少无条件执行一次

　　B. while 的循环控制条件比 do...while 的循环控制条件严格

　　C. do...while 允许从外部转到循环体内

　　D. do...while 的循环体不能是复合语句

5. 下列程序段的输出结果是_____。

```
int y=10;
while(y--);
printf("y=%d\n",y);
```

　　A. y=0　　　　　B. y=-1　　　　　C. y=1　　　　　D. 构成无限循环

6. 设有程序段 "int k=10;while(k=0)k=k-1;"，则下面描述正确的是_____。

　　A. while 循环执行 10 次　　　　　　B. 循环体无限循环

　　C. 循环体语句一次也不执行　　　　　D. 循环体语句执行一次

7. 运行以下程序，当输入 "china?" 时，程序的执行结果是_____。

```
#include <stdio.h>
int main()
{
    while(putchar(getchar())!='?');
    return 0;
}
```

    A. china   B. dijob   C. dijiob?   D. china?

8. 语句 while(!E);中的表达式!E 等价于_____。

    A. E==0   B. E!=1   C. E!=0   D. E==1

9. 下面程序段的输出结果是_____。

```
int n=0;
while(n++<=2);
printf("%d",n);
```

    A. 2   B. 3   C. 4   D. 有语法错误

10. 以下描述正确的是_____。

    A. while、do...while、for 循环中的循环体语句都至少被执行一次

    B. do...while 循环中，while(表达式)后面的分号可以省略

    C. while 循环中，一般要有能使 while 后面表达式的值变为 "假" 的操作

    D. do...while 循环中，根据情况可以省略 while

11. 下面程序段的输出结果是_____。

```
int x=3;
do{
    printf("%3d",x-=2);
}while(!(--x));
```

    A. 1 2   B. 3 2   C. 2 3   D. 1 -2

12. 对于 "for(表达式 1; ;表达式 3)" 可理解为_____。

    A. for(表达式 1; 0; 表达式 3)   B. for(表达式 1; 1; 表达式 3)

    C. for(表达式 1; 表达式 1; 表达式 3)   D. for(表达式 1; 表达式 3; 表达式 3)

13. 若 i 为整型变量，则下列循环语句的执行次数为_____。

```
for(i=2;i==0;) printf("%d",i--);
```

    A. 无限次   B. 0 次   C. 1 次   D. 2 次

14. 以下叙述正确的是_____。

    A. for 循环中设置 if(条件)break，当条件成立时中止程序执行

    B. for 循环中设置 if(条件)continue，当条件成立时中止本层循环

    C. for 循环中设置 if(条件)break，当条件成立时中止本层循环

    D. for 循环中设置 if(条件) continue，当条件成立时暂停程序执行

15. 以下描述正确的是_____。

    A. goto 语句只能用于退出多层循环   B. switch 语句不能出现 continue 语句

    C. 只能用 continue 语句来终止本次循环   D. 在循环中 break 语句不能独立出现

16. 以下不是无限循环的语句是_____。

    A. for(y=0,x=1;x>++y; x=i++) i=x;   B. for(; ; x+=i);

    C. while(1) { x++; }   D. for(i=10; ; i--) sum+=i;

17. 关于下面程序段的正确描述是_____。

```
for(t=1;t<=100;t++){
    scanf("%d",&x);
    if(x<0)continue;
    printf("%3d",t);
}
```

    A. 当 x<0 时整个循环结束   B. 当 x>=0 时什么也不执行

    C. printf()函数永远也不执行   D. 最多允许输出 100 个非负数

18. 下面程序段的运行结果是_____。

```
int i,j,a=0;
for(i=0;i<2;i++){
    for(j=0;j<4;j++){
        if(j%2)break;
        a++;
    }
    a++;
}
printf("%d\n",a);
```

    A. 4   B. 5   C. 6   D. 7

19. 下面程序段的运行结果是_____。

```
#include <stdio.h>
int main()
{
    int i;

    for(i=1;i<=5;i++){
        if(i%2)printf("*");
        else continue;
        printf("#");
    }

    printf("$\n");
    return 0;
}
```

    A. *#*#*#$ B. #*#*#*$ C. *#*#$ D. #*#*$

20. 运行以下程序后，如果从键盘上输入"65   14<回车>"，则输出结果为_____。

```
#include <stdio.h>
int main()
{
    int m,n;

    printf("Enter m,n;");
    scanf("%d%d",&m,&n);
    while(m!=n){
        while(m>n) m-=n;
        while(n>m)n-=m;
    }

    printf("m=%d\n",m);
    return 0;
}
```

    A. m=3   B. m=2   C. m=1   D. m=0

二、填空题

1. C 语言三种循环语句分别是_____、_____和_____。至少执行一次循环体的循环语句是_____，_____和_____是先判断环循环条件是否成立，再决定是否继续循环的循环语句。功能最强的循环语句是_____。

2. 在执行以下程序时，如果键盘上输入 ABCdef 后按【Enter】键，则输出为_____。

```
#include <stdio.h>
int main()
{
    char ch;

    while((ch=getchar())!='\n')
    {
        if(ch>='A'&&ch<='Z')  ch=ch+32;
        else if(ch>='a'&&ch<='z')  ch=ch-32;
        putchar(ch);
    }

    putchar('\n');
    return 0;
}
```

3. 运行下列程序，输入 12345，输出结果是_____。

```
#include <stdio.h>
int main()
{
    int x;

    printf("Enter x: ");            /*输入提示*/
    scanf ("%d",&x);
    while(x!=0){
        printf("%d",x%10);
        x=x/10;
    }
    return 0;
}
```

4. 运行下列程序，输出结果是_____。

```
#include <stdio.h>
int main()
{
    int x,y;

    for(x=y=1;x<=100;x++){
        if(y>=10)break;
        if(y%3==1){y=y+3;continue;}
    }
    printf("%d\n",x);
    return 0;
}
```

5. 运行下列程序，输出结果是_____。

```
#include <stdio.h>
```

```
int main()
{
    int i,j;
    for(i=1;i<=5;i++){
        for(j=1;j<=i;j++)
            printf("%2d",i);     /*①*/
        printf("\n");
    }
    return 0;
}
```

若将语句①改为 printf("%2d",j);，则输出结果是_____。

若将语句①改为 printf("%2c", '*');，则输出结果_____。

6. 下面程序段是从键盘输入的字符中统计数字字符的个数，用换行符结束循环。请填空。

```
#include <stdio.h>
int main()
{
    int n=0,c;
    c=getchar();
    while(_____①_____)
    {
        if(_____②_____) n++;
        c=getchar();
    }
    return 0;
}
```

7. 下面程序的功能是输出以下形式的金字塔图案。请填空。

```
       *
      ***
     *****
    *******
```

```
int main()
{
    int i,j;
    for(i=1;i<=4;i++){
        for(j=1;j<=4-i;j++) printf(" ");
        for(j=1;j<=_____①_____;j++) printf("*");
        _____;
    }
    return 0;
}
```

8. 程序功能：从键盘上输入若干个学生的成绩，统计并输出最高成绩和最低成绩，当输入负数时结束输入，请在画线处填空。

```
#include <stdio.h>
int main()
{
    float x,amax,amin;
```

```
    scanf("%f",&x);
    amax=x;amin=x;
    while(____①____){
        if(x>amax) amax=x;
        if(____②____) amin=x;
        scanf("%f",&x);
    }
    printf("\namax=%f\namin=%f\n",amax,amin);
    return 0;
}
```

9. 程序功能：输入一个十进制整数，将它对应的二进制数各位反序，形成新的十进制数输出。

例如：$(13)_{10} \rightarrow (1101)_2 \rightarrow (1011)_2 \rightarrow (11)_{10}$。

```
#include <stdio.h>
int main()
{
    int x,y,t;
    printf("请输入一个整数:");
    scanf("%d",&x);
    y=0;
    while(____①____){
        t=x%2;
        ____②____;
        x=x/2;
    }
    printf("新的整数为%d\n",y);
    return 0;
}
```

10. 程序功能：输入某天的日期（年月日），计算出该日是该年的第几天。

例如：输入"2000,3,1"，输出 61。

```
#include <stdio.h>
int main()
{
    int year,month,day,days,i,d;
    printf("请输入年,月,日:");
    scanf("%d,%d,%d",&year,&month,&day);
    for(days=day,i=1;____①____;i++){
        switch(____②____){
            case 1: case 3: case 5: case 7: case 8: case 10: case 12:
                d=31;break;
            case 4: case 6: case 9: case 11: d=30;break;
            case 2: if(year%4==0&&year%100!=0||year%400==0)d=29;
                    else d=28;
                    break;
        }
        ____③____;
```

```
    }
    printf("%d 年%d 月%d 日是该年的第%d 天。\n",year,month,day,days);
    return 0;
}
```

三、程序设计题

1. 编写程序：从键盘输入一批整数，最后一个数为 0，求出其中的最大数和最小数。

2. 编写程序：输入一个正整数 n，求下列分数序列的前 n 项之和，输出结果保留 2 位小数。序列特征：从第二项起，每一项的分子是前一项的分母，分母是前一项的分子与分母之和。

$$\frac{1}{2},\frac{2}{3},\frac{3}{5},\frac{5}{8},\frac{8}{13},\frac{13}{21},\cdots$$

3. 编写程序：输入一个实数 x，计算并输出下式的近似值，直到最后一项的绝对值小于 10^{-5}。

$$s = x - \frac{x^2}{2!} + \frac{x^3}{3!} - \frac{x^4}{4!} + \cdots$$

4. 要将 1 元钱换成 1 分、2 分和 5 分的硬币，每种硬币的个数大于 0，且为 5 的倍数，编程计算并输出有多少种换法。

5. 编写程序：输入两个正整数 a 和 n，求 a+aa+aaa+…+aa…a（n 个 a）之和。例如，输入 2 和 3，计算并输出多项式 2+22+222 的值 246。

6. 编写程序：输入两个正整数 m 和 n，求其最大公约数和最小公倍数。

7. 编写程序：一球从 100 m 高度自由落下，每次落地后反跳回原高度的一半，然后再落下再反弹。求它在第 10 次落地时，共经过多少米，并计算第 10 次反弹多高。

8. 猴子吃桃子问题：猴子第一天摘下若干桃子，早上吃了一半，还不过瘾，晚上又多吃了一个。第二天早上将剩下的桃子吃掉一半，晚上又多吃一个。以后每天都吃了前一天剩下的一半零一个。到第 10 天早上想吃时，只剩下一个桃子了。编程序：求第一天共摘下了多少个桃子？

9. 编写两个程序，分别输出以下图形。

（1）

```
    *
   * * *
  * * * * *
   * * *
    *
```

（2）

```
      1
     1 2 3
    1 2 3 4 5
   1 2 3 4 5 6 7
  1 2 3 4 5 6 7 8 9
```

第6章

函数与编译预处理

本章要点

◎ 模块化程序设计方法，模块，模块设计原则，模块与函数的关系。

◎ 函数，确定函数功能，函数定义与调用，函数定义与函数声明的区别。

◎ 函数参数，确定函数参数，函数调用过程，参数传递原理。

◎ 变量与函数的关系，使用局部变量和全局变量的方法。

◎ 变量的作用域，变量生命周期，静态变量。

◎ 递归函数，递归函数的特点。

在前几章中，读者已经学习了顺序、选择和循环三种基本结构的程序设计，并学习了算法的相关知识，具有设计简单的三种基本结构程序的能力。本章首先介绍模块化程序设计方法，接着介绍函数定义与使用、变量与函数关系，最后介绍编译预处理。

6.1　模块化程序设计与函数

6.1.1　模块化程序设计方法

随着问题的复杂化，解决问题的程序代码也越加复杂，主要表现在以下两方面：一方面，大量程序语句会使程序的逻辑结构混乱，给程序的编写、阅读和维护带来困难；另一方面，随着语句增多，易产生功能类似语句块的重复编写，降低程序设计效率。

模块化程序设计方法较好地解决了这些问题，其基本思想：采用功能分解方法进行问题分析，采用模块设计方法进行程序设计。

功能分解：采用"自顶向下"功能分解方法，把复杂问题按功能分解成若干子问题，每个子问题又分解成若干更小的问题，逐步细化，直到每个小问题都容易实现。

模块设计：求解一个问题的算法和程序称为功能模块，简称"模块"。这样，一个解决大问题的程序，可以分解成多个小问题的模块，各模块单独设计，再将所有小问题的模块按一定的规则组合成求解大问题的程序。在进行模块设计时，一般应遵循以下几个原则：

① 功能独立：一个模块通常只完成一项指定的功能。

② 单入单出：一个模块一般只有一个入口和一个出口，禁用 goto 语句。

③ 规模适中：模块太大，会降低程序可读性，模块太小，会增加程序复杂度。一个模块通常不超过 50 行语句，既便于思考与设计，也利于阅读理解与维护。

④ 耦合性小：模块间关系简单，模块间一般只通过函数参数传递数据。

⑤ 数据局部：模块内一般只用局部变量，慎用全局变量。

模块化程序设计方法，使得一个复杂程序由多个模块构成，每个模块功能独立，主控模块通过调用各个模块实现整个程序的功能。由模块组成的程序结构如图 6-1 所示。

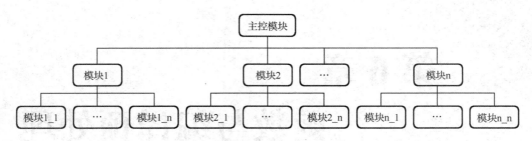

图 6-1　程序结构图

　　函数是 C 语言程序的基本组成单位，每个程序都需要用到函数，如 main()、scanf()、printf() 等。实际上，C 语言就是采用函数机制来实现功能模块，每个功能模块由一个或多个函数来实现。下面通过一个简单案例，介绍模块化程序设计方法的具体应用。

6.1.2　案例：圆柱体积的计算问题

【例 6-1】输入圆柱底面半径 r 和高 h，计算并输出圆柱体积。体积公式：$V = \pi \times r^2 \times h$。

问题分析：
求解目标：计算并输出圆柱体积。
功能分解：数据输入、体积计算、结果输出三项功能。
模块设计：根据功能分解，整个程序由三个模块组成，程序结构如图 6-2 所示。
　　● 主控模块：定义 main()函数，输入数据、调用计算模块、调用输出模块。
　　● 计算模块：定义 volume()函数，计算并返回圆柱体积。
　　● 输出模块：定义 display()函数，输出圆柱体积。
函数设计：由于三个模块的功能简单，因此省略函数设计过程。

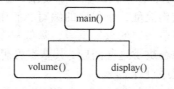

图 6-2　程序结构图

程序清单：

```c
#include <stdio.h>
int main()                              /* 主函数 */
{
    double r,h,v;                       /* 变量定义 */
    double volume(double r,double h);   /* 函数声明 */
    void display(double v);             /* 函数声明 */

    printf("Enter radius and height: ");/* 输入提示 */
    scanf("%lf%lf",&r,&h);              /* 输入半径和高 */
    v=volume(r,h);                      /* 调用 volume()函数计算体积 */
    display(v);                         /* 调用 display()函数输出体积 */
    return 0;
}
```

```
double volume(double r,double h)           /* 函数定义: 计算并返回体积 */
{
    double v;
    v=3.1416*r*r*h;                        /* 计算圆柱体积 */
    return v;                              /* 返回圆柱体积 */
}
void display(double v)                      /* 函数定义: 输出体积 */
{
    printf("Volume=%.3f\n",v);             /* 输出圆柱体积 */
}
```

6.1.3 C 语言中的模块与函数

C 语言使用函数实现模块，每个模块通过一个或多个函数来实现。分析例 6-1 的程序清单，整个程序共设计了主控模块、计算模块和输出模块，分别定义 main()函数、volume()函数和 display()函数来实现，main()函数调用 volume()函数计算并返回体积，调用 display()函数输出体积。由模块组成的程序结构如图 6-2 所示。

可以看出，C 语言程序的结构非常符合模块化程序的设计思想。将一个大任务分解成若干功能模块后，每个功能模块可以设计成一个或多个 C 函数，再通过函数的调用关系来实现完成大任务的全部功能。C 语言中任务、模块与函数的关系如下：

① 模块化将大任务分解成若干功能相对独立的小任务，每个小任务就是一个模块。

② 每个模块用一个或多个 C 函数实现。C 函数间相互调用实现整个任务。

特别地，在模块化程序设计中，模块划分与函数设计是程序设计的关键，也是进行综合程序设计的基础。

6.1.4 模仿练习

练习 6-1：C 语言程序设计中任务、模块与函数的关系是什么？

练习 6-2：模仿例 6-1，输入三个整数，计算并输出整数和。功能分解如下：

① 计算模块：定义 sum()函数，计算并返回整数和。

② 输出模块：定义 display()函数，输出计算结果。

③ 主控模块：定义 main()函数，输入三个整数，调用 sum()和 display()函数。

6.2 函数的定义与调用

在 C 语言中，函数的含义不是数学中的函数关系或表达式，而是一个处理过程，包含一段程序，可以进行科学计算、数据处理、过程控制等，也就是说，C 语言中的函数是一个独立的程序模块。当调用函数时，将执行包含在函数内的程序段，执行结束时，可以带回处理结果，也可以不带回处理结果。

从用户使用函数的角度来看，C 语言函数有两种：标准库函数和用户自定义函数。本章重点介绍用户自定义函数。

6.2.1 标准库函数

标准库函数也称库函数，是 C 语言系统为了方便用户编程提供的系统函数。C 语言强大的功能完全依赖它有丰富的库函数。库函数按功能可分为类型转换函数、字符判别与转换函数、字符串处理函数、标准 I/O 函数、文件系统函数、数学函数等。

这些库函数分别在不同的系统头文件中声明（详见附录 B），例如：

① math.h 头文件：包括 sqrt(x)、abs(x)、fabs(x)、pow(x,n)、exp(x)、log(x)、sin(x)、cos(x) 等数学函数。

② stdio.h 头文件：包括 scanf()、printf()、gets()、puts()、getchar()、putchar()等标准输入/输出函数。

③ string.h 头文件：包括 strcpy()、strcat()、strcmp()、strlen()等字符串操作函数。

库函数的使用：若编程使用库函数，则必须使用编译预处理命令（#include 命令）把相应的头文件包含到程序中。

案例：程序调用 scanf()、printf()和 sin()库函数，需要#include 命令包含相应头文件。

```
#include <stdio.h>          /* 把 stdio.h 头文件包含到程序中 */
#include <math.h>           /* 把 math.h 头文件包含到程序中 */
int main()
{
    double a,b;
    printf("Enter a: ");
    scanf("%lf",&a);
    b=sin(a);
    printf("sin(%lf)=%lf\n",a,b);
    return 0;
}
```

6.2.2 用户自定义函数

用户自定义函数是指根据需要由用户自己编写的完成特定工作的独立程序模块。在例 6-1 中，函数 volume()和 display()就是用户自定义函数。根据函数是否有返回值，C 语言中的用户自定义函数分为两种类型：

① 有返回值函数：函数经过运算，得到并回送一个运算结果。例如，volume()。

② 无返回值函数：函数完成一系列操作步骤，不回送任何结果。例如，display()。

1. 函数定义

函数的定义就是把完成一个子任务（模块）的程序写成一个函数，它的一般形式为：

```
函数类型 函数名 (形式参数表)        /* 函数首部 */
{
    函数实现语句;                    /* 函数体 */
}
```

例如，例 6-1 定义的两个函数 volume()和 display()，定义形式如下：

```
double volume(double r,double h)    /* 函数首部 */
{
    double v;
    v=3.1416*r*r*h;                 /* 计算圆柱体积 */
    return v;                       /* 返回结果 */
}
void display(double v)              /* 函数首部 */
{
    printf("Volume=%.3f\n",v);      /* 输出圆柱体积 */
}
```

从函数的定义形式可知，函数定义由两部分组成：函数首部和函数体。

（1）函数首部

函数首部是函数说明部分，由函数类型、函数名和形式参数表（简称形参表）组成，位于函数定义的第一行。其中：

① 函数类型：函数结果的数据类型，省略为 int 型。若函数无返回值，则必须设置成 void 类型。例 6-1 中 volume()的函数类型是 double 型，display()的函数类型是 void 型。

② 函数名：又称函数标识符，是函数整体的称谓，其命名遵循 C 语言标识符的规定。例 6-1 中的 volume 和 display 都是合法的函数名。

③ 形式参数表：写在函数名后的括号内，以类似变量定义的形式给出。主要给出函数计算所用到的相关已知条件。其格式如下：

类型 1 形参 1,类型 2 形参 2,… ,类型 n 形参 n

例如，在例 6-1 中：

volume()函数形参表：(double r,double h)，2 个形参。

display()函数形参表：(double v)，1 个形参。

☞说明：

- 函数类型为 void，表示该函数为无返回值函数。
- 形参表的各个形参用逗号分隔，各形参前必须用类型说明符说明形参类型。形参个数可以有多个，也可以没有，没有形参的函数称为无参函数，无参函数的括号不能省略。
- 函数首部后面不能加分号，它和函数体一起构成完整的函数定义。

（2）函数体

函数体是函数语句部分，写在函数首部后的一对花括号内，由完成函数功能所需的若干条语句组成。一般包括变量定义、执行语句序列、return 语句。return 语句的一般格式如下：

return (表达式);

☞说明：

① 若函数有返回值，则必须使用 return 语句。执行时，先计算出括号中的表达式的值，再将该值返回给主调函数中的调用表达式。如果函数的类型与 return 语句中表达式的类型不一致，则以函数类型为准，系统将自动进行转换。例如，在例 6-1 中，volume()函数体的最后一条语句 return v;，返回函数结果。

② 若函数无返回值，则可以包含 return 语句，也可以没有 return 语句。但 return 后不能有表达式。

③ return 语句只能返回一个结果值，可以是常量、变量或表达式。

2．函数调用

在 C 语言中，调用标准库函数，只需在程序最前面用#include 命令包含相应的头文件；调用自定义函数，程序中必须有与之相对应的函数定义。特别地，如果函数调用出现在被调函数定义之前，则必须用函数声明语句对被调函数进行声明。

（1）形式参数和实际参数

函数定义，在函数首部函数名后括号内，类似变量定义形式的参数称为形式参数，简称形参。函数调用，在调用语句函数名后括号内的参数称为实际参数，简称实参。例 6-1 中：

① 函数定义首部 double volume(double r,double h)：变量 r、h 就是形参。

② 函数调用语句 v=volume(r,h);：r、h 变量就是实参。

（2）函数调用过程

任何 C 程序执行，首先从 main()函数开始，如果遇到某个函数调用，主调函数被暂停执行，转而执行相应的被调函数，被调函数执行完后将返回主调函数，再从暂停位置继续执行。下面以例 6-1 为例，分析函数的调用过程：

① 当 main()函数运行到语句 v=volume(r,h);时，调用 volume()函数，暂停 main()函数，程序流程转入 volume()函数。

② 首先 volume()函数的形参 r 和 h 接收 main()函数复制过来的实参 r 和 h 的值，接着执行 volume()函数中的语句体计算圆柱体积，最后执行 return v;语句返回结果。结束 volume()函数，程序流程转入 main()函数。

③ 程序再从 main()函数调用语句处（先前暂停位置）继续执行，将返回值赋值给变量 v。

④ 同样，当执行到 main 函数的语句"display(v);"时，调用 display()函数。流程转入 display()函数，实现参数传递，接着执行 display 函数体输出圆柱体积，最后返回 main()函数继续执行，直到运行结束。

☞说明：调用其他函数的函数称为主调函数，被调用的函数称为被调函数。

（3）函数调用形式

函数调用的一般形式：

函数名（实际参数表）；

例如，在例 6-1 中，主函数中的两个调用语句：

① v=volume(r, h);：以赋值语句形式调用 volume()函数，将返回值赋给变量 v。

② display(v);：以函数语句形式调用 display()函数，无函数返回值。

实际参数表：当出现多个实参时，多个参数间以逗号分隔，实参可以是常量、变量或表达式，实参的值会被传递给形参。

从案例中可以发现，两条调用语句的格式有所差别。根据函数是否有返回值，函数调用的形式通常有以下几种：

ℹ️形式 1：函数语句

将函数调用当作一个语句，例如，在例 6-1 中，调用语句是"display(v);"。

☞说明：这种方式一般针对无返回值的函数调用。

ℹ️形式 2：表达式语句

将函数调用当作表达式语句，最常用是赋值语句。例 6-1 的函数调用"v=volume(r, h);"就是赋值语句。

☞说明：这种调用方式一般针对有返回值的函数调用。

ℹ️形式 3：函数参数

将函数调用当作函数的参数再调用。最常用的就是将函数调用当作 printf()等输出函数的参数。例如，在例 6-1 中，依次调用 v=volume(r, h);和 display(v);，分别实现体积计算和输出体积的功能。实际上，可以将上述两个函数调用合成一个调用语句 display(volume(r,h));，此时，函数调用 volume(r,h)被当作 display()函数的实参。执行时，先调用 volume(r,h)函数计算并返回体积，再调用 display()函数输出结果。请读者认真理解。

（4）参数传递

函数定义中的参数称为"形参"，函数调用中的参数称为"实参"。程序运行遇到函数调用时，实参的值依次传递给形参，这就是参数传递。在例 6-1 中，当执行 main()函数中的调用语句 v=volume(r, h);时，就会发生参数传递，将主调函数 main()的实参变量 r 和 h 的值依次传递给被调函数 volume()的形参变量 r 和 h。参数传递结果如图 6-3 所示。

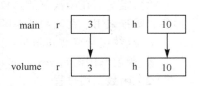

图 6-3　参数传递结果

☞说明：关于形参与实参的相关说明。

① 形参和实参是不同的变量（即使名称相同），分别占用不同的存储单元。

② 在函数被调用前，形参并不占用存储单元，只有函数被调用时，才被分配存储单元，函数调用结束后形参所占用的存储单元随即被释放。

③ 实参可以是常量、变量或表达式，形参只能是变量。

④ 形参与实参的个数必须相同，两者类型应一致或赋值兼容。

⑤ 实参与形参的传递方式是单向传值方式，在函数调用过程中，只能由实参将值传给形参，而形参不能把值传回给实参。即使形参的值发生变化，也不会反过来影响实参。

3. 函数声明

C 语言要求函数先定义后调用，就像变量先定义后使用一样。如果自定义函数的定义被放在主调函数的后面，就需要在调用函数前加上函数原型声明（又称函数声明）。在例 6-1 的 main()函数中，下列两条语句就是函数声明语句：

```
double volume(double r,double h);        /* 函数声明 */
void display(double v);                  /* 函数声明 */
```

函数声明的作用：告知编译程序被调函数的函数名、函数类型、参数个数和参数类型，保证程序在编译时能判断函数调用的正确性。函数声明的一般格式如下：

```
函数类型 函数名(参数表);
```

从定义形式看，类似函数定义中的函数首部，但必须加上分号结束。

☞说明：关于函数声明的相关说明。

① 区分函数声明和函数首部的不同：函数声明是一条 C 语句，需要在末尾加分号。而函数首部是函数定义的第一行，与函数体是一个整体，不能在末尾加分号。

② 在函数声明中，函数名后的括号内只需说明参数类型和个数，可以不带参数名称。例如，下列两条声明语句是等价的：

```
double volume(double r,double h);        /* 函数声明 */
double volume(double,double);            /* 函数声明 */
```

6.2.3 函数结构程序设计

前面已经介绍过，解决复杂问题的程序是由多个功能模块组成的，功能模块又可以由多个函数实现。因此，设计函数是程序设计人员的基本素质。由于 C 函数由函数首部和函数体组成，因此，设计 C 函数也应从函数首部和函数体着手。

1. 设计函数首部

根据函数首部的构成，设计内容包括函数返回值类型、函数名和函数形参表。

① 函数返回值类型：若函数调用无须返回运算结果，则设计成 void 类型；否则根据运算结果的数据类型来确定返回值类型。

② 函数名：遵循 C 标识符的命名规则，一般做到见名知义。

③ 函数参数表：若无须从主调函数中带入已知条件，则设计成 void 或默认；否则根据函数运算需要带入的已知条件来确定函数参数表中的参数个数和参数类型。

2. 设计函数体

主要设计函数功能的实现算法，具体做法：根据函数功能描述，研究函数功能的实现算法。下面通过经典案例，详细介绍函数结构程序设计的方法。

【例 6-2】编程求两个自然数 *m* 和 *n* 的最大公约数和最小公倍数。最大公约数和最小公倍数之间的关系是：设 d 为 m 和 n 的最大公约数，则最小公倍数 $c=(m\times n)/d$。

辗转相除法：设有两个自然数 m 和 n，若 m 与 n 的余数 r 不为 0，则置换 m 和 n（m 换成 n，n 换成 r），重新求 m 与 n 的余数 r，直到余数 r 为 0。最后一次的 n 就是最大公约数。

问题分析：

求解目标：辗转相除法求两个自然数 m 和 n 的最大公约数。

功能分解：输入 m 和 n、求最大约数、求最小公倍数、输出结果 4 项功能。

模块设计：根据功能分解，因最小公倍数可由最大公约数简单求得，故程序设计成由以下两个模块组成。

- 最大公约数模块：divisor() 函数，求两个自然数 m 和 n 的最大公约数。
- 主控模块：main() 函数，输入 m 和 n，求最大公约数和最小公倍数、输出结果。

函数设计：由于 main() 函数算法简单，这里重点讨论 divisor() 函数的设计过程。

- 函数首部

功能：给定自然数 m 和 n，计算并返回 m 和 n 的最大公约数。函数首部为：

```
int divisor(int m, int n)
```

参数：自然数 m 和 n，已知条件。

返回值：最大约数。

- 函数体

辗转相除法求最大公约数，需要采用循环结构。算法流程图如图 6-4 所示。

A. 循环条件：余数不为零，即(r=m%n)!=0。

B. 循环体：置换 m 和 n，即 m=n,n=r。

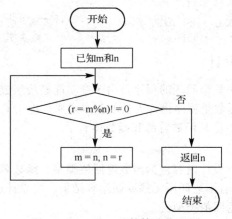

图 6-4 divisor() 函数算法流程图

程序清单：

```c
#include <stdio.h>
int main()                        /* 主函数 */
{
    int m,n,c,d;
    int divisor(int m,int n);    /* 函数声明 */

    printf("Enter m and n: ");   /* 输入提示 */
```

```
    scanf("%d%d",&m,&n);              /* 输入两个自然数 m 和 n */
    d=divisor(m,n);                   /* 调用 divisor()函数求 m 和 n 的最大约数 */
    c=(m*n)/d;                        /* 求 m 和 n 的最小公倍数 */
    printf("divisor=%d,multiple=%d\n",d,c);/* 输出最大公约数和最小公倍数 */
}
int divisor(int m,int n)             /* 函数定义: 求两个自然数 m 和 n 的最大公约数 */
{
    int r;                           /* 余数 r */
    while((r=m%n)!=0){               /* 辗转相除法求 m 和 n 的最大公约数 */
        m=n;
        n=r;
    }
    return n;                        /* 返回最大公约数 */
}
```

【例 6-3】求自然对数底 e 的近似值。从键盘输入正整数 n，按以下近似公式计算 e。

$$e \approx 1 + \frac{1}{1!} + \frac{1}{2!} + ... + \frac{1}{n!}$$

问题分析:

求解目标: 求自然对数底 e 的近似值。

功能分解: 输入 n、计算项、累加项、输出结果 4 项功能，计算项需借助阶乘运算。

模块设计: 根据功能分解，整个程序由两个模块组成。

- 阶乘运算模块: fact()函数，求整数 n 的阶乘。
- 主控模块: main()函数，重复 n 次，每次调用 fact()函数计算项、累加项。最后输出累加结果。

函数设计: (1) main()函数

求 n 项多项式之和。重复 n 次，每次调用 fact()函数求项 item，再累加 item（累加式为 "e=e+item;"）。算法流程图如图 6-5 所示。

A. 循环条件: i<=n。

B. 循环体: e=e+item。

(2) fact()函数

- 函数首部

功能: 给定整数 n，计算并返回 n 的阶乘。函数首部为:

```
double fact(int n)
```

参数: 整数 n，已知条件。

返回值: n!，考虑 n!的数据范围，设计成 double 类型。

- 函数体

连乘运算求 n!，连乘式为 "product=product*i;"，需要采用循环结构。算法流程图如图 6-6 所示。

A. 循环条件: i<=n。

B. 循环体: product=product*i。

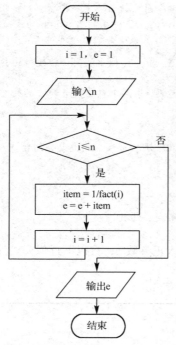

图 6-5　main()函数算法流程图

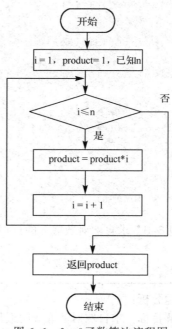

图 6-6　fact()函数算法流程图

程序清单：

```c
#include <stdio.h>
int main()                          /* 主函数 */
{
    int i,n;
    double e=1,item;                /* 近似值e, 初值为 1 */
    double fact(int n);             /* 函数声明 */

    printf("Enter n: ");            /* 输入提示 */
    scanf("%d",&n);                 /* 输入正整数 n */
    for(i=1;i<=n;i++){              /* 求多项式之和 */
        item=1/fact(i);             /* 计算项 item: 调用 fact()函数 */
        e=e+item;                   /* 累加项 item */
    }
    printf("e≈%lf\n",e);            /* 输出 e 的近似值 */
    return 0;
}
double fact(int n)                  /* 函数定义: 求 n! */
{
    int i;
    double product=1;               /* 阶乘变量, 初值为 1 */

    for(i=1;i<=n;i++)               /* 累乘求 n! */
        product=product*i;

    return product;                 /* 返回 n! */
}
```

【例 6-4】猴子吃桃问题。猴子第一天摘了若干桃子，当即吃了一半，不过瘾又多吃一个。第二天早上又把剩下的桃子吃掉一半零一个。以后每天早上都吃了前一天剩下的一半零一个。到第六天早上再想吃时，只剩下一个桃子。编程求每天的桃子数。

问题分析：

求解目标： 求六天中每天的桃子数。

功能分解： 计算某天桃子数、输出计算结果两项功能。

模块设计： 根据功能分解，整个程序由两个模块组成。

- 计算某天桃子数模块：peach()函数，求某天的桃子数。
- 主控模块：main()函数，重复 6 次，每次调用 peach()函数求出某天的桃子数、输出结果。

函数设计： （1）main()函数

重复 6 次，每次调用 peach()函数求出某天的桃子数、输出结果。需要采用循环结构。算法流程图如图 6-7 所示。

A．循环条件：i<=6

B．循环体：x=peach(i);printf("%d",x);

（2）peach()函数

- 函数首部

功能：给定整数 d，计算并返回第 d 天的桃子数。函数首部为：

```
int peach(int d)
```

参数：第 d 天，已知条件。

返回值：第 d 天桃子数。

- 函数体

使用递推算法，从第 6 天开始递推出第 d 天的桃子数（前后两天桃子数的关系 $X_{n-1}=2(X_n+1)$），需要采用循环结构。算法流程图如图 6-8 所示。

A．循环条件：i>d

B．循环体：x=2*(x+1)

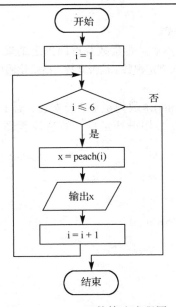

图 6-7　main()函数算法流程图

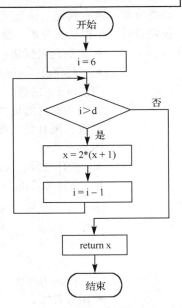

图 6-8　peach()函数算法流程图

程序清单：

```
#include <stdio.h>
int main()                        /* 主函数 */
{
    int i,x;                      /* x: 某天桃子数 */
    int peack(int d);            /* 函数声明 */

    for(i=1;i<=6;i++){           /* 计算并输出每天的桃子数 */
        x=peack(i);              /* 调用 peack() 函数计算第 i 天的桃子数 */
        printf("第%d 天的桃子数=%d\n",i,x);
    }
    return 0;
}
int peack(int d)                  /* 函数定义: 求第 d 天的桃子数 */
{
    int i,x;                      /* x: 某天的桃子数 */

    x=1;                          /* 设置 x 初值为第 6 天的桃子数 1 */
    for(i=6;i>d;i--)             /* 从第 6 天起递推出第 d 天的桃子数 */
        x=2*(x+1);

    return x;                     /* 返回 x */
}
```

【例 6-5】求 100 以内的全部素数，每行输出 10 个。素数就是只能被 1 和自身整除的正整数，1 不是素数，2 是素数。要求定义和调用函数 prime(m)判定 m 是否素数，当 m 为素数时返回 1，否则返回 0。

问题分析：

求解目标：按每行 10 个格式输出 100 以内的全部素数。

功能分解：素数判定、输出判定结果两项功能。

模块设计：根据功能分解，整个程序由两个模块组成。

- 素数判定模块：prime()函数，判定某整数是否素数并返回判定结果。
- 主控模块：main()函数，重复 100 次，每次判定整数 i 是否素数、格式化输出。

（1）main()函数

针对 100 内的每个整数 i，逐个调用 prime()函数判定 i 是否素数，若 i 是素数，则计数个数并格式化输出。需要采用循环结构。算法流程图如图 6-9 所示。

A. 循环条件：i<=100

B. 循环体：if(prime(i)==1){

               count=count+1;

               if(count%10==0) printf("%d\n",i);

               else printf("%d",i);

            }

（2）prime()函数

- 函数首部

功能：给定整数 m，判定 m 是否素数，返回判定结果。函数首部为：

```
                    int prime(int m)
```
参数：正整数，已知条件。

返回值：判定结果，当 m 为素数时返回 1，否则返回 0。

● 函数体

只需检测 m 能否被 2～m-1 之间的整数整除，若都不能，则 m 是素数返回 1，否则 m 非素数返回 0。需要采用循环结构。算法流程图如图 6-10 所示。

A. 循环条件：i<m。

B. 循环体：if(m%i==0) break;。

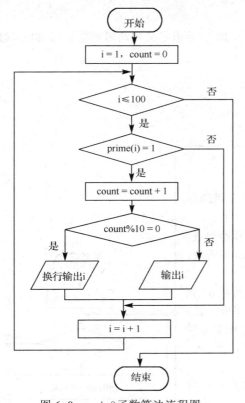

图 6-9 main()函数算法流程图

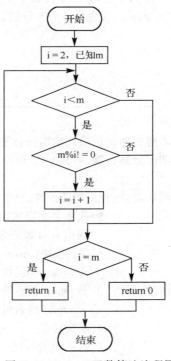

图 6-10 prime()函数算法流程图

程序清单：

```c
#include <stdio.h>
int main()                              /* 主函数 */
{
    int m,count=0;                      /* count: 计算器，初值为 0 */
    int prime(int m);                   /* 函数声明 */

    printf("100 以内的素数包括: \n");
    for(m=2;m<=100;m++){                 /* 输出 100 以内的全部素数 */
        if(prime(m)==1){                /* 调用 prime(m)函数返回 1, m 是素数 */
            printf("%4d  ",m);          /* 输出素数 m */
            count++;                    /* 个数计数器加 1 */
            if(count%10==0) printf("\n");  /* 10 个换行 */
```

```
        }
    }
    return 0;
}
int prime(int m)                    /* 函数定义：判定 m 是否素数 */
{
    int i;
    for(i=2;i<m;i++)                /* 检测 m 能否整除 2～m-1 之间的整数 */
        if(m%i==0) break;           /* 若 m 整除 i，则非素数，退出循环 */
    if(i==m) return 1;              /* 判定检测结果：素数返回 1，否则返回 0 */
    else return 0;
}
```

【例 6-6】编程输出 n 行数字金字塔（n 小于 10）。要求定义和调用函数 pyramid(n)输出 n 行数字金字塔。下面是一个 5 行的数字金字塔。

```
    1
   2 2
  3 3 3
 4 4 4 4
5 5 5 5 5
```

问题分析：

求解目标： 按格式输出 n 行数字金字塔。

功能分解： 输入行数 n、输出 n 行数字金字塔两项功能。

模块设计： 根据功能分解，整个程序由两个模块组成。

- 数字金字塔输出模块：pyramid()函数，输出 n 行数字金字塔。
- 主控模块：main()函数，输入行数 n、调用 pyramid()函数输出 n 行数字金字塔。

函数设计： 由于 main()函数算法简单，这里重点讨论 pyramid 函数的设计过程。

- 函数首部

功能：给定行数 n，按格式输出 n 行数字金字塔。函数首部为：

```
void pyramid(int n)
```

参数：行数 n，已知条件。

返回值：无返回值，设置成 void。

- 函数体

逐行输出 n 行数字金字塔,需要采用循环结构。算法流程图如图 6-11 所示。

A. 循环条件：i<=n

B. 循环体：输出第 i 行（包括行首定位、行中数字输出、换行三项操作）

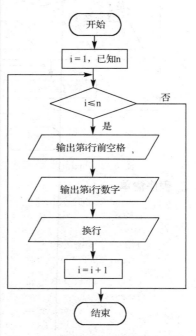

图 6-11　pyramid()函数算法流程图

程序清单：

```
#include <stdio.h>
int main()                         /* 主函数 */
{
    int n;
    void pyramid(int n);           /* 函数声明 */
    printf("Enter n(n<10): ");     /* 输入行数提示 */
    scanf("%d",&n);
    pyramid(n);                    /* 调用 pyramid()函数：输出 n 行数字金字塔 */
    return 0;
}
void pyramid(int n)                /* 函数定义：输出 n 行数字金字塔 */
{
    int i,j;
    for(i=1;i<=n;i++){                  /* 控制输出 n 行 */
        for(j=1;j<=n-i;j++)printf(" ");     /* 输出第 i 行前空格 */
        for(j=1;j<=i;j++)printf("%2d",i);   /* 输出第 i 行数字 */
        printf("\n");                        /* 换行 */
    }
}
```

6.2.4 模仿练习

练习 6-3：模仿例 6-2，求两个自然数的最大公约数和最小公倍数。使用辗转相减法求最大公约数。辗转相减法的基本思想：假定两个自然数 m 和 n，若 m 大于 n，则重新计算 m（$m=m-n$），否则重新计算 n（$n=n-m$），直到 m 等于 n 为止。则 n 即最大约数。

练习 6-4：模仿例 6-3，输入一个正整数 n 和一个实数 x（x 范围在[-6.28,+6.28]之间），计算 cos x 的近似值（前 n 项的和）。要求：定义并调用函数 fact(n)计算 n 的阶乘，定义并调用函数 power(x,n)计算 x^n。计算 cos x 的近似公式如下：

$$\cos(x) = \frac{x^0}{0!} - \frac{x^2}{2!} + \frac{x^4}{4!} - \frac{x^6}{6!} + \cdots$$

练习 6-5：模仿例 6-4，编程实现皮球弹跳问题。一皮球从 100 m 高度自由落下，每次落地后反跳回原高度的一半，然后再落下再反弹。求前 10 次皮球落下与反弹过程中，每次的反弹高度。要求定义并调用 bounce(n)函数计算并返回第 n 次的反弹高度。

练习 6-6：模仿例 6-6，编程输出一个下图所示的 5 行倒金字塔。要求定义并调用 picture(n)函数输出一个 n 行倒金字塔。

```
5 5 5 5 5
 4 4 4 4
  3 3 3
   2 2
    1
```

6.3 递 归 函 数

6.3.1 递归函数基本概念

嵌套调用：若函数 a()调用函数 b()，函数 b()再调用函数 c()，一个调用一个地嵌套下去，则构成函数的嵌套调用。在 C 语言中，具有嵌套调用函数的程序，需要分别定义多个不同的函数，每个函数完成不同的功能，它们合起来解决复杂的问题。6.2 节中介绍的案例，都是具有嵌套调用函数的程序。在例 6-1 的程序中，定义三个函数：main()、volume()和 display()，它们通过函数的嵌套调用方式组合成一个复杂程序。6.2 节已详细介绍了函数嵌套调用的执行过程和返回过程，在此不再赘述。

递归函数：若函数在执行过程中直接或间接地调用自己，这种函数调用方式称为函数的递归调用，具有递归调用形式的函数称为递归函数。通常有两种：直接递归和间接递归。

1. 直接递归

直接递归指函数 a()在函数体内又直接调用函数 a()。调用形式如下：

```
void a()
{
    ...
    a();            /* 函数 a()直接调用函数 a() */
    ...
}
```

2. 间接递归

间接递归指函数 a()调用函数 b()，而函数 b()又调用函数 a()。调用形式如下：

```
/* 函数 a() */                          /* 函数 b() */
void a()                                void b()
{                                       {
    ...                                     ...
    b();     /* 在 a()中调用函数 b() */      a();      /* 在 b()中调用函数 a() */
    ...                                     ...
}                                       }
```

6.3.2 递归函数程序设计

递归是解决某些问题十分有用的方法。原因有二：其一，有些问题本身就是递归定义；其二，递归可以使某些看起来不易解决的问题变得容易解决和容易描述，使一个包含递归关系且结构复杂的程序变得简洁精练，可读性好。

【例 6-7】编写递归函数计算自然数 n 的阶乘。自然数 n 阶乘的数学定义可用下式表示：

$$n! = \begin{cases} 1, & n = 0 \\ n(n-1)!, & n > 0 \end{cases}$$

问题分析：

求解目标：递归方法求自然数 n 的阶乘。

功能分解：输入 n、递归求 n!、输出结果三项功能。

模块设计：根据功能分解，整个程序由两个模块组成：

- 阶乘运算模块：fact()函数，递归方法求 n!。
- 主控模块：main()函数，输入 n、调用 fact()函数求 n!、输出计算结果。

函数设计：由于 main()函数算法简单，这里重点讨论 fact()函数的设计过程。

- 函数首部

功能：给定整数 n，计算并返回 n 的阶乘。函数首部为：

```
        int fact(int n)
```

参数：整数 n，已知条件。

返回值：n!。

● 函数体

分析 n!的数学定义，属于递归定义，分为两种情况：

A. 当 n=0 时，直接求出 0!为 1。

B. 当 n>0 时，求 n!先求(n-1)!，求(n-1)!先求(n-2)!，依此类推，直到求 0!。

阶乘递归算法

第 1 步：计算 n!，赋值给 f

　　　　　　if(n==0) f=1;

　　　　　　else f=n*fact(n-1);

第 2 步：返回计算结果

　　　　　　return f;

程序清单：

```c
#include <stdio.h>
int main()                      /* 主函数 */
{
    int n;
    long f;
    int fact(int n);            /* 函数声明 */

    printf("Enter n: ");        /* 输入正整数 n 提示 */
    scanf("%d",&n);
    f=fact(n);                  /* 调用函数 fact(n)求 n! */

    printf("%d!=%d\n",n,f);
    return 0;
}
int fact(int n)                 /* 函数定义: 求 n!的递归函数 */
{
    int f;

    if(n==0) f=1;               /* 递归出口 */
    else f=n*fact(n-1);         /* 递归调用: 递归式 */

    return f;
}
```

递归函数执行过程分析：先"递归调用"，再"回归返回"。执行过程如图 6-12 所示。

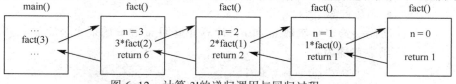

图 6-12　计算 3!的递归调用与回归过程

（1）递归调用

① 当主函数执行到语句 f=fact(3)时，第 1 次调用 fact()函数，进入函数后，形参 n=3，应执行计算表达式 3*fact(2)。

② 为计算 fact(2)，第 2 次调用 fact()函数（递归调用），重新进入 fact()函数，形参 n=2，应执行计算表达式 2*fact(1)。

③ 为计算 fact(1)，第 3 次调用 fact()函数（递归调用），再重新进入 fact()函数，形参 n=1，应执行计算表达式 1*fact(0)。

④ 为计算 fact(0)，第 4 次调用 fact()函数（递归调用），再重新进入 fact()函数，形参 n=0，满足递归结束的条件，不再进行递归调用，而执行 f=1 并开始下列的回归返回。

（2）回归返回

① 当执行 f=1 后，再执行 return f，完成第 4 次调用，返回第 3 次调用处。

② 计算 1*fact(0)=1*1=1，完成第 3 次调用，return 1，返回第 2 次调用处。

③ 计算 2*fact(1)=2*1=2，完成第 2 次调用，return 2，返回第 1 次调用处。

④ 计算 3*fact(2)=3*2=6，完成第 1 次调用，return 6，返回 main()函数调用处。

递归程序的执行过程包含两个阶段：

① 递归阶段：将要求解的问题逐步分解成类似的、规模较小的问题，称为"递归过程"。如将 3!逐步分解成 2!、1!、0!。

② 回归阶段：由规模较小的问题得出已知结果，然后逐步求出原问题的解。如例 6-7 中 0!是已知数 1，由 0!推出 1!，依此类推，最后推出 3!。

采用递归方法进行程序设计，必须满足两个条件：

① 递归出口：有确定的递归结束条件，即何时不再递归。例 6-7 的递归出口是 n=0。

② 递归式：递归式必须能使递归向递归出口转化，否则将形成无穷递归，程序永远无法结束。例 6-7 的递归式 n!=n(n-1)!，保证递归向递归出口转化，不会形成无穷递归。

递归方法编程代码比较简单，一些复杂的程序设计采用递归方法容易实现。为进一步掌握递归程序设计的思想和方法，再给出几个递归实例。

【例 6-8】用递归方法计算自然数 m 与 n 的最大公约数。

问题分析：

求解目标：递归方法求两个自然数 m 与 n 的最大公约数。

功能分解：输入 m 和 n、递归求 m 与 n 的最大公约数、输出结果三项功能。

模块设计：根据功能分解，整个程序由两个模块组成。

- 最大公约数模块：gcd()函数，递归求两个自然数 m 和 n 的最大约数。
- 主控模块：main()函数，输入 m 和 n、调用 gcd()函数求最大公约数、输出结果。

函数设计：由于 main()函数算法简单，这里重点讨论 gcd()函数的设计过程。

- 函数首部

功能：给定自然数 m 和 n，计算并返回 m 和 n 的最大公约数。

函数首部为：

```
int gcd(int m,int n)
```

参数：整数 m 和 n，已知条件。

返回值：最大公约数，int 型。

● 函数体

辗转相除法：若 m 除以 n 的余数 r 等于 0，则 n 是最大公约；否则，将 m 换成 n，将 n 换成 r，继续求 m 与 n 的最大公约数。该方法可以递归定义如下：

$$gcd(m,n) = \begin{cases} n, & m\%n=0 \\ gcd(n,m\%n), & \text{其他} \end{cases}$$

最大公约数递归算法

第 1 步：计算 m 与 n 的最大公约数，赋值给 g

　　　　if(m%n==0) g=n;

　　　　else g=gcd(n,m%n);

第 2 步：返回计算结果

　　　　return g;

程序清单：

```
#include <stdio.h>
int main()                        /* 主函数 */
{
    int m,n,g;
    int gcd(int m,int n);         /* 函数声明 */
    printf("Enter m and n: ");    /* 输入自然数 m 和 n 提示 */
    scanf("%d%d",&m,&n);
    g=gcd(m,n);                   /* 调用函数 gcd(m,n)求 m 与 n 的最大公约数 */

    printf("gcd=%d\n",g);         /* 输出结果 */
    return 0;
}
int gcd(int m,int n)              /* 函数定义：求 m 与 n 最大公约数的递归函数 */
{
    int g;                        /* 结果变量 g */

    if(m%n==0)  g=n;              /* 递归出口 */
    else g=gcd(n,m%n);           /* 递归调用：递归式 */

    return g;                     /* 返回结果 */
}
```

递归函数执行过程分析：先"递归调用"，再"回归返回"。执行过程如图 6-13 所示。

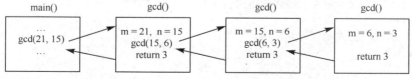

图 6-13　计算 21 与 15 的最大公约数的递归与回归过程

【例 6-9】汉诺（Hanoi）塔问题，编程输出移动步骤。

古代有一个梵塔，塔内有三个座 A、B、C，开始时 A 座上有 64 个大小不等的盘子，大的在下小的在上，如图 6-14 所示。要把 64 个盘子从 A 座移到 C 座，移动过程中可以借助于 B 座，每次只能移动一个盘子，且在移动过程中始终保持小盘在大盘的上面。

问题分析与算法设计：这是一个十分经典的采用递归方法解决的问题，充分体现出递归程序设计的简洁性。

（1）递归出口

递归终止条件：移动一个盘子非常简单，当盘子数量为 1 时，即为递归的终止条件。

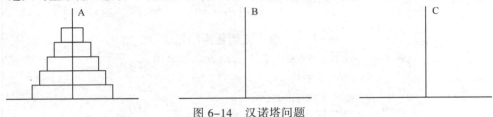

图 6-14　汉诺塔问题

（2）递归式

将问题分解成类似的规模较小的问题，使递归向着已知的终止条件靠近。递归过程可以用如下三步表示：

① 将 $n-1$ 个盘子由 A 座经 C 座移到 B 座。

② 将第 n 个盘子由 A 座移到 C 座。

③ 将 $n-1$ 个盘子由 B 座经 A 座移到 C 座。

至此，已经将移动 n 个盘子的问题分解成两次移动 $n-1$ 个盘子和一次移动一个盘子的问题。按此方法再将移动 $n-1$ 个盘子的问题进行分解，依此类推，最终将移动 n 个盘子的问题分解为若干次移动一个盘子，而移动一个盘子是一个简单问题，达到了递归的终止条件，递归结束。接下来的是回归过程，即按照分解的相反顺序，完成若干次移动一个盘子的操作。

设移动 n 个盘子的函数原型为：

```
void hanoi(int n,int a,int b,int c)
```

根据解题步骤（算法），可以写出移动 n 个盘子的函数如下：

```
void hanoi(int n,int a,int b,int c)
{
    if(n==1) printf("%d->%d ",a,c);     /* 递归出口 */
    else{                               /* 递归式子 */
        hanoi(n-1,a,c,b);               /* 将 n-1 个盘子由 A 座经 C 座移到 B 座 */
        printf("%d->%d ",a,c);          /* 将第 n 个盘子由 A 座移到 C 座 */
        hanoi(n-1,b,a,c);               /* 再将 n-1 个盘子由 B 座经 A 座移到 C 座 */
    }
}
```

程序清单：

```
#include <stdio.h>
int main()                                      /* 主函数 */
{
    int n;
    void hanoi(int n,int a,int b,int c);        /* 函数声明 */
    printf("Enter n: ");                        /* 输入提示 */
```

```
    scanf("%d",&n);
    hanoi(n,1,2,3);                    /* 函数调用 */
    return 0;
}
void hanoi(int n,int a,int b,int c)
{
    if(n==1) printf("%d->%d ",a,c); /* 递归出口 */
    else{                              /* 递归式子 */
        hanoi(n-1,a,c,b);              /* 将 n-1 个盘子由 A 座经 C 座移到 B 座 */
        printf("%d->%d ",a,c);         /* 将第 n 个盘子由 A 座移到 C 座 */
        hanoi(n-1,b,a,c);            /* 再将 n-1 个盘子由 B 座经 A 座移到 C 座 */
    }
}
```

从递归函数的应用案例看出，编写递归函数的关键步骤是归纳出函数的递归定义。许多计算问题都可以用递归方法解决，例如，斐波那契数列、猴子吃桃、进制转换等问题。值得注意的是，虽然递归程序结构清楚，容易阅读，但是执行效率很低，费时又费内存空间。

6.3.3　模仿练习

练习 6-7：输入一个自然数，写一个递归函数将其逆序输出。例如输入 123456，则输出 654321。假设逆序输出函数为 reverse(n)，则其递归定义如下：若 $n<10$，则输出 n；否则，输出 n%10 后再 reverse(n/10)。

练习 6-8：求斐波那契数列问题。写一个递归函数计算斐波那契数列的第 n 项。假设计算第 n 项的斐波那契数列函数为 fib(n)，则其递归定义如下：

$$\text{fib}(n) = \begin{cases} 1, & n = 1,2 \\ \text{fib}(n-1) + \text{fib}(n-2), & n > 2 \end{cases}$$

6.4　变量作用域与存储方式

在 C 语言中，每个函数都要用到一些变量来表示和存储数据。一般情况下要求各函数的数据各自独立，但有时希望各函数有一定的数据联系，甚至共享某些数据。因此，在程序设计中，必须重视变量的作用域、变量的存储类别等问题。

6.4.1　变量的作用域

变量的有效作用范围称为变量的作用域。C 语言中变量都有自己的作用域，变量说明方式和说明位置不同，作用域也不同。C 语言中的变量按作用域范围可分为两种：局部变量和全局变量。

1．局部变量

模块化程序设计方法一般要求各模块相互独立，一个模块对数据的操作不影响其他模块的数据。局部变量可以避免各函数间变量的相互干扰，在模块化程序设计中非常有用。

局部变量是指定义在函数内部的变量，作用范围仅限于本函数内部，从变量定义处开始，到函数定义结束。C 语言规定，局部变量仅限本函数内部使用，形参也是局部变量。

除函数内局部变量外，C 语言还允许定义作用于复合语句中的局部变量，其作用范围仅限于复合语句内，一般用作小范围内的临时变量。

举例：阅读下列程序，分析局部变量的作用范围。

```
int main()
{
    int a=1;                    /* 局部变量a开始 */
    {
        int b=2;                /* 复合语句临时变量b开始 */
        ...
    }                           /* 复合语句临时变量b结束 */
    printf("%d ",a);
    return 0;
}                               /* 局部变量a结束 */
```

分析：变量 a 是函数内局部变量，其作用范围从定义变量 a 开始到 main()函数结束；变量 b 是复合语句局部变量，其作用范围从定义变量 b 开始到复合语句结束。

2. 全局变量

模块化程序设计方法中，局部变量保证了函数的独立性，但有时希望各函数间有一定的数据联系，甚至共享某些数据。因此，C 语言提供了全局变量。

全局变量是指定义在函数外的变量，作用范围是从定义处开始，直到程序所在文件结束。也就是说，从定义处开始，可以在程序所在文件的所有函数中使用全局变量。

举例：阅读下列程序，分析全局变量的作用范围。

```
int x=100;           /* 全局变量x开始 */
int fun();
int main()
{
    x+=f();
    printf("%d ",x);
    return 0;
}
int y;               /* 全局变量y开始 */
int fun()
{
    y=x+100;
    return y;
}                    /* 文件尾: 所有变量都结束 */
```

分析：变量 x 和 y 都是全局变量，变量 x 的作用范围是从定义变量 x 开始到整个程序结束，因此，main()函数和 fun()函数都可以使用 x。变量 y 的作用范围是从定义变量 y 开始到整个程序结束，因此，只有 fun()函数可以使用 y，main()函数不能使用 y。

☞**说明**：关于局部变量和全局变量的使用说明。

① 全部变量一般定义在程序的最前面，即第一个函数的前面。局部变量一般定义在函数或复合语句的开始处。

② 局部变量的作用范围仅限于定义函数内部，不同函数可以使用相同名字的局部变量，它们代表不同的变量，占用不同的存储单元，彼此互不干扰，以此确保模块的独立性。

③ 全局变量的作用范围是从定义开始到定义文件结束，作用范围内的所有函数都能使用，若某个函数改变某个全局变量，势必会影响到其他函数对该全局变量的使用。

④ 当局部变量和全局变量同名时，在定义局部变量的作用范围内优先使用局部变量，同名的全局变量不起作用。

⑤ 当局部变量和临时变量同名时，在定义临时变量的作用范围内优先使用临时变量，同名的局部变量不起作用。

为了进一步加深读者对全局变量和局部变量作用范围的正确理解，下面再举一个案例程序，并对程序进行综合分析。

【例 6-10】运用变量作用域的相关知识，阅读程序并分析程序的运行结果。

```
#include <stdio.h>
int x;                      /* 全局变量x开始 */
int fun();
int main()
{
    int a=1;                /* 局部变量a开始并赋值1 */

    x=a;                    /* 全局变量x赋值a（即1） */
    a=fun();                /* 局部变量a赋值4（调用函数fun()后的返回值） */
    {
        int b=2;            /* 临时变量b开始并赋值2 */
        b=a+b;              /* 临时变量b赋值6 */
        x=x+b;              /* 全局变量x赋值7 */
    }                       /* 临时变量b结束 */
    printf("%d %d\n",a,x);
    return 0 ;
}                           /* 局部变量a结束 */
int fun()
{
    int x=4;                /* 局部变量x开始并赋值4 */
    return x;               /* 返回局部变量x的值4（全局与局部同名，局部优先） */
                            /* 文件尾：所有变量都结束 */
```

分析：程序由 main()和 fun()两个函数组成，程序第 2 行定义全局变量 x，main()函数定义局部变量 a 和 b，fun 函数定义局部变量 x。fun()函数中的全局变量 x 和局部变量 x 同名，将优先使用局部变量 x。

运行结果：

```
4   7
```

借助全局变量可以帮助解决函数返回多个值的问题，但全局变量更多地用于多个函数间的全局数据表示。下面再举一个例子，说明全局变量和局部变量的综合运用。

【例 6-11】财务现金账规定收入增加现金余额，支出减少现金余额。分析程序对全局变量 cash 和局部变量 number 的影响。

程序清单：

```
#include <stdio.h>
float cash=0;               /* 全局变量: 现金余额, 初值为0 */
int main()                  /* 主函数 */
{
    int choice;
    void income(),expend(); /* 函数声明 */
    while(1)                 /* 菜单功能: 显示菜单、选择菜单、分支执行菜单项 */
    {
        printf("Enter operate choice(1-income,2-expend,0-exit): ");
        scanf("%d",&choice);
```

```
        if(choice==0) { printf("Thanks!\n");break;}
        else if(choice==1) income();           /* 调用收入函数 */
        else if(choice==2) expend();           /* 调用支出函数 */
        else printf("Input error !\n");
        printf("current cash : %.2f\n",cash);   /* 输出现金余额 */
    }
}
void income()                                   /* 函数定义：收入函数 */
{
    float number;
    printf("Enter income value: ");            /* 输入提示 */
    scanf("%f",&number);                        /* 输入收入现金 */
    cash=cash+number;                           /* 计算余额：改变 cash 全局变量 */
}
void expend()                                   /* 函数定义：支出函数 */
{
    float number;
    printf("Enter expend value: ");            /* 输入提示 */
    scanf("%f",&number);                        /* 输入支出现金 */
    cash=cash-number;                           /* 计算余额：改变 cash 全局变量 */
}
```

分析：程序包括 main()、income()和 expend()三个函数。income()是收入函数，expend()是支出函数，二者都定义了局部变量 number，表示收入/支出现金，同名但并非同变量，互不影响。程序第 2 行定义全局变量 cash，表示余额，所有函数共享，相互影响。

全局变量比局部变量的自由度大，更方便。具体表现在：程序中的所有函数都能使用，函数参数可以省略，函数返回值个数不受限制、不需使用 return 等。但自由度大也带来了很大的副作用，导致各函数间相互干扰，影响模块的独立性。因此，模块化程序设计方法规定：尽量使用局部变量，函数间通过参数传递实现数据通信，慎用全局变量。

6.4.2　变量的存储方式

变量还有一个重要属性，即变量的存储方式，包括两种：静态存储和动态存储。

①静态存储：变量定义就分配存储单元，且一直保持不变，直至整个程序运行结束。全局变量就属于此类存储方式。

②动态存储：在程序执行过程中，使用时才为变量分配存储单元，使用结束立即释放。典型例子就是函数形参，函数定义不给形参分配存储单元，函数调用才予以分配，函数调用结束立即释放。如果一个函数被多次调用，则会多次分配和释放形参变量的存储空间。

变量从定义开始分配存储单元，到运行结束存储单元被释放回收，整个过程称为变量生存周期。可见变量作用域与变量生存周期是两个不同的概念，变量作用域描述变量的静态特性，即变量能被使用的程序段范围。而变量生存周期描述变量的动态特性，即变量何时被分配存储空间，何时存储空间被系统回收。

1.　自动变量

自动变量的类型说明符是 auto。自动变量是动态存储方式。自动变量类型是 C 语言程序中使用最广泛的一种类型。C 语言规定，函数内凡未加存储类型说明的变量均视为自动变量，也就是说自动变量可省去说明符 auto。前面各章程序中所定义的未加存储类型说明符的局部变量都是自动变量。例如：

```
auto int i,j k;
```
等价于
```
int i,j,k;
```

自动变量的特点：

① 局部变量作用域。作用域仅限于定义变量的结构内。函数中定义的自动变量只在该函数内有效，复合语句中定义的自动变量只在该复合语句中有效。例如：

```
int kv(int a)
{
    auto int x,y;          /* 变量x和y作用域开始: 等价于 int x,y; */
    {
        auto char c;       /* 自动变量c作用域开始: 等价于 char c; */
        ...
    }                      /* 自动变量c作用域结束 */
    ...
}                          /* 自动变量x和y作用域结束 */
```

② 动态存储方式。函数中定义的自动变量，只有定义该变量的函数被调用时，才分配存储单元，生命周期开始；函数调用结束，释放存储单元，生命周期结束。复合语句中定义的自动变量，在退出复合语句后也不能再使用，否则将引起错误。例如：

```
int main()
{
    auto int a;            /* 自动变量a: 作用域、生命周期开始 */
    scanf("%d",&a);
    if(a>0){
        auto int s;        /* 自动变量s: 作用域、生命周期开始 */
        s=a+a;
    }                      /* 自动变量s: 作用域、生命周期结束 */
    printf("%d%d",a,s);    /* 语句出错: a存在且可用，s不存在也不可用 */
    return 0;
}                          /* 自动变量a: 作用域、生命周期结束 */
```

③ 允许不同的结构使用同名变量。函数内定义的自动变量与函数内部复合语句中定义的自动变量可以同名，不会混淆。例如：

```
int main()
{
    auto int a,s=100;      /* 函数自动变量a和s: 作用域、生命周期开始 */
    scanf("%d",&a);
    if(a>0){
        auto int s;        /* 复合语句自动变量s: 作用域、生命周期开始 */
        s=a+a;             /* 同名s: 优先使用复合语句内的s */
        printf("%d%d",a,s); /* 同名s: 优先使用复合语句内的s */
    }                      /* 复合语句自动变量s: 作用域、生命周期结束 */
    printf("%d%d",a,s);    /* 函数自动变量a和s: a和s均存在且可用 */
    return 0;
}                          /* 函数自动变量a和s: 作用域、生命周期结束 */
```

2．静态变量

静态变量的类型说明符是 static。静态变量是静态存储方式。用关键字 static 可以把变量定义成静态变量，它的一般定义形式为：

```
static 类型名 变量名表;
```

例如：

```
static int a=100,b;
```

静态变量包括静态局部变量和静态全局变量，下面主要讨论静态局部变量。

静态局部变量是一种特殊的局部变量，特殊性在于函数执行结束后，静态局部变量所占用的存储单元不会立即释放，生命周期会持续到程序结束，当含有静态局部变量的函数被再次调用时，静态局部变量会被重新激活，上次函数调用后的值仍然保存，可供本次调用继续使用。也就是说，静态局部变量总是保存上次函数调用结束时的值。

【例 6-12】 阅读下列程序，分析静态局部变量 s 的变化规律及程序的运行结果。

```
#include <stdio.h>
int main()
{
    int i,n=3;
    double fact(int n);        /* 函数声明 */

    for(i=1;i<=n;i++)
        printf("%d!=%.0f",i,fact(i));     /* 调用 fact(i) 函数计算 i! */
    return 0;
}
double fact(int n)            /* 函数定义: 求 n! */
{
    static double s=1;         /* 静态局部变量 s: 初值为 1, 保存上次调用结束值 */
    s=s*n;                     /* 语句作用: 求 n! */
    return s;                  /* 返回 n! */
}
```

分析：fact()函数内的静态局部变量 s（初值为 1），它保存上次函数调用时留下来的阶乘值。第 1 次（i=1）调用，计算 1!并保存到 s，第 2 次（i=2）调用，计算 2!并保存到 s，依此类推，第 i 次调用，计算 i!并保存到 s。

运行结果：

```
1!=1  2!=2  3!=6
```

静态局部变量的特点：

① 具有局部变量的作用域，但具有全局变量的生命周期。也就是说，静态局部变量的作用域仅限于定义它的函数，但生存周期为整个程序。

② 允许对静态局部变量初始化，且只在第一次调用函数时设置，再次调用函数，静态局部变量保存前一次调用后留下的值。若未对静态局部变量赋初值，则系统自动赋初值 0。

6.4.3 模仿练习

练习 6-9：将例 6-12 中的静态局部变量 s 改成自动变量，能实现 n!吗？将 s 换成全局变量，能实现 n!吗？

6.5 编译预处理

为了提高编程效率，C 语言允许在 C 源程序中加入一些编译预处理命令，如包含命令 #include、宏定义命令#define 等，编译时，编译系统首先自动调用编译预处理程序对这些预处理命令进行编译预处理，然后再整体进行编译。这些编译预处理命令主要包括宏定义、文件包含和条件编译。

6.5.1　宏定义

宏定义是 C 语言的常用功能，使用#define 命令实现。用宏来定义一些符号常量，方便程序编写。C 语言的宏分为带参数和无参数两种。下面分别讨论两种宏的定义和调用。

1．无参宏定义

无参宏定义的一般形式为：

```
#define 宏名 宏定义字符串
```

功能：用一个标识符来表示一个字符串。在编译预处理时，程序中所有出现的宏名，使用宏定义字符串来替代。通常称为"宏替换"或"宏展开"。

注意

"宏替换"只做简单字符替换，不做语法检查。例如，#define PI 3.14。

说明：

① 宏名：符合 C 语言标识符规定，由用户命名的标识符。常采用大写字母串作宏名。

② 宏定义字符串：宏名对应的字符串，中间可带空格，以回车符结束。

【例 6-13】阅读下列程序，分析"宏替换"的实现过程。

```
#include <stdio.h>
#define PI 3.14      /* 定义宏 PI, 对应 3.14 */
#define L 2*PI*r     /* 定义宏 L, 对应 2*3.14*r */
#define S PI*r*r     /* 定义宏 S, 对应 3.14*r*r */
int main()
{
    double r=10,l,s;
    l=L;               /* 调用宏 L: 宏名 L 被层层替换成 2*3.14*r */
    s=S;               /* 调用宏 S: 宏名 S 被层层替换成 3.14*r*r */
    printf("l=%.2f,s=%.2f\n",l,s);
    return 0;
}
```

分析：程序中定义宏 PI、L 和 S，通过调用宏 L 和 S 计算周长和面积。编译预处理程序将对宏名 L 和 S 进行宏替换，宏替换过程参见程序中的注释语句。

说明：关于宏定义的几点说明。

① 宏定义是用宏名表示字符串，宏展开是以字符串取代宏名，只做简单字符替换。

② 宏定义不是语句，行末不加分号。若加分号，则分号变成字符串的一部分，易出错。

③ 宏定义须写在函数外，作用域从宏定义开始到程序尾，可用#undef 命令取消。

举例：分析下列程序中宏名 PI 的作用域。

```
#define PI 3.14      /* 定义宏 PI: 作用域开始 */
int main()
{
    ...
}
#undef PI            /* 取消宏 PI: 作用域结束 */
int fun()
{
    ...
}
```

④ 引号括起来的宏名，预处理程序不对其进行宏替换。

```
#define PI 3.14                    /* 定义宏 PI: 作用域开始 */
int main()
```

```
{
    printf("PI=%.2lf\n",PI);        /* 调用宏 PI: 引号外的宏名 PI 被替换成 3.14 */
                                     /* 注意: 引号内的 PI 不被替换 */
}                                    /* 宏 PI 的作用域结束 */
```

⑤ 宏定义允许嵌套。允许在宏定义的字符串中使用已经定义的宏名，宏替换时由预处理程序层层展开。

```
#define PI 3.14              /* PI: 宏定义*/
#define P PI*x*x             /* P: 嵌套宏定义*/
printf("%.2lf\n",P);         /* 调用宏 P: 宏名 P 被替换，层层展开成 3.14*x*x */
```

2. 带参宏定义

宏定义中的参数称为形式参数，在宏调用中的参数称为实际参数。对带参数的宏，在调用中首先进行宏展开，然后再用实参去替换形参。

带参宏定义的一般形式为：

```
#define 宏名(形参表) 宏定义字符串
```

带参宏调用的一般形式为：

```
宏名(实参表);
```

【例 6-14】将例 6-1 求圆柱体积的函数用带参数的宏定义实现。

```
#include <stdio.h>
#define PI 3.14                          /* PI: 无参宏定义 */
#define VOLUME(r,h)  PI*r*r*h            /* VOLUME: 带参宏定义,嵌套定义 */
int main()
{
    double radius=10,height=10,volume;
    volume=VOLUME(radius,height);        /* 调用宏 VOLUME: 两个参数,宏名被层层替*/
                                         /* 换为 3.14*radius*radius*height */
    printf("Volume=%.2f\n",volume);
    return 0;
}
```

分析：程序定义宏 PI 和 VOLUME，通过调用带参宏 VOLUME 计算圆柱体积。编译预处理程序将对宏名 PI 和 VOLUME 进行宏替换，宏替换过程参见程序中的注释语句。

☞说明：关于带参宏定义的几点说明。

① 在宏定义时，宏名和形参表之间不能有空格，否则被认为是无参宏定义。例如：

#define MAX (a,b) (a>b)?a:b

副作用：宏名 MAX 代表字符串 "(a,b) (a>b)?a:b"，被认为无参宏定义。

② 宏定义的形参是标识符，宏调用的实参可以是表达式。

宏定义：#define POWER(x) (x)*(x)   /* 形参是标识符，定义 x^2 */
宏调用：y=POWER(x+100);   /* 实参是表达式 */
宏替换：y=(x+100)*(x+100);   /* 展开为求 $(x+y)^2$ */

③ 宏定义中的形参最好用括号括起来，以避免出错。例如，若去掉表达式(x)*(x)的括号，则宏替换后得到 x+100*x+100，与题意不符。

④ 带参宏调用与带参函数调用本质不同。带参宏定义中的参数不是变量，只在宏调用时用实参的符号去替换形参，即只做符号替换，不存在对实参表达式的计算与值传递问题，而函数调用时会先计算实参表达式的值再传值给形参。

【例 6-15】下列程序用函数方式和带参宏定义方式处理表达式 x^2，请分析处理结果。

```
#include <stdio.h>
#define SQR(x)((x)*(x))          /* 带参宏 SQR: 计算表达式 x² */
int sqr(int x)                    /* 函数 sqr(): 计算表达式 x² */
{
    return x*x;
}
int main()
{
    int i,j;

    for(i=1,j=1;i<=3;)
    {
        printf("%d,",sqr(i++)); /* 调用 sqr()函数, 先求 i²并输出, i 再自增 1 */
        printf("%d ",SQR(j++)); /* 调用 SQR 宏, 替换成(j++)*(j++), */
                                /* 先求 j²并输出,j 再自增 1 两次 */

    }
    return 0;
}
```

结果分析：调用函数 sqr(i++)，实参 i 值传递给形参 x，先求 i^2 并输出，i 再自增 1，循环 3 次，依次求 1、2、3 的平方值并输出。带参宏 SQR(j++)被替换为(j++)*(j++)，每次宏调用，先求 j^2 并输出，j 再自增 1 两次，循环 3 次，依次求 1、3、5 的平方值并输出。

运行结果：

```
1,1  4,9  9,25
```

6.5.2　文件包含

文件包含是 C 语言预处理程序的一个重要功能。文件包含命令的一般格式为：

```
#include <文件名>
```

或

```
#include "文件名"
```

功能：把指定包含的文件插入到该命令行位置取代该命令行，从而把指定包含的文件和当前的源程序文件连成一个源文件。

例如，#include <stdio.h>。

在 C 语言中，.h 文件称为头文件。除了 stdio.h 等系统头文件外，用户也可编写自己的头文件，将许多公用的符号常量或宏定义等单独组成一个头文件，在源程序文件中用#include 命令将其包含进来。另外，除了包含头文件外，也可包含其他类型文件，例如，源程序文件等。

【例 6-16】用#include 命令连接多个源程序文件。

程序文件 1：文件名为 file1.c，文件内容如下所示。

```
int fact(int n)                   /* 函数定义: 定义求 n! */
{
    static int s=1;               /* 定义静态变量 s 并赋初值 1 */
    s=s*n;
    return s;
}
```

程序文件 2：文件名为 file2.c，文件内容如下所示。

```
#include <stdio.h>                /* 文件包含: 包含 stdio.h 系统头文件 */
#include "file1.c"                /* 文件包含: 包含 file1.c 源程序文件 */
```

```
int main()
{
    int i,n;
    int fact(int n);                    /* 函数声明 */
    scanf("%d",&n);
    for(i=1;i<=n;i++)
        printf("%d!=%.0f",i,fact(i));/* 调用 fact(i)函数计算 i!并输出 */
    return 0;
}
```

程序解析：程序由两个程序文件 file1.c 和 file2.c 文件组成，file1.c 定义 fact()函数计算 n!，file2.c 包括两个#include 命令和 main()函数。当程序编译预处理时，把文件模块 stdio.h 和 file1.c 的内容分别插入对应的#include 命令行位置，生成可编译的源程序文件。图 6-15 所示为用#include 命令连接多个源程序文件的过程。

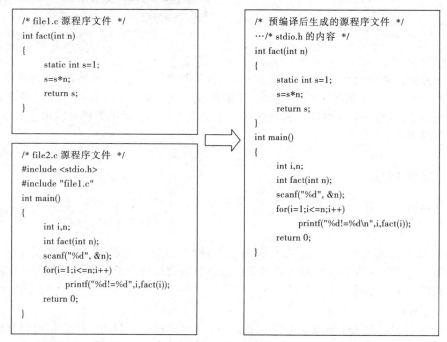

图 6-15   用#include 命令连接多个文件模块

☞说明：关于#include 命令两种格式的使用说明。

① 尖括号格式：在系统包含目录中查找指定文件（包含目录在设置环境时设置），而不在源程序文件所在目录查找。

② 双引号格式：先在源程序文件所在目录查找，若未找到才到包含目录中查找。

③ 一般情况下，系统头文件使用尖括号方式，用户自定义文件使用双引号方式。

6.5.3   条件编译

预处理程序提供了条件编译的功能，可以按不同的条件编译不同的程序部分，即按照条件选择源程序中的不同语句参加编译，从而产生不同的目标代码文件。这对于程序的移植和调试是很有用的。条件编译有三种形式。

1．第一种形式

```
#ifdef 标识符
    程序段1
#else
    程序段2
#endif
```

功能：如果标识符已被 #define 命令定义过，则对程序段 1 进行编译；否则对程序段 2 进行编译。本格式中的#else 可以省略，即可以写成：

```
#ifdef 标识符
    程序段1
#endif
```

【例 6-17】条件编译举例。两个函数，分别计算半径为 *r* 的圆面积和边长为 *r* 的正方形面积。可用条件编译编写代码如下，若定义宏名 KEY，则选择编译求圆面积的代码，否则编译求正方形面积的代码。

```
#define KEY ok
#include <stdio.h>
#ifdef KEY
    float area(float r)
    {
        return 3.14*r*r;
    }
#else
    float area(float r)
    {
        return r*r;
    }
#endif
int main()
{
    float r;
    printf("r=");
    scanf("%f",&r);
    printf("%f\n",area(r));
    return 0;
}
```

2．第二种形式

```
#ifndef 标识符
    程序段1
#else
    程序段2
#endif
```

功能：与第一种形式的功能正好相反。如果标识符未被#define 命令定义过，则编译程序段 1，否则编译程序段 2。

3．第三种形式

```
#if 常量表达式
    程序段1
#else
```

```
    程序段 2
#endif
```
功能：若常量表达式的值为真（非 0），则编译程序段 1，否则编译程序段 2。

6.5.4 模仿练习

练习 6-10：模仿例 6-14，编写一个计算梯形面积的带参数的宏 AREA(a,b,h)，在主程序中调用。梯形面积公式：(上底+下底)×高/2。

练习 6-11：条件编译。试用条件编译的第 3 种形式，改写例 6-16 的程序，使其根据常量 KEY 的值选择编译求圆面积的代码或求正方形面积的代码。

6.6 综合案例——简单"计算器"程序

【例 6-18】编写简单"计算器"程序，提供菜单供用户选择，实现以下功能。
① 选择菜单 1，输入正整数 *n*，计算并输出 *n*!。
② 选择菜单 2，输入正整数 *m* 和 *n*，计算并输出[*m,n*]之间的整数和。
③ 选择菜单 0，退出程序。

问题分析：

求解目标： 设计一个菜单方式的简单"计算器"程序。

功能分解： 菜单控制、阶乘计算、区间求和三项功能。

模块设计： 根据功能分解，整个程序由 3 个模块组成，程序结构如图 6-16 所示。
- **主控模块**：定义 main()函数，提供菜单供用户选择并多分支执行菜单项。
- **阶乘计算模块**：定义 fact()函数，依据整数 n，计算并返回 n!。
- **区间求和模块**：定义 sum()函数，依据整数 m 和 n，计算并返回[m,n]整数和。

函数设计：（1）fact()函数
- **函数首部**

功能：给定整数 n，计算并返回 n 的阶乘。函数首部为：

```
    int fact(int n)
```
参数：整数 n，已知条件。

返回值：n!，int 型。
- **函数体**

连乘运算求 n!，连乘式为"product=product*i;"，需要采用循环结构。算法流程图如图 6-6 所示。

A．循环条件：i<=n。

B．循环体：product=product*i。

（2）sum 函数
- **函数首部**

功能：给定整数 m 和 n，计算并返回[m,n]整数和。函数首部为：

```
    int sum(int m,int n)
```

图 6-16　程序结构图

参数：整数 m 和 n，已知条件。

返回值：[m,n]整数和，int 型。

● 函数体

累加运算求 [m,n]整数和，累加式为"s=s+i;"，需要采用循环结构。算法流程图如图 6-17 所示。

A．循环条件：i<=n。

B．循环体：s=s+i。

（3）main()函数

提供菜单供用户选择，并多分支执行菜单项。要采用循环结构。算法用伪代码描述如下。

```
while(1)
{
    ● 显示菜单;
    ● 选择菜单;
    ● 多分支执行菜单项，描述为:
        if(choice==0) break;
        elseif(choice==1) 调用 fact
                          求阶乘
        elseif(choice==2) 调用 sum
                          求和
    else 输入错误
}
```

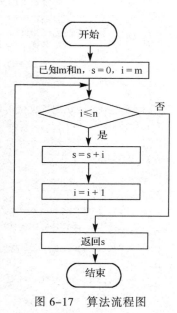

图 6-17　算法流程图

程序清单：

```c
#include <stdio.h>                         /* 编译预处理命令 */
int main()                                 /* 主函数 */
{
    int n,sel,res;                         /* 变量定义 */
    int fact(int n),sum(int m,int n);      /* 函数声明 */

    while(1)
    {
        printf("            菜单功能\n");
        printf("----------------------------\n");
        printf("|1—求阶乘    2—求[m,n]整数和      0—退出|\n");
        printf("------------------------------------------\n");

        printf("     请选择输入(1、2 或 0): ");           /* 输入提示 */
        scanf("%d",&sel);                               /* 选菜单 */

        if(sel==0)break;                               /* 退出循环 */
        switch(sel)
        {
            case 1:   /* 阶乘运算 */
                printf("请输入一个正整数: ");            /* 输入提示 */
                scanf("%d",&n);
```

```
            res=fact(n);                              /* 调用函数 */
            printf("%d!=%d\n",n,res);                 /* 输出结果 */
            break;
        case 2:    /*累加和运算*/
            printf("请输入正整数 m 和 n: ");            /* 输入提示 */
            scanf("%d%d",&m,&n);
            res=sum(m,n);                             /* 调用函数 */
            printf("[%d,%d]整数和=%d\n",n,res);       /* 输出结果 */
            break;
        default:
            printf("选择错误! \n");
            break;
        }
    }
    printf("欢迎下次使用! \n");      /* 文字信息 */
    return 0;
}
int fact(int n)                  /* 阶乘函数: 求 n! */
{
    int i,product=1;             /* product: 乘积变量, 初值为 1 */
    for(i=1;i<=n;i++)
        product= product*i;      /* 连乘 */
    return fact;                 /* 返回结果 */
}
int sum(int m,int n)                     /* 累加和函数: 求[m,n]整数和 */
{
    int i, s=0;                  /* s: 和变量, 初值为 0 */
    for(i=m;i<=n;i++)
        s=s+i;                   /* 累加 */
    return s;                    /* 返回结果 */
}
```

习　题

一、选择题

1. 下列关于 C 程序的构成描述, 较完整的描述是_____。
   A. 由主程序与子程序构成　　　　　　B. 由多个主函数与多个子函数构成
   C. 由主函数与子函数构成　　　　　　D. 由一个主函数与多个子函数构成

2. C 语言程序在开始执行时, 其正确的描述是_____。
   A. 按编写程序语句的顺序格式执行　　B. 在主函数 main()开始处执行
   C. 在第一个子函数处执行　　　　　　D. 由人随机选择执行

3. 下列有关函数错误的描述是_____。
   A. C 语言中允许函数嵌套定义
   B. C 语言中允许函数递归调用

  C．调用函数时，实参与形参的个数、类型需完全一致

  D．C 语言函数值的默认类型是 int 型

4．在 C 语言中，各个函数之间具有的关系是＿＿＿＿＿＿。

  A．不许直接递归调用，也不许间接递归调用

  B．允许直接递归调用，不许间接递归调用

  C．不许直接递归调用，允许间接递归调用

  D．允许直接递归调用，也允许间接递归调用

5．对于以下程序，不正确的叙述是＿＿＿＿＿＿。

```
#include <stdio.h>
void f(int n);            /* 函数声明1 */
int main()
{
    void f(int n);        /* 函数声明2 */
    f(5);
    return 0;
}
void f(int n)
{
    printf("%d\n",n);
}
```

  A．若去掉程序中的函数声明 1，则只能在主函数中正确调用函数 f()

  B．若要求函数 f()无返回值，则可用 void 将其类型定义为无值型

  C．去掉主函数中的函数声明 2，则在主函数和其后的其他函数中都可以正确调用函数 f()

  D．对于上面程序的声明，编译时系统会提示出错信息：提示对 f()函数重复声明

6．在 C 语言中，函数返回值的类型最终取决于＿＿＿＿＿＿。

  A．函数定义时在函数首部所说明的函数类型

  B．return 语句中表达式值的类型

  C．调用函数时主调函数所传递的实参类型

  D．函数定义时形参的类型

7．在调用函数时，如果实参是简单变量，它与对应形参之间的数据传递方式是＿＿＿＿＿＿。

  A．地址传递

  B．单向值传递

  C．由实参传给形参，再由形参传回实参

  D．传递方式由用户指定

8．有以下函数定义 void fun(int n, double x)　{...}，若以下选项中的变量都已正确定义并赋值，则对函数 fun()的正确调用语句是＿＿＿＿＿＿。

  A．fun(int y, double m);   B．k=fun(10,12.5);

  C．fun(x,n);   D．void fun(n,x);

9．以下叙述中不正确的是＿＿＿＿＿＿。

  A．实参可以是常数、变量或表达式 B．形参可以是常数、变量或表达式

  C．实参可以为任意类型   D．形参应与其对应的实参类型一致

10．以下叙述中不正确的是＿＿＿＿＿＿。

    A. 不同函数可以使用相同名字的变量

    B. 在函数体内定义的变量只在本函数体内有效

    C. 函数中的形式参数是局部变量

    D. 在函数的复合语句中定义的变量在本函数内有效

11. C 语言中，函数值类型的定义可以为默认，此时函数值的隐含类型是_____。

    A. void   B. int   C. float   D. double

12. 以下正确的函数声明语句是_____。

    A. double fun(int x;y);   B. double fun(int x;int y);

    C. double fun(int x,int y);   D. double fun(int x,y);

13. 在宏定义#define PI 3.14159 中，宏名 PI 代表的是一个_____。

    A. 常量   B. 单精度数   C. 双精度数   D. 字符串

14. 定义一个名为 NEW(X)的宏，产生它的参数的负值，正确的语句是_____。

    A. #define NEW(X) –x   B. #define NEW(X) x

    C. #define NEW(X) (–X)   D. #define NEW(X) (–x);

15. 关于预处理命令，以下叙述正确的是_____。

    A. 预处理命令行必须位于 C 源程序的起始位置

    B. 在 C 语言中，预处理命令行都以 # 开头

    C. 每个 C 程序必须在开头包含预处理命令行 # include <stdio.h>

    D. C 语言的预处理不能实现宏定义和条件编译的功能

16. 以下有关宏替换的叙述不正确的是_____。

    A. 宏替换只是字符替换   B. 宏名无类型

    C. 宏名必须用大写字母表示   D. 宏替换不占用运行时间

17. 设有以下宏定义，则执行语句 z=2*(N+Y(5+1));后，z 值为_____。

```
#define N 3
#define Y(n)  ((N+1)*n)
```

    A. 42   B. 15   C. 48   D. 出错

18. 设有以下定义：#define F(n) 2*n，则表达式 F(4+2)的值是_____。

    A. 12   B. 10   C. 22   D. 20

二、填空题

1. C 语言函数分为系统函数和_____。按照函数有无返回值分为_____和_____两种。

2. 变量在程序使用中，按其作用域范围可分为_____变量和_____变量。

3. 以下程序的输出结果是_____。

```
#include <stdio.h>
#define PT 5.5
#define S(x) PT*x*x
int main()
{
    int a=1,b=2;
    printf("%4.1f\n",S(a+b));
    return 0;
}
```

4. 下列程序的运行结果是_____。

```
#include <stdio.h>
#define EXCH(a,b) { int t;t=a;a=b;b=t;}
int main()
{
    int x=5,y=9;
    EXCH(x,y)
    printf("x=%d,y=%d\n",x,y);
    return 0;
}
```

5. 下列程序的运行结果是_____。

```
#include <stdio.h>
#define MIN(x,y)    (x)<(y)?(x):(y)
int main()
{
    int i=10,j=15,k;
    k=10*MIN(i,j);
    printf("%d\n",k);
    return 0;
}
```

6. 下列程序的运行结果是_____。

```
#include <stdio.h>
long fun(int n)
{
    long s;
    if(n==1||n==2) s=2;
    else s=n-fun(n-1);
    return s;
}
int main()
{
    printf("%ld\n",fun(3));
    return 0;
}
```

7. 下列程序的运行结果是_____。

```
#include <stdio.h>
int f1(int x,int y)
{
    return x>y?x:y;
}
int f2(int x,int  y)
{
    return x>y?y:x;
}
int main()
{
    int a=4,b=3,c=5,d,e,f;
    d=f1(a,b);
    d=f1(d,c);
    e=f2(a,b);
```

```
    e=f2(e,c);
    f=a+b+c-d-e;
    printf("%d,%d,%d\n",d,f,e);
    return 0;
}
```

8. 下列程序的运行结果是_____。

```
#include <stdio.h>
f(int a)
{
    int b=0;
    static int c=3;
    b++;c++;
    return(a+b+c);
}
int main()
{
    int a=2,i;
    for(i=0;i<3;i++)
        printf("%d ",f(a));
    return 0;
}
```

9. 下列程序的运行结果是_____。

```
#include <stdio.h>
int x=3;
void incre();
int main()
{
    int i;
    for(i=1;i<x;i++) incre();
    return 0;
}
void incre()
{
    static int x=1;
    x*=x+1;
    printf(" %d",x);
}
```

10. 下列程序段的运行结果是_____。

```
#include <stdio.h>
int abc(int u,int v);
int main()
{
    int a=24,b=16,c;
    c=abc(a,b);
    printf("%d\n",c);
    return 0;
}
int abc(int u,int v)
{
```

```
    int w;
    while(v)
    {
        w=u%v;
        u=v;
        v=w;
    }
    return u;
}
```

11. 以下函数实现求 x 的 y 次方，请补充填空。

```
double fun (double x,int y)
{
    int i;
    double z=1;
    for(i=1;i____①____;i++)
        z=____②____;
    return  z;
}
```

12. 以下程序的功能是计算 $s=\sum_{k=0}^{n}k!$，请补充填空。

```
#include <stdio.h>
long f(int n)
{
    int i;
    long s;
    s=____①____;
    for(i=1;i<=n;i++)
        s=____②____;
    return  s;
}
int main()
{
    long s;
    int k,n;
    scanf("%d",&n);
    s=____③____;
    for(k=0;k<=n;k++)
        s=s+____④____;
    printf("%d",s));
    return 0;
}
```

13. 以下程序用于计算函数 SunFun(n)=$f(0)$+$f(1)$+…+$f(n)$ 的值，其中 $f(x)=x^3+1$，请填空。

```
int SunFun(int n);
int f(int x);
int main()
{
    printf("The sum=%d\n",SunFun(10));
    return 0;
}
```

```
int SunFun(int n)
{
    int x,    ①    ;
    for(x=0;x<=n;x++)
         ②    ;

    return s;
}
int f(int x)
{
    return    ③    ;
}
```

三、程序设计题

1. 输入两个正整数 m 和 n，统计并输出 m 和 n 之间的素数个数以及这些素数的和。要求定义并调用函数 prime(m)判定 m 是否为素数。

2. 输出 100～999 间的所有"水仙花数"。"水仙花数"是三位数，各数位上数字立方和等于本身。例如，153 是"水仙花数"，因为 $153=1^3+5^3+3^3$。要求定义并调用函数 fun(m)判定 m 是否为"水仙花数"。

3. 输入两个正整数 a 和 n，求 $a+aa+aaa+…+aa…a$（n 个 a）之和。例如，输入 2 和 3，计算并输出多项式 2+22+222 的值 246。要求定义并调用函数 fn(a,n)，计算并返回 $aa…a$（n 个 a）。

4. 输入两个正整数 m 和 n，输出 m 和 n 之间的斐波那契数。斐波那契序列：1　1　2　3　5　7　13　21…。要求定义并调用函数 fib(n)返回第 n 项斐波那契数。例如，fib(7)返回 13。

5. 编程序，输入一个整数，将它逆序输出。要求定义并调用函数 reverse(n)返回 n 的逆序数。例如，reverse(12345)返回 54321。

6. 编程序，输入两个正整数 m 和 n，输出 m 和 n 之间的所有完数。完数就是因子和与它本身相等的数。要求定义并调用函数 factorsum(n)返回 n 的因子和。例如，fib(12)返回 16（1+2+3+4+6）。

第7章

数　组

🎯 **本章要点**

◎ 数组，使用数组的原因。

◎ 定义数组，引用数组。

◎ 数组在内存中的存储方式，二维数组在内存中的存储。

◎ 字符串，字符串结束符，字符串结束标志的作用。

◎ 字符串的存储与操作，使用字符串处理函数。

◎ 用数组名作函数参数实现函数间多个数据的传递。

前面几章介绍的整型、实型和字符型等数据类型都属于 C 语言的基本数据类型，用于描述简单数据。但在实际应用中，需要处理的数据往往是复杂多样的。一方面，需要处理的数据量大，例如对成千上万的学生成绩进行排序，用基本类型的变量描述很不方便；另一方面，数据间有时存在特定的联系，例如学生的学号和姓名等都是学生信息，用基本类型的变量来描述显得不自然，也难以反映出数据间的联系。为了能更简洁、更方便、更自然地描述较复杂的数据，C 语言提供更为复杂的数据类型，称为构造类型或导出类型，它由基本类型按一定的规则组合而成，包括数组类型、结构体类型、共用体类型等。

数组是具有同种数据类型的数据的有序集合，用统一的名字（数组名）来标识，集合（即数组）中的一个数据称为数组的一个元素，数组元素由其所在的位置序号（下标）来区分。数组的这种结构便于进行循环结构程序设计，从而方便有效地处理大批量的、具有相同性质的数据。

本章主要讨论数组的定义、数组元素的引用、数组与字符串以及数组的编程应用等有关问题。

7.1　一　维　数　组

7.1.1　引例

【例 7-1】输入 100 个学生的成绩，统计高于平均成绩的学生人数并输出他们的成绩。

问题分析:

求解目标: 输入 100 个学生成绩,显示成绩高于平均分的人数及成绩。

约束条件: 存储 100 个学生成绩

解决方法 1: 用 100 个简单变量存储成绩,通过顺序访问 100 个变量。(复杂烦琐)

解决方法 2: 用一维数组(100 个元素)存储成绩,通过下标变化循环访问数组元素。(简洁明确)

算法设计: 选择解决方法 2,流程图描述如图 7-1 所示。变量设置如下:

i:循环变量兼数组下标,初值为 0;

cj[100]:成绩数组;

count:计数变量,初值为 0;

avg:总成绩兼平均成绩。

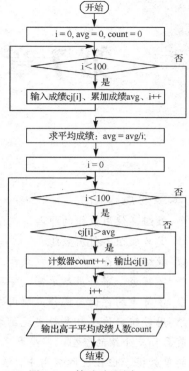

图 7-1 算法流程图

程序清单:

```c
#include <stdio.h>
int main()
{
    int i,cj[100],count=0;   /* 数组 cj: 学生成绩, count: 高于平均成绩人数 */
    float avg=0;             /* avg: 总成绩兼平均成绩 */

    /* 输入 100 个学生成绩存放到数组 cj, 并求总成绩 */
    printf("请输入 100 个学生成绩: ");
    for(i=0;i<100;i++){
        scanf("%d",&cj[i]);
        avg=avg+cj[i];       /* 累加学生成绩 */
    }
    avg=avg/100;             /* 计算平均成绩 */

    /* 输出高于平均成绩的学生成绩并计数 */
    for(i=0;i<100;i++)
        if(cj[i]>avg){
            count++;
            printf("%d\n",cj[i]);
        }
    printf("%d\n",count);    /* 输出高于平均成绩的学生人数 */
    return 0;
}
```

知识小结：

① 注意区分数组定义和数组元素引用，数组定义是长度，数组元素引用是下标。

② 利用数组名和下标可以访问数组中的任意元素。

③ 注意数组下标不要越界（下标范围须在[0，数组长度−1]区间范围）。

☞小提示：数组元素和普通变量的访问相同，在 scanf("%d",&cj[i])函数中，不要忘记取地址运算符&。数组可以让一批具有相同类型的变量使用同一个数组名，结合下标来相互区分。

7.1.2　一维数组的定义与引用

1．一维数组的定义

一维数组元素只有一个下标，定义一维数组，需要明确数组名、数组元素的类型和数组的长度（即数组元素的个数）。

一维数组定义的一般形式为：

类型名　数组名[数组长度];

功能：定义一个一维数组，申请一组连续存储单元。

说明：

① 类型名：指定数组中每个元素的类型。

② 数组名：数组变量的名称，必须是一个合法的标识符。

③ 数组长度：数组大小（元素个数），只能是整型常量或符号常量，不能是变量。

例如，下面是合法的一维数组定义。

```
#define N 10
int a[10];        /* 定义数组a: 包含10个整型数组元素 a[0]、a[1]、…、a[9] */
char c[N];        /* 定义数组c: 包含10个字符型数组元素 c[0]、c[1]、…、c[9] */
float f[N-1];     /* 定义数组f: 包含9个单精度数组元素 f[0]、f[1]、…、f[8] */
```

下面是非法的一维数组定义。

```
int n=10;
int a(5);              /* 不能使用圆括号() */
double d[n];           /* 数组长度不能使用变量 */
```

2．一维数组元素的引用

定义数组后，就可以使用它。C 语言规定，只能引用单个数组元素，不能一次引用整个数组。

一维数组元素引用的一般形式为：

数组名[下标]

下标可以是整型常量、整型变量或整型表达式。它的合理取值范围是[0，数组长度−1]。前面定义的数组 a 就有 10 个数组元素 a[0], a[1],…, a[9]，不能使用 a[10]（下标越界），这些数组元素在内存中按下标递增的顺序连续存储。

☞说明：在引用一维数组元素时，需要注意以下几点。

① 数组下标从 0 开始，最大下标是数组长度−1，下标不能越界。

例如，下列对数组 a 的使用都是合法的。

```
int k=3,a[10];
a[0]=23;
a[k-2]=a[0]+1;
scanf("%d",&a[9]);
```

下列对数组 a 的使用都是非法的。

```
int k=3,a[10];
a[10]=23;              （下标越界）
a[k-5]=a[0]+1;         （下标越界）
scanf("%d",&a[10]);    （下标越界）
```

② 只能引用单个数组元素，而不能一次引用整个数组。

在例 7-1 中，输入 100 个学生成绩的程序段如下：

```
for(i=0;i<100;i++){
    printf("第%d 个学生成绩: ",i+1);
    scanf("%d",&cj[i]);
    ave=ave+cj[i];
}
```

输入语句放在 for 循环的循环体中，每次输入一个成绩数据到数组元素 cj[i]，通过循环 100 次完成输入 100 个成绩数据到数组 cj 中，而不能一次将整个数组读进来，即不能试图通过下列语句来完成对一个数组的输入：

```
scanf("%d",cj);
```

③ 数组元素的使用方法与同类型的简单变量完全相同。在简单变量使用的任何地方，都可以使用同类型的数组元素。

④ 注意区分数组的定义与数组元素的引用，两者都要用到"数组名[整型表达式]"。定义数组时，方括号内是常量表达式，代表数组长度，它可以包括常量和符号常量，但不能包含变量。也就是说，数组的长度在定义时必须指定，在程序运行过程中是不能改变的。而引用数组元素时，方括号内是表达式，代表下标，可以是常量、变量或整型表达式。

7.1.3 一维数组的存储结构与初始化

1. 一维数组的存储结构

在 C 语言中，每个变量都与一个特定的存储单元相联系。同样，在定义数组之后，C 编译系统根据数组中元素的类型及个数在内存中分配一段连续的存储单元，用于存放数组中的各个元素，并对这些单元进行连续编号，即下标，以区分不同的单元。每个单元所需的字节数由数组定义时给定的类型来确定。

假定 int 型占用 2 个字节，定义数组 a 如下，则数组 a 的内存分配如图 7-2 所示。

```
int a[10];
```

若系统分配给数组 a 的内存单元的起始地址为 2010，每个元素占用 4 个字节，共 40 个字节。由图 7-2 可知，只要知道数组第一个元素的地址以及每个元素所需的字节数，数组元素 a[i] 的存储地址可用下列公式计算得到：

数组元素 a[i] 的地址=数组起始地址+下标 i × sizeof(数组类型)

例如，元素 a[3] 的地址为 2010+3 × 4=2022。

C 语言规定，数组名代表数组在内存中的起始地址，称为首地址或基地址，也表示第一个数组元素的地址。由

内存地址	内存单元	数组元素
2010		a[0]
2014		a[1]
2018		a[2]
2022		a[3]
…	…	…
2046		a[9]

图 7-2　一维数组 a 的内存分配

于数组空间一经分配后在运行过程中不会改变，因此数组名是一个地址常量，不允许修改。

☞说明：数组名是一个地址常量，代表数组内存空间的首地址。

2．一维数组的初始化

C 语言允许在定义数组的同时，对数组各元素指定初值，这个过程称为初始化。数组初始化的一般形式为：

```
类型名 数组名[数组长度]={初值表};
```

初值表用一对花括号括起来，在初值表中依次存放数组元素的初值，各初值的逗号分隔。

对数组初始化可以分为以下几种情况：

（1）在定义数组时对全部数组元素赋初值

例如：

```
int a[10]={1,2,3,4,5,6,7,8,9,10};
```

初始化后，数组 a 的各元素值：a[0]为 1，a[1]为 2，……，a[9]为 10。

> ⓘ **注意**
>
> 对全部元素赋初值，可以不指定数组长度，系统会自动根据初值个数确定数组的长度。

例如，上面对数组 a 的定义并初始化等价于：

```
int a[]={ 1,2,3,4,5,6,7,8,9,10};
```

（2）在定义数组时对部分数组元素赋初值

例如，对静态数组 b 初始化如下：

```
static int b[10]={1,2,3,4,5};
```

初始化后，静态数组 b 的各元素值：b[0]~b[4]的值依次为 1、2、3、4、5，b[5]~b[9]的值为 0。

（3）在定义数组时未对数组元素赋初值

例如，对动态数组 a 初始化如下：

```
int a[10];
```

初始化后，动态数组 a 的各元素值：a[0]~a[9]的值均为随机值。

例如，对动态数组 a 初始化如下：

```
int a[10]={1,2,3,4,5};
```

初始化后，动态数组 a 的各元素值：a[0]~a[4]的值依次为 1、2、3、4、5，a[5]~a[9]的值为 0。（如果对部分数组元素赋了初值，多数编译器都会自动将其他未赋初值的元素清 0。）

> ⓘ **注意**
>
> ① 动态数组初始化，未给初值的元素值不确定；(如果对部分数组元素赋了初值，多数编译器都会自动将其他未赋初值的数组元素清 0)
>
> ② 静态数组初始化，未赋初值的元素值为 0。

显然，如果只对部分元素初始化，数组长度不能省略。为了改善程序的可读性，尽量避免出错，建议读者在定义数组时，不管是否对全部数组元素赋初值，都不要省略数组长度。

7.1.4　一维数组程序设计

数组的应用通常与循环结构结合在一起，将数组的下标作为循环变量，通过循环，实现对数组所有元素的逐个访问。下面通过示例来说明数组的应用方法与技巧。

【例 7-2】利用数组计算斐波那契（Fibonacci）数列前 10 项，并按每行 5 项格式输出。

斐波那契数列的前两项为 1，从第 3 项起，该项等于其前两项之和。用数组计算并存放斐波那契数列的前 10 项，有下列关系式：

$$\text{fib}[n]=\begin{cases}1, & n=0,1 \\ \text{fib}[n-1]+\text{fib}[n-2], & n>1\end{cases}$$

问题分析：

求解目标：格式化（每行 5 个）输出斐波那契（Fibonacci）数列前 10 项。

约束条件：格式化输出（每行 5 项）。

解决方法：数组前两项赋值为 1，第三项开始，迭代求解数列当前项；计数变量控制每 5 项换行。

算法设计：流程图描述如图 7-3 所示。变量设置如下：

fib[10]：存放斐波那契数列的数组；

i：循环变量兼数组下标，初值为 0；

i+1：计数表达式。

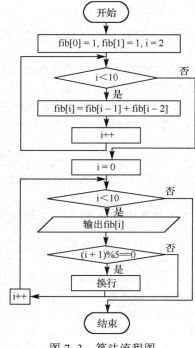

图 7-3 算法流程图

程序清单：

```c
#include <stdio.h>
int main()
{
    int fib[10]={1,1},i;                    /* 数组 fib[10]：设置前两项为 1 */
    /* 计算斐波那契数列剩余 8 项 */
    for(i=2;i<10;i++)
        fib[i]=fib[i-1]+fib[i-2];
    /* 输出斐波那契数列前 10 项，控制每行输出 5 项 */
    for(i=0;i<10;i++){
        printf("%6d",fib[i]);
        if((i+1)%5==0)printf("\n");         /* 控制每行输出 5 项 */
    }
    return 0;
}
```

知识小结：斐波那契（Fibonacci）数列构建的方法。

① 循环（迭代）法，采用数组方法实现，可以输出任一项。

② 循环（迭代）法，采用单个变量实现（见前面章节），无法实现任一项输出。

③ 递归法，算法简单，但重复调用函数次数过多。

④ 控制每行输出的项数的方法。（通常设置项数计数器，用求余运算来控制。）

☞**小提示**：动态数组部分初始化的方法（未初始化元素自动清 0）。

思考：关系表达式(i+1)%5==0 的作用是什么？两个 for 循环能否合二为一？

【**例 7-3**】求数组最小值元素及其下标。输入一个正整数 n（1≤n≤10），再输入 n 个整数，将它们存入数组 a 中，输出数组 a 的最小值元素及其下标。

问题分析：

求解目标： 求数组元素中的最小值。

约束条件： 数组大小由输入确定。

解决方法： 遍历（逐个访问）数组，设数组 a 第一个元素（即 a[0]）最小，令 index 为其所在下标 0，再将 a[index] 逐个与数组 a 的其他元素比较，若元素 a[i]>a[index]，则标记 index 为下标 i，直到最后一个元素结束。

算法设计： 流程图描述如图 7-4 所示。变量设置如下：

i：数组下标，控制循环次数；

index：最小值元素对应的下标；

n：数组大小。

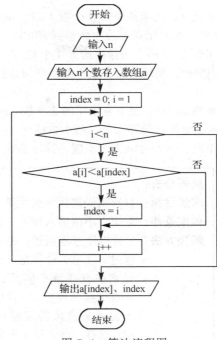

图 7-4 算法流程图

程序清单：

```c
#include <stdio.h>
int main()
{
    int a[10],i,n,index;          /* index: 标记最小值元素的下标位置 */
    printf("输入整数个数 n（1≤n≤10）: ");
    scanf("%d",&n);
    /* 输入 n 个整数存入数组 a */
    printf("输入%d 个整数: ",n);
    for(i=0;i<n;i++)
        scanf("%d",&a[i]);
    /* 求数组 a 的最小值元素的下标位置 */
    index=0;                      /* 设置第 1 个元素为最小值的初值 */
    for(i=1;i<n;i++)              /* 在 a[1]~a[n-1]中找最小值 */
        if(a[i]<a[index]) index=i;
    /* 输出数组 a 的最小值元素及其下标位置 */
    printf("Min is a[%d]=%d\n",index,a[index]);
    return 0;
}
```

思考： 如何实现最小值元素与第一个元素的位置互换？分析下列程序段的功能：
```c
temp=a[0];a[0]=a[index];a[index]=temp;
```

【例 7-4】选择法排序。输入一个正整数 n（$1 \leqslant n \leqslant 10$），再输入 n 个整数，将它们存入数组 a 中，用选择法对数组 a 按从小到大排序并输出排序结果。

选择法排序： 假设共有 n 个数，存储在数组 a 中，则排序过程描述如下所示。

步骤 1：在未排序的 n 个数（a[0] ~ a[n-1]）中找到最小值元素下标 index，将 a[index]与 a[0]交换。循环结束，最小数移到 a[0]中。

步骤 2：在剩下未排序的 n-1 个数（a[1] ~ a[n-1]）中找到最小值元素下标 index，将 a[index]与 a[1]交换。循环结束，最小数移到 a[1]中。

......

步骤 n-1：在剩下未排序的 2 个数（a[n-2] ~ a[n-1]）中找到最小值元素下标 index，将它与 a[n-2]交换。循环结束，最小数移到 a[n-2]中。

至此，共经过 n-1 个步骤，排序结束。

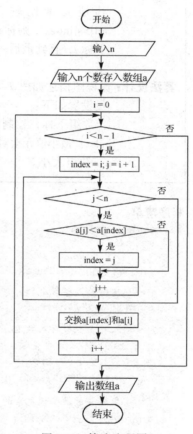

问题分析：

求解目标： 对数组元素从小到大排序。

约束条件： 数组大小由输入确定，选择法。

解决方法： 分析排序过程描述，整个过程共经过 n-1 步，每步完成在未排序元素中查找最小值元素位置和元素交换两项操作，其中查找最小值元素位置需要使用循环结构。这样，整个排序需要使用双重循环结构实现。

算法设计： 流程图描述如图 7-5 所示。变量设置如下：

i、j：循环变量，兼作数组下标；

index：最小值元素对应的下标；

n：数组大小。

图 7-5　算法流程图

程序清单：

```c
#include <stdio.h>
int main()
{
    int a[10],i,j,temp,n,index;        /* index: 标记最小值元素的下标 */

    printf("输入整数个数 n（1<=n<=10）: ");
    scanf("%d",&n);
    printf("输入%d 个整数: ",n);
    for(i=0;i<n;i++)
        scanf("%d",&a[i]);
```

```
for(i=0;i<n-1;i++)          /* 选择法排序 */
{
    /* 查找最小值元素下标 index */
    index=i;                /* 设置第 i 个元素为最小值元素初值 */
    for(j=i+1;j<n;j++)      /* 循环查找最小值元素位置 */
        if(a[j]<a[index]) index=j;   /* 标记较小值元素下标 */

    /* 交换 a[index] 与 a[i] */
    temp=a[i];a[i]=a[index];a[index]=temp;
}

printf("排序后的 a 数组: ");
for(i=0;i<n;i++)
    printf("%6d",a[i]);
printf("\n");
return 0;
}
```

知识小结：选择排序法的基本步骤如下所示。

① 算法包含二重循环结构，外循环控制共进行 $n-1$ 趟选择排序。

② 内循环完成一趟选择排序（包括查找最小值元素下标、交换元素两项操作）。

☞**小提示**：选择法排序的关键，内循环的起始值依赖于外循环变量（j=i+1）。

思考：如果将内循环改写成"for(j=i;j<n;j++) if(a[j]<a[index]) index=j;"，可以吗？

【例 7-5】二分查找法。在包含 10 个有序整数的数组 a（升序）中，用二分查找法在数组 a 中查找整数 x，若找到，则输出相应下标；否则，输出 Not Found.。

二分查找法：假设数组 a 中存放 n 个升序整数，二分查找法的步骤描述如下所示。

步骤 1：用 low 和 high 标记待查数组的下标区间，设置 low=0、high=$n-1$ 的初值。

步骤 2：当 low<=high 时，重复执行步骤 3 与步骤 4。

步骤 3：计算[low,high]区间的中间位置 mid=(low+high)/2。

步骤 4：比较 x 与 a[mid]，若 x=a[mid]，则查找成功，退至步骤 5；若 x<a[mid]，则令 high=mid-1；若 x>a[mid]，则令 low=mid+1；得到新的待查下标区间[low,high]，返回步骤 2。

步骤 5：若 x=a[mid]，则查找成功，否则查找失败。

问题分析：

求解目标：在有序的 n 个数中查找元素。

约束条件：数组已有序，二分查找法。

解决方法：分析二分查找法的步骤描述，查找过程是一个重复的过程。

　　　　　循环条件：low<=high；

　　　　　循环体：计算中间位置；判断查找结果（三分支：成功、上半区、下半区）。

算法设计：流程图描述如图 7-6 所示。变量设置如下：

　　　　　low：待查下标区间下限；　　　　high：待查下标区间上限；

　　　　　mid：[low,high]区间中间位置。

程序清单：

```
#include <stdio.h>
int main()
{
```

```
int a[10]={1,2,3,4,5,6,7,8,9,10};    /* 升序数组 a */
int x,n=10,low,high,mid;/* low: 区间下限, high: 区间上限, mid: 区间中间 */

printf("输入待查整数 x: ");
scanf("%d",&x);

/* 用二分法在数组 a 查找 x */
low=0;high=n-1;                       /* 设置查找的下标区间初始值 */
while(low<=high){                     /* 循环条件: low<=high */
    mid=(low+high)/2;                 /* 计算中间位置 */
    if(a[mid]==x) break;             /* 查找成功, 中止循环 */
    else if(x<a[mid]) high=mid-1;    /* 调整 high, 设置成前半段 */
    else low=mid+1;                   /* 调整 low, 设置成后半段 */
}

/* 根据查找状态, 输出查找结果 */
if(x==a[mid]) printf("Index is %d.\n",mid);
else printf("Not Found.\n");
return 0;
}
```

知识小结: 二分查找要求如下所示。

① 数组必须有序排列。

② 通过将待查找数与 a[mid] 比较, 更新 low 和 high, 缩小查找范围。

③ 算法结束的条件可以是: low>high 或者 a[mid]==x。

思考: 输出查找结果的 if() 语句中的比较式 x==a[mid], 还有其他的表示方法吗?

7.1.5 模仿练习

练习 7-1: 编程序, 输入一个正整数 n ($1\leqslant n$ $\leqslant 10$), 再输入 n 个整数, 输出平均值 (保留两位小数)。

练习 7-2: 顺序查找法。编程序, 输入一个正整数 n ($1\leqslant n\leqslant 10$) 和 n 个互不相同的整数, 再输入整数 x, 然后用顺序查找法在数组 a 中查找 x, 若找到, 则输出相应的下标; 否则, 输出 Not Found.。

练习 7-3: 编程序, 输入一个正整数 n ($1\leqslant n$ $\leqslant 10$) 和 n 个互不相同的整数, 先输出最大值及其下标, 再将最大值与最后一个数交换, 最后输出交换后的 n 个数。

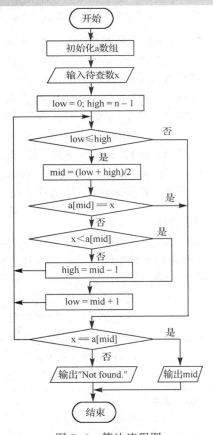

图 7-6 算法流程图

7.2 二维数组

7.2.1 引例

【例7-6】输入一个3×3的矩阵数据存入一个3×3的二维数组中,找出矩阵中的最大值及其行、列位置,并输出该矩阵。

问题分析:

求解目标:存储二维矩阵,找最大值及其位置。

约束条件:二维矩阵如何在一维内存中存储。

解决方法:用二维数组存储二维矩阵;按行优先原则,遍历数组,找最值位置。

算法设计:流程图描述如图7-7所示。变量设置如下:

i、j:数组行和列下标,控制外、内循环次数;

row、col:最小值元素对应的行和列下标。

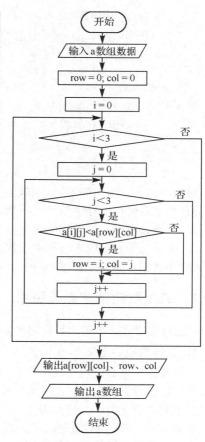

图7-7 算法流程图

程序清单:

```c
#include <stdio.h>
int main()
{
    int a[3][3];                /* 定义数组a[3][3]: 存放3×3的矩阵 */
    int i,j,row,col;            /* row: 行位置, col: 列位置 */

    printf("输入3×3的矩阵存放数组a: \n");
    for(i=0;i<3;i++){
        for(j=0;j<3;j++) scanf("%d",&a[i][j]);
    }
```

```
/* 二重循环: 求矩阵 a 的最大值元素的行、列下标位置 */
row=0;col=0;                              /* 设置左上角元素为最小值初值 */
for(i=0;i<3;i++){                         /* 逐行遍历二维数组 a, 查找最大值位置 */
    for(j=0;j<3;j++)                      /* 遍历第 i 行, 记录最大值位置 */
        if(a[i][j]>a[row][col]){ row=i;col=j; }
}

/* 输出矩阵的最大值元素及其行、列下标位置 */
printf("Max is a[%d][%d]=%d\n",row,col,a[row][col]);

/* 二重循环: 输出矩阵 */
printf("矩阵如下: \n");
for(i=0;i<3;i++){
    for(j=0;j<3;j++) printf("%6d",a[i][j]); /* 输出矩阵的第 i 行 */
    printf("\n");                            /* 换行 */
}
return 0;
}
```

知识小结: 二维矩阵采用二维数组存储。

① 二维数组在内存中仍然是一维存储的，按行优先原则存储。

② 二维数组中，行下标优先变化，变化最快的是列下标。

③ 遍历二维数组的方法与一维数组类似。

☞**小提示**: 注意数组下标不要越界。

7.2.2 二维数组的定义与引用

C 语言支持多维数组，最常用的多维数组是二维数组，主要用于表示二维表格和矩阵。

1. 二维数组的定义

二维数组元素具有行、列两个下标，定义一个二维数组，需要明确数组名、数组元素的类型、数组的行长度和列长度（由行长度和列长度共同确定数组元素个数）。

二维数组定义的一般形式为：

```
类型名 数组名[行长度][列长度];
```

功能：定义二维数组。其中，类型名、数组名约定同一维数组。行长度和列长度可以是整型常量表达式，也可以是符号常量，但不能是变量。

例如，下面是合法的二维数组定义：

```
#define N 3
int a[3][3];/*定义数组 a: 含 3×3=9 个整型数组元素 a[0][0]、a[0][1]、…、a[2][2]*/
char c[N][N-1];/*定义数组 c:含 3×2=6 个字符数组元素 c[0][0]、c[0][1]、…、c[2][1]*/
```

下面是非法的二维数组定义：

```
int n=10;
int a(3)(3);        /* 不能使用圆括号 */
double d[n][3]; /* 数组长度不能使用变量 */
```

在许多实际应用中，常常需要定义二维数组，表示矩阵和二维表格。

例如，下列一个 3×3 的矩阵 A，可以定义二维数组 a 来表示：

```
int a[3][3];
```

矩阵 A 　　　　　　　　　二维数组 a[3][3]

$$A = \begin{bmatrix} 1 & 2 & 3 \\ 4 & 5 & 6 \\ 7 & 8 & 9 \end{bmatrix}$$

　　　　a[0][0]　　a[0][1]　　a[0][2]
　　　　a[1][0]　　a[1][1]　　a[1][2]
　　　　a[2][0]　　a[2][1]　　a[2][2]

　　二维数组 a 与矩阵 A 的对应关系：a[0][0]、a[0][1]、a[0][2]表示矩阵 A 的第一行，a[1][0]、a[1][1]、a[1][2]表示矩阵 A 的第二行，a[2][0]、a[2][1]、a[2][2]表示矩阵 A 的第三行。

　　例如，下列包含三个学生三门功课（语文、数学、英语）的学生成绩表，其成绩数据可定义二维数组 score 来表示：

```
int score[3][3];
```

学生成绩表

	语文	数学	英语
第 1 个学生	100	100	100
第 2 个学生	90	90	90
第 3 个学生	80	60	60

二维数组 score[3][3]

score[0][0]	score[0][1]	score[0][2]
score[1][0]	score[1][1]	score[1][2]
score[2][0]	score[2][1]	score[2][2]

　　二维数组 score 与学生成绩表的对应关系：score[0][0]、score[0][1]、score[0][2]表示第一个学生的三门课程成绩，score[1][0]、score[1][1]、score[1][2]表示第二个学生的三门课程成绩，score[2][0]、score[2][1]、score[2][2]表示第三个学生的三门课程成绩。

2．二维数组的引用

　　定义二维数组后，就可以使用它了。二维数组的引用与一维数组一样，只能引用单个数组元素，而不能一次引用整个数组。

　　二维数组元素引用的一般形式为：

数组名[行下标][列下标]

　　其中，行下标和列下标可以是整型常量、整型变量或整型表达式。行下标的合理取值范围是[0,行长度−1]，列下标的合理取值范围是[0,列长度−1]。

　　例如，int a[3][3];，共有 3×3=9 个数组元素 a[0][0]、a[0][1]、a[0][2]、a[1][0]、a[1][1]、a[1][2]、a[2][0]、a[2][1]、a[2][2]。不能引用 a[2][3]（列下标越界）和 a[3][0]（行下标越界）。

　　☞说明：在引用二维数组元素时，行下标和列下标不能越界。

　　下面通过对例 7-6 程序的分析，进一步介绍二维数组的输入与输出操作。

　　（1）输入程序段：输入一个 3×3 的矩阵数据

```
for(i=0;i<3;i++){          /* 控制处理各行 */
    for(j=0;j<3;j++)       /* 输入第 i 行各元素 */
        scanf("%d",&a[i][j]);
}
```

输入：　　　　　或者　　　输入：

```
10 20 30                   10 20 30 15 25 35 40 50 60
15 25 35
40 50 60
```

　　（2）输出程序段：输出一个 3×3 的矩阵

```
for(i=0;i<3;i++){          /* 控制处理各行 */
    for(j=0;j<3;j++)       /* 输出第 i 行各元素 */
        printf("%6d",a[i][j]);
```

```
    printf("\n");              /* 换行 */
}
```

输出：

```
10   20   30
15   25   35
40   50   60
```

分析上面两个程序段，对二维数组的输入/输出与一维数组一样，只能对单个元素进行，并且多使用二重循环结构来实现。一般外循环控制处理各行，外循环变量 i 作为数组元素的行下标，内循环处理一行中各列元素，内循环变量 j 作为数组元素的列下标。

7.2.3　二维数组的存储结构与初始化

1．二维数组的存储结构

系统为数组在内存中分配一片连续的内存空间，将二维数组诸元素按行优先的顺序存储在所分配的内存区域。即先存储第一行各元素，再存储第二行各元素，依此类推。

假定 int 类型占 2 字节，定义二维数组 a，则数组 a 的内存分配如图 7-8 所示。

```
int a[3][3];
```

若系统分配给数组 a 的内存单元的起始地址为 2010，每个元素占用 4 字节，共 36 字节。由图 7-8 可知，只要知道数组首元素的地址以及每个元素字节数，数组元素 a[i][j] 的存储地址可用下列公式计算：

a[i][j] 的地址=数组起始地址+(i × 列长度+j) × sizeof(数组类型)

例如，a[2][1] 的地址：2010+(2 × 3+1) × 4=2038。

☞说明：数组名是一个地址常量，代表数组内存空间的首地址。

内存地址	内存单元	数组元素
2010		a[0][0]
2014		a[0][1]
2018		a[0][2]
2022		a[1][0]
2026		a[1][1]
2030		a[1][2]
2034		a[2][0]
2038		a[2][1]
2042		a[2][2]

图 7-8　二维数组 a 的存储结构

2．二维数组的初始化

C 语言允许在定义二维数组时，对数组元素赋初值。二维数组初始化方法有两种。

（1）分行赋初值

一般形式为：

```
类型名  数组名[行长度][列长度]={{初值表0},{初值表1},…{初值表i},…};
```

其中，各初值表中的初值以逗号分隔。赋初值时，把初值表 0 赋给数组第 0 行，把初值表 1 赋给数组第 1 行，……，把初值表 i 赋给数组第 i 行。

例如，以下对数组 a 的全部元素赋初值：

```
int a[3][3]={{1,2,3},{4,5,6},{7,8,9}};
```

初始化数组 a 后，a 数组中各元素为 $\begin{bmatrix} 1 & 2 & 3 \\ 4 & 5 & 6 \\ 7 & 8 & 9 \end{bmatrix}$。

也可对二维数组的部分元素初始化。例如，以下语句只对 a 数组第 0 行的全部元素和第 2 行的前两个赋初值，其余元素的初值不确定（但多数编译器均会将未初始化元素清 0）。

```
int a[3][3]={ {1,2,3},{},{4,5}};
```

例如，对静态数组 a 进行如下初始化，则只对 a 数组第 0 行的全部元素和第 2 行的前两个赋初值，其余元素的初值为 0。

```
static int a[3][3]={ {1,2,3},{},{4,5}};
```

（2）顺序赋初值

一般形式为：

```
类型名 数组名[行长度][列长度]={初值表};
```

其中，初值表中的初值以逗号分隔。赋初值时，根据数组元素在内存中的存放顺序，把初值表中的数据依次赋给元素。

例如，以下对数组 a 的全部元素赋初值：

```
int a[3][3]={1,2,3,4,5,6,7,8,9};
```

等价于

```
int a[3][3]={{1,2,3},{4,5,6},{7,8,9}};
```

此外，也可以对二维数组的部分元素初始化，但必须注意初值表中数据的书写顺序。

例如，对静态数组 a 进行如下初始化：

```
static int a[3][3]={ 1,2,3,0,0,0,4,5};
```

等价于

```
static int a[3][3]={ {1,2,3},{},{4,5}};
```

由此可见，分行赋初值的方法直观清晰，不易出错，是二维数组初始化最常用的方法。

二维数组初始化时，如果对全部元素都赋了初值，或分行赋初值时，在初值表中列出了全部行，就可以省略行长度，但不能省略列长度。

例如，下面 4 种对二维数组 a 赋初值的方法是等价的。

```
int a[3][3]={{1,2,3},{4,5,6},{7,8,9}};
int a[3][3]={1,2,3,4,5,6,7,8,9};
int a[][3]={{1,2,3},{4,5,6},{7,8,9}};
int a[][3]={1,2,3,4,5,6,7,8,9};
```

☞说明：对全部元素赋初值，可以不指定二维数组的行长度，系统会自动根据初值个数和列长度确定数组的行长度。

为了改善程序的可读性，尽量避免出错，建议读者在定义二维数组时，不管是否对全部数组元素赋初值，都不要省略数组的行长度。

7.2.4 二维数组程序设计

二维数组通常用于表示矩阵和二维表格，因此，使用二维数组编程可以解决许多有关矩阵的运算问题和表格处理问题。通过二重循环，将外循环变量作为行下标，内循环变量作为列下标，就可以遍历二维数组，访问二维数组的所有元素。

下面通过案例，详细介绍二维数组的编程应用。

【例 7-7】矩阵的加法运算。定义 3 个 2×3 的二维数组 a、b、c，分别表示矩阵 A、B、C。矩阵 A、B、C 的各元素值由下面的公式给出。编程计算并输出矩阵 A、B、C。

矩阵 A：a[i][j]=i+j（$0 \leqslant i \leqslant 1$，$0 \leqslant j \leqslant 2$）；矩阵 B：b[i][j]=2×(i+j)（$0 \leqslant i \leqslant 1$，$0 \leqslant j \leqslant 2$）；

矩阵 C：c[i][j]=a[i][j]+b[i][j]（$0 \leqslant i \leqslant 1$，$0 \leqslant j \leqslant 2$）。

问题分析：

求解目标： 两个二维矩阵对应元素相加，构成新的二维矩阵。

约束条件： 二维矩阵生成方法。

解决方法： 用二维数组存储二维矩阵；按行优先原则，遍历数组。对应元素相加通过双重循环实现。

算法设计： 流程图描述如图 7-9 所示。变量设置如下：

i：数组行下标，兼外循环变量；

j：数组列下标，兼内循环变量；

数组 a[2][3]：表示矩阵 A；

数组 b[2][3]：表示矩阵 B；

数组 c[2][3]：表示矩阵 C。

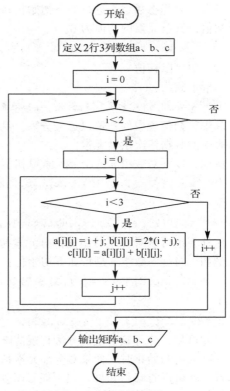

图 7-9 算法流程图

程序清单：

```c
#include <stdio.h>
int main()
{
    int i,j,a[2][3],b[2][3],c[2][3];      /* 定义 3 个二维数组 a、b、c, */
                                          /* 分别表示矩阵 A、B 和 C */
    /* 产生矩阵 A、B, 并计算矩阵 C=A+B */
    for(i=0;i<2;i++){              /* 外循环针对所有行：循环变量 i 作行下标 */
        for(j=0;j<3;j++){         /* 内循环计算第 i 行所有元素：循环变量 j 作列下标 */
            a[i][j]=i+j;
            b[i][j]=2*(i+j);
            c[i][j]=a[i][j]+b[i][j];
        }
    }

    /* 输出矩阵 A */
    printf("矩阵 A: \n");
    for(i=0;i<2;i++){             /* 外循环针对所有行：循环变量 i 作行下标*/
        for(j=0;j<3;j++)         /* 内循环输出第 i 行所有元素：循环变量 j 作列下标 */
            printf("%6d",a[i][j]);
        printf("\n");            /* 换行 */
```

```
}

/* 输出矩阵 B */
printf("矩阵 B: \n");
for(i=0;i<2;i++){
    for(j=0;j<3;j++)
        printf("%6d",b[i][j]);
    printf("\n");
}

/* 输出矩阵 C */
printf("矩阵 C: \n");
for(i=0;i<2;i++){
    for(j=0;j<3;j++)
        printf("%6d",c[i][j]);
    printf("\n");
}
return 0;
}
```

知识小结：

① 二维矩阵相加，类型必须相同。

② 通过双重循环实现。

☞小提示：注意二维矩阵的生成方式。

方阵是行、列数相等的特殊矩阵，n 阶方阵就是行、列数都是 n 的方阵，通常用 n 行 n 列的二维数组来表示。假设定义一个 n 行 n 列的二维数组 a 来表示一个 n 阶方阵，数组元素 a[i][j] 的行、列下标的取值范围都是 $[0,n-1]$。矩阵常用术语与二维数组行、列下标的对应关系如表 7-1 所示。

表 7-1　矩阵常用术语与二维数组行、列下标的对应关系

矩 阵 术 语	含　　义	下 标 规 律
主对角线	从矩阵的左上角至右下角的连线	i==j
上三角	主对角线以上的部分	i<=j
下三角	主对角线以下的部分	i>=j
副对角线	从矩阵的右上角至左下角的连线	i+j==n-1

【例 7-8】输入一个正整数 n（$1<n\leq6$），根据 a[i][j]=i×n+j+1（$0<i<n$，$0<j<n$）生成一个 n 阶方阵，然后将该方阵转置（行列互换）后输出。

例如，$n=3$ 时，有：

转置前的方阵 A

$$\begin{bmatrix} 1 & 2 & 3 \\ 4 & 5 & 6 \\ 7 & 8 & 9 \end{bmatrix}$$

转置后的方阵 A^{T}

$$\begin{bmatrix} 1 & 4 & 7 \\ 2 & 5 & 8 \\ 3 & 6 & 9 \end{bmatrix}$$

问题分析：

求解目标： 二维方阵转置。

约束条件： 二维方阵生成方法。

解决方法： 方阵 A 的产生可使用二重循环按公式计算产生；使用二重循环，遍历方阵 A 的上三角，实现上三角与下三角对应元素（a[i][j]与a[j][i]）的互换。

算法设计： 流程图描述如图 7-10 所示。变量设置如下：

    a：二维数组，存放 n 阶方阵；

    i：二维数组行下标，控制外循环次数；

    j：二维数组列下标，控制内循环次数；

    n：方阵的阶数。

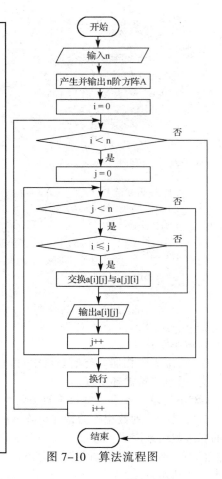

图 7-10　算法流程图

程序清单：

```c
#include <stdio.h>
int main()
{
    int temp,i,j,n,a[6][6];        /* 定义二维数组a: 表示方阵 A */

    printf("Enter n(1<n<=6): \n");
    scanf("%d",&n);

    /* 产生并输出方阵 A */
    printf("转置前的方阵A: \n");
    for(i=0;i<n;i++){              /* 外循环: 针对所有行, i 作行下标 */
        for(j=0;j<n;j++){          /* 内循环: 计算并输出第 i 行所有元素, j 作列下标 */
            a[i][j]=i*n+j+1;
            printf("%6d",a[i][j]);
        }
        printf("\n");             /* 换行 */
    }

    /* 转置方阵A (行列互换) 并输出转置后的方阵 A */
    printf("转置后的方阵A: \n");
    for(i=0;i<n;i++){
        for(j=0;j<n;j++){
            if(i<=j){                                      /* 遍历上三角阵 */
                temp=a[i][j];a[i][j]=a[j][i];a[j][i]=temp;  /* 互换 */
            }
            printf("%6d",a[i][j]);
```

```
    }
    printf("\n");                                    /* 换行 */
    }
    return 0;
}
```

知识小结：

① 方阵转置，只能针对上三角或者下三角进行。

② 通过双重循环实现。

思考：

① 若通过遍历下三角阵来实现转置，如何修改？

② 如果遍历整个方阵，不加 if 语句进行控制，能否实现转置？

【例 7-9】 用二维数组计算并输出等腰形式的杨辉三角。例如，当 *n*=6 时，杨辉三角数据表与等腰三角格式的杨辉三角如下：

杨辉三角数据表　　　　　　　　　　　　　　　　　　等腰三角格式的杨辉三角

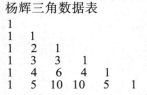

问题分析：

求解目标： 用二维数组输出规则图形。

约束条件： 找规律。

解决方法： 杨辉三角数据表可以看成方阵 a[N][N] 的下三角阵，下三角阵中的元素具有如下特点：

特点 1：第 1 列与主对角线元素均为 1。

特点 2：其他位置的元素为其左上角的两个元素之和，即满足下列关系式。

$$a[i][j]=a[i-1][j-1]+a[i-1][j]$$
$$(1<i<N,\ 0<j<i)$$

具体做法：先初始化 a 数组的第 1 列和主对角线元素为 1，再计算 a 数组下三角其他位置的元素，得到杨辉三角数据表，最后格式化输出成等腰三角形式的杨辉三角。

算法设计： 流程图描述如图 7-11 所示。变量设置如下：

a[N][N]：二维数组，存放 N 阶杨辉三角数据；

i：二维数组行下标，兼外循环变量；

j：二维数组列下标，兼内循环变量；

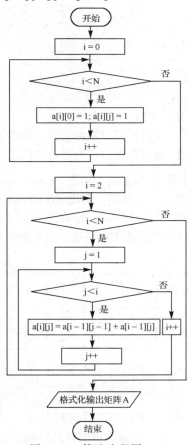

图 7-11 算法流程图

程序清单：

```
#define N 6
#include <stdio.h>
int main()
{
    int i,j,a[N][N];                /* 定义二维数组 a：存放 N 行杨辉三角的数据表 */

    /* 初始化 a 数组的第 1 列与主对角线元素为 1 */
    for(i=0;i<N;i++){
        a[i][0]=1;
        a[i][i]=1;
    }

    /* 计算 a 数组下三角其他位置的元素 */
    for(i=2;i<N;i++)
        for(j=1;j<i;j++)
            a[i][j]=a[i-1][j-1]+a[i-1][j];

    /* 格式化成等腰三角的形式输出 a 数组下三角（杨辉三角） */
    for(i=0;i<N;i++){                    /* 外循环控制输出 N 行   */
        for(j=0;j<N-i-1;j++)
            printf(" ");                 /* 输出第 i 行前的空格    */
        for(j=0;j<=i;j++)
            printf("%4d",a[i][j]);       /* 输出第 i 行的数据元素 */
        printf("\n");                    /* 换行 */
    }
    return 0;
}
```

知识小结：
① 外循环控制输出行数，内循环控制每行的输出内容。
② 通过在每行输出有规律的空格，输出等腰三角格式。

【例 7-10】设计函数 dayofYear()，计算并返回某日期所对应的是该年的第几天。在主函数中输入一个日期，调用 dayofYear()函数计算，最后输出计算结果。

例如，调用 dayofYear(2000,3,1)返回 61，调用 dayofYear(1981,3,1)返回 60。闰年就是能被 4 整除但不能被 100 整除，或者能被 400 整除的年份。表 7-2 所示为每月天数数据表。

表 7-2　每月天数数据表

年 \ 月	0	1	2	3	4	5	6	7	8	9	10	11	12
非闰年	0	31	28	31	30	31	30	31	31	30	31	30	31
闰年	0	31	29	31	30	31	30	31	31	30	31	30	31

定义二维数组 tab[2][13]，存放每月天数数据表。

```
int tab[2][13]={{0,31,28,31,30,31,30,31,31,30,31,30,31},
                {0,31,29,31,30,31,30,31,31,30,31,30,31}};
```

其中，非闰年各月天数存放在数组第 0 行，闰年各月天数存放在数组第 1 行，表格中增加第 0 月，使得表格中的月份和二维数组的列下标一致，简化编程。tab[0][i]代表非闰年第 i 月的天数，tab[1][i]代表闰年第 i 月的天数。

问题分析：

求解目标： 主函数中输入某日期，调用 dayofYear() 函数计算天数，最后输出天数。

约束条件： 多函数实现。

解决方法： 设计天数计算函数 dayofYear()，供主函数调用。dayofYear() 函数根据日期（年、月、日）计算对应的天数，并返回计算结果。函数原型设计如下：

```
int dayofYear(int year,
    int month,int day);
```

算法设计： 流程图描述如图 7-12 所示。变量设置如下：

　　int tab[2][13]：存放每月天数数据表；

　　int year：形参，年份；

　　int month：形参，月份；

　　int day：形参，日。

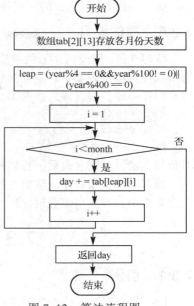

图 7-12 算法流程图

程序清单：

```
#include <stdio.h>
int main()
{
    int year,month,day,days;                 /* days: 天数 */
    int dayofYear(int year,int month,int day); /* 函数声明 */

    /* 输入某个日期 */
    printf ("Input date (year,month,day): ");  /* 输入提示 */
    scanf("%d%d%d",&year,&month,&day);         /* 输入某个日期 */

    /* 调用 dayofYear() 函数计算天数 */
    days=dayofYear(year,month,day);

    /* 输出结果 */
    printf("The date %d-%d-%d is %d days.\n",year,month,day,days);
    return 0;
}
int dayofYear(int year,int month,int day)   /* 定义 dayofYear() 函数 */
{
    int i,leap;      /* leap: 闰年标志（1—闰年，0—非闰年）*/
    int tab[2][13]={/* 第 0 行存放非闰年各月份天数,第 1 行存放闰年各月份天数 */
            {0,31,28,31,30,31,30,31,31,30,31,30,31},
            {0,31,29,31,30,31,30,31,31,30,31,30,31}
    };
    /* 计算闰年标志 leap: leap=1—闰年，leap=0—非闰年，作为数组行下标 */
    leap=(year%4==0&&year%100!=0)||(year%400==0);

    /* 计算某日期（year、mont 和 day）所对应的天数 */
    for(i=1;i<month;i++)
        day+=tab[leap][i];   /* 累加第 i 月的天数 */
    return day;              /* 返回结果 day */
}
```

知识小结：

① 注意子函数的已知参数类型，返回值的类型。

② 二维数组行下标的使用技巧。

7.2.5 模仿练习

练习 7-4：修改例 7-6 的程序，在输入二维数组数据时，如果把列下标作为外循环变量，行下标作为内循环变量，输入的数据在二维数组中将如何存放？用下列程序段替换输入矩阵数据的程序段，假设输入数据不变，输出结果是什么？与原程序输出的结果一样吗？

```
for(j=0;j<3;j++)
    for(i=0;i<3;i++) scanf("%d",&a[i][j]);
```

练习 7-5：编程序，输入一个正整数 n（1≤n≤6），再输入 n 阶方阵 A，计算该矩阵除副对角线、最后一列和最后一行以外的所有元素之和。

练习 7-6：编程序，输出一张九九乘法口诀表。提示：将乘数、被乘数和乘积放入一个二维数组中，再输出该数组。

7.3 字符数组与字符串

7.3.1 引例

【例 7-11】输入一个以回车符结束的字符串（少于 10 个字符），判断该字符串是否是回文。所谓回文，就是字符串中心对称，如"abcba"、"abccba"是回文，而"abcdba"不是回文。

问题分析：
求解目标：判断字符串是否为回文。
约束条件：回文判断条件。
解决方法：输入字符串、判断回文、输出判断结果。
　　字符串存储：一维字符数组；回车符作为字符串输入结束标志。
　　回文判断：设置下标指示变量 m 和 n，分别表示待比较的两个字符在数组中的下标，初值分别为首字符下标（0）和末字符下标（字符个数–1），然后逐次比较 s[m]和 s[n]，若相同，则将 m 增 1，n 将减 1，继续循环比较；若不同，则非回文，跳出循环。
算法设计：流程图描述如图 7-13 所示。变量设置如下：
int i：循环变量；
int m、n：下标指示变量；
char s[10]：字符数组，存放字符串。

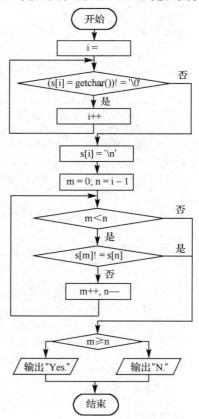

图 7-13　算法流程图

程序清单：

```c
#include <stdio.h>
int main()
{
    int i,m,n;               /* m、n: 下标指示变量 */
    char s[10];              /* 字符数组 s: 存放字符串 */

    /* 输入以回车符结束的字符串 */
    printf("Enter a string: ");
    i=0;                     /* 设置数组下标起始值为 0 */
    while((s[i]=getchar())!='\n') i++;
    s[i]= '\0';              /* 将回车符'\n'换成字符串结束标志符'\0' */

    /* 逐个比较字符串对应位置字符，判断字符串是否是回文 */
    for(m=0,n=i-1;m<n;m++,n--)                    /* 字符串长度为 i */
        if(s[m]!=s[n]) break;                     /* 非回文,break 跳出循环 */

    /* 比较 m 与 n 的大小关系，输出判定结果 */
    if(m>=n)printf("Yes.\n");                     /* 回文: 正常退出循环 */
    else printf("No.\n");                         /* 非回文: 通过break跳出循环 */
    return 0;
}
```

7.3.2 字符数组的定义与初始化

1. 字符数组的定义

字符数组是指元素类型为字符类型的数组，其定义与前面介绍的数组定义相同。

`char s[10];`

功能：定义包含 10 个元素的字符数组，即 s[0],s[1],…,s[9]，每个元素可放一个字符。

2. 字符数组的初始化

与前面介绍的数组初始化一样，在定义字符数组的同时可以进行初始化。初始化的方法是将字符常量以逗号分隔写在一对花括号中。例如：

`char s[10]={'h','e','l','l','o','! '};`

假设数组 s 的起始地址为 2010，初始化示意图如图 7-14 所示。

若对全部元素指定初值，可省略数组长度。例如：

`char s[6]={'h','e','l','l','o','!'};`

等价于：

`char s[ ]={'h','e','l','l','o','!'};`

☞说明：对全部元素赋初值，可以不指定数组长度，系统根据初值表确定数组长度。

内存地址	内存单元	数组元素
2010	h	s[0]
2011	e	s[1]
2012	l	s[2]
2013	l	s[3]
2014	o	s[4]
2015	!	s[5]
2016		s[6]
2017		s[7]
2018		s[8]
2019		s[9]

图 7-14 字符数组初始化示意图

显然，如果只对部分元素初始化，数组长度不能省略。为了改善程序的可读性，避免出错，建议在定义数组时，不管是否对全部数组元素赋初值，都不要省略数组长度。

7.3.3 字符串的概念、存储与输入/输出

1. 字符串的概念

字符串常量就是用一对双引号将一组字符序列括起来，包括有效字符和字符串结束标志符'\0'。有效字符可以是转义字符，也可以是 ASCII 码表中的字符。

例如，分析字符串"Hello\tworl\x61\n"的构成。它由 13 个字符组成，分别是'H'、'e'、'l'、'l'、'o'、'\t'、'w'、'o'、'r'、'l'、'\x61'、'\n'、'\0'。其中前 12 个字符是有效字符，'\0'是字符串结束标志符。

字符串的有效长度是有效字符的个数。

☞说明：字符串由有效字符和结束标志符'\0'组成。

2. 字符串的存储

C 语言将字符串作为特殊的一维字符数组来存储。例如：

```
char s[10]={'h','e','l','l','o','!','\0'};
```

数组 s 中就存放了字符串"hello!"。它的存储结构示意图如图 7-15 所示。

字符数组的初始化还可以使用字符串常量，上述初始化语句等价于下列两种形式：

```
char s[10]={"hello!"};
```

或

```
char s[10]="hello!";
```

系统将双引号内的字符依次赋给字符数组的各个元素，并自动在末尾补上字符串结束标志符'\0'，一起存储到字符数组 s 中。

☞说明：使用字符数组存储字符串的几点说明。

① 字符串结束标志符'\0'仅用于判断字符串是否结束，输出字符串时不会输出。

② 由于字符串包括有效字符和字符串结束标志符，因此，字符数组的长度应大于字符串长度。例如：

```
char s[6]= "hello!";
```

由于数组 s 的长度不够，字符串结束标志符'\0'未存入 s 中，而是存入 s 数组之后的单元，这样可能会破坏其他数据，应特别注意。可以改为：

```
char s[7]= "hello!";
```

③ 只能在定义字符数组时用字符串初始化字符数组。不能直接将字符串赋给字符数组。例如，下面的赋值操作是错误的：

```
char s[7];
s="hello!";
```

3. 字符串的输入与输出

为描述方便，假设定义如下字符数组：

```
char s[10];
```

（1）使用 scanf()输入字符串

%s 是字符串格式符，使用格式符%s，整体输入字符串。

格式：scanf("%s", 字符数组名);

功能：输入一个字符串存入字符数组中。

输入时，直接在键盘上输入字符串，以回车符或空格作为输入结束符。系统将输入的字符串存入字符数组，并自动在字符串末尾补上字符串结束标志符'\0'。由于空格作为输入结束符，因此，%s 格式无法将包含空格的字符串输入字符数组。

内存地址	内存单元	数组元素
2010	h	s[0]
2011	e	s[1]
2012	l	s[2]
2013	l	s[3]
2014	o	s[4]
2015	!	s[5]
2016	\0	s[6]
2017		s[7]
2018		s[8]
2019		s[9]

图 7-15　字符数组存储字符串示意图

例如：scanf("%s", s);

输入字符串：Happy new year!

则 s 的内容为字符串"Happy"，第一个空格后的所有字符将被忽略。

☞说明：数组名代表数组首地址，scanf()输入项直接用数组名，不需加取地址符&。

（2）使用 getchar()逐个输入字符串

getchar()函数是输入一个字符，同样，由于字符串结束标志符'\0'代表空操作，无法直接输入，因此，在输入字符串时，需要事先设定一个输入结束符（如回车符），一旦输入它，就表示字符串输入结束，并将输入结束符换成字符串结束标志符'\0'。

例如，输入一个以回车符结束的字符串（少于 10 个字符）。输入程序段如下：

```
i=0;
while((s[i]=getchar())!='\n') i++;    /* 循环条件: s[i]不是'\n' */
s[i]='\0';                            /* 将'\n'换成'\0' */
```

（3）使用 printf()输出字符串

可以使用格式符%c 和%s，分两种情况实现输出字符串。

① 使用格式符%c 逐个输出字符串。在输出字符串时，需要使用循环结构，从头到尾逐个字符输出，直到遇到字符串结束标志符'\0'为止。循环条件为 s[i]!= '\0'。输出程序段如下：

```
i=0;
while(s[i]!='\0'){              /* 循环条件: s[i]不是'\0' */
    printf("%c",s[i]);
    i++;
}
```

② 使用格式符%s 整体输出字符串。%s 是字符串格式符，可以使用带%s 格式的 printf()函数实现整体输出字符串。

格式：printf("%s", 字符数组名);

功能：整体输出字符数组中的一个字符串。

例如：printf("%s", s);

（4）使用 putchar()逐个输出字符串

putchar()函数输出一个字符。在输出字符串时，需要使用循环结构，从头到尾逐个字符输出，直到遇到字符串结束标志符'\0'为止。循环条件为 s[i]!='\0'。输出程序段如下：

```
i=0;
while(s[i]!='\0'){              /* 循环条件: s[i]不是'\0' */
    putchar(s[i]);
    i++;
}
```

7.3.4　字符数组程序设计

C 语言将字符串作为一个特殊的一维字符数组。把字符串存入字符数组后，对字符串的操作就转化成对字符数组的操作。此时，对字符数组的操作只能针对字符串的有效字符和字符串结束标志符。通过检测字符串结束标志符'\0'来判断是否结束字符串的操作。

【例 7-12】输入以回车符结束的字符串（少于 80 个字符），统计数字字符的个数。例如，输入字符串"ab12cd34ef"，输出结果为 4。

问题分析：

求解目标：对字符串中字符计数。

约束条件：判断数字字符。

解决方法：关键操作包括输入字符串、计数字符串。

      输入操作：以回车符结束输入，需将回车符换成字符串结束符。

      计数字符串：遍历字符串，利用计数器统计数字字符的个数。

算法设计：流程图描述如图 7-16 所示。变量设置如下：

    int i：循环变量，兼数组下标；

    char s[80]：字符数组，存放字符串；

    int count：数字字符计数变量。

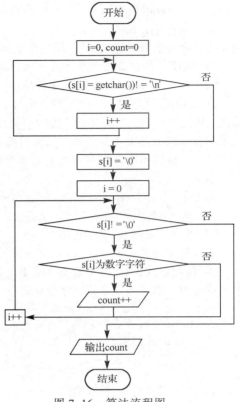

图 7-16　算法流程图

程序清单：

```c
#include <stdio.h>
int main()
{
    int i,count=0;                    /* count: 数字字符计数变量，初值为 0 */
    char s[80];                       /* 字符数组 s: 存放一个字符串 */

    /* 输入一个以回车符结束的字符串 */
    printf("Enter a string: ");
    i=0;                              /* 设置数组下标起始值为 0 */
    while((s[i]=getchar())!='\n')i++;
    s[i]='\0';                        /* 将回车符'\n'换成结束标志符'\0' */

    /* 统计字符串中数字字符个数 */
    for(i=0;s[i]!='\0';i++)
        if(s[i]>='0'&&s[i]<='9') count++;           /* 数字字符计数 */

    printf("count=%d\n",count);       /* 输出统计结果 */
    return 0;
}
```

知识小结：

不要忘记输入结束后，加入 s[i]='\0'（即设置字符串结束符）操作。

思考：

① 字符串输入结束符采用什么合适？

② 如何将"输入一个以回车结束的字符串"的程序段改成用%s 的 scanf()语句？

③ 修改程序，分类统计字符串中大写字母、小写字母、数字字符、其他字符的个数。

④ 修改程序，分类统计字符串中每个数字字符的个数。提示：使用数组计数器 count[10]。

⑤ 修改程序，分类统计字符串中每个字母的个数。提示：使用数组计数器 count[52]。

【例 7-13】数据转换。输入以回车符结束的字符串（少于 80 个字符），过滤掉所有非数字字符后转换成十进制整数输出。例如：

输入字符串：ab12cd3ef

转换结果：123，可理解成计算表达式$((0 \times 10+1) \times 10+2) \times 10+3$。

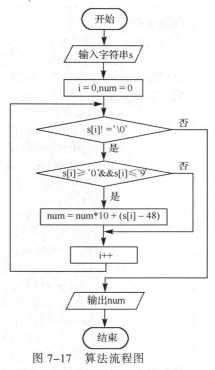

图 7-17 算法流程图

问题分析：

求解目标：过滤掉字符串中的非数字字符，并转换为十进制整数。

约束条件：过滤掉非数字字符。

解决方法：输入字符串、过滤字符串并转换成十进制整数。

    A. 输入操作：以回车符结束，需将回车符换成字符串结束符。

    B. 过滤转换：遍历字符串，将数字字符转换成十进制整数。描述如下：

```
for(i=0; s[i]!='\0'; i++)
    if(s[i]是数字字符)
        num=num*10+(s[i]-48);
```

算法设计：流程图描述如图 7-17 所示。变量设置如下：

    int i：循环变量，兼数组下标；

    char s[80]：字符数组 s，存放字符串；

    long num：存放十进制转换结果。

程序清单：

```c
#include <stdio.h>
int main()
{
    int i;
    char s[80];                 /* 字符数组 s: 存放一个字符串 */
    long num=0;                 /* num: 存放转换结果, 初值为 0 */

    printf("Enter a string: ");
    scanf("%s",s);              /* 输入一个以回车符结束的字符串 */

    for(i=0;s[i]!='\0';i++)     /* 过滤非数字字符并转换成十进制整数 */
        if(s[i]>='0'&&s[i]<='9') num=num*10+(s[i]-48);

    printf("number=%ld\n",num); /* 输出转换结果 */
    return 0;
}
```

知识小结：

① scanf("%s",s)实现字符串输入，以回车符或空格作为输入结束符。

② 字符串结束标志'\0'作为转换过程结束的条件。

思考：

① 请思考转换语句 num=num*10+(s[i]-48);中的表达式 s[i]-48 的作用。

② 如果过滤掉所有非二进制字符后转换成十进制整数输出，应如何修改程序？

【例 7-14】进制转换。输入以回车符结束的字符串（少于 10 个字符），过滤掉所有非十六进制字符后组成十六进制字符串，输出十六进制字符串并将其转换为十进制整数输出。

问题分析：

求解目标： 过滤掉字符串中的非十六进制字符，并转换为十进制整数。

约束条件： 过滤掉非十六进制字符。

解决方法： 输入字符串、过滤字符串、转换成十进制整数。

① 输入字符串：以回车符结束，存储于字符数组 s。

② 过滤字符串：设置下标变量 i 和 k，异步过滤 s 字符串存入 t 字符串。

③ 转换计算：将 t 字符串中的十六进制字符转换成十进制整数，三种转换式：

• t[i]是十进制字符：转换式为 num=num*16+(t[i]-48)。

• t[i]是'A'~'F'字母：转换式为 num=num*16+(t[i]-55)。

• t[i]是'a'~'f'字母：转换式为 num=num*16+(t[i]-87)。

算法设计： 流程图描述如图 7-18 所示。变量设置如下：

int i,k：循环变量，过滤过程中分别作数组 s 和 t 的下标，实现异步过滤；

char s[80]：字符数组 s，存放过滤前字符串；

char t[80]：字符数组 s，存放过滤后字符串；

long num：存放十进制转换结果。

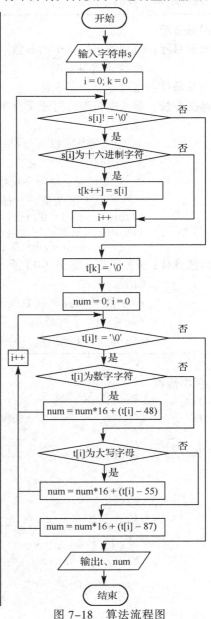

图 7-18 算法流程图

程序清单：

```
#include <stdio.h>
int main()
{
    int i,k;                          /* i: s数组下标, k: t数组下标 */
    char s[10],t[10];                 /* 字符数组 s、t: 存放字符串 */
    long num;                         /* num: 存放转换结果 */

    /* 输入以回车符结束的字符串 */
    printf("Enter a string: ");
    scanf("%s",s);

    /* 过滤 s 数组中的字符串转存至 t 数组 */
    for(i=0,k=0;s[i]!='\0';i++)       /* 设置s、t数组下标初值为 0 */
        if((s[i]>='0'&&s[i]<='9')||(s[i]>='A'&&s[i]<='F')||(s[i]>='a'
           &&s[i]<='f'))
            t[k++]=s[i];              /* 转存t数组且下标k自增1 */
    t[k]='\0';                        /* 设置t数组中字符串的结束标志'\0' */

    /* 将 t 数组中的字符串转换成十进制整数 */
    for(num=0,i=0;t[i]!='\0';i++)
        if(t[i]>='0'&&t[i]<='9') num=num*16+(t[i]-48);
        else if(t[i]>='A'&&t[i]<='F') num=num*16+(t[i]-55);
        else num=num*16+(t[i]-87);

    /* 输出十六进制字符串和十进制转换结果 */
    printf("New string: %s\n",t);
    printf("number=%ld\n",num);
    return 0;
}
```

知识小结：

① 转换为十六进制数，要注意分为三种字符（数字、大写和小写字母）。

② 所谓过滤，可以采用另存为其他数组的方式实现。

【例 7-15】单词计数。输入以回车符结束的英文句子（少于 80 个字符），统计其中的英文单词个数。英文单词间用空格分隔。运行结果如下：

```
Enter a string: How old are you?
count=4
```

问题分析：

求解目标：统计字符串中英文单词个数。

约束条件：分割英文单词。

解决方法：输入字符串、去字符串尾空格、去字符串前空格、单词计数。

　　① 输入字符串：以回车符结束，存储于字符数组 s。

　　② 去字符串尾空格：假设 i 是字符串尾字符下标，去尾空格程序段如下所示。

```
while(s[i--]==' '); s[i+1]='\0';
```

③ 去字符串前空格：假设 i 是字符串
  首字符下标，去前空格程序段如下
  所示。

```
while(s[++i]==' ');
```

④ 单词计数：单词结束标志是非空字
  符的下个字符是空格，单词计数程
  序段如下所示。

```
while(s[i]!='\0')
{
    if(i>0 && s[i-1]!=' ' &&
            s[i]==' '))count++;
    i++;
}
```

算法设计：流程图描述如图 7-19 所示。变量设置
如下：

int i：循环变量，兼作数组 s 的下标变量；
int count：单词计数器；
char s[80]：字符数组 s，存放输入的字
符串。

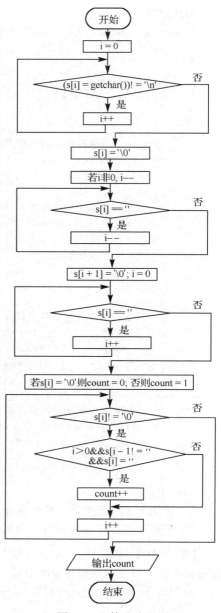

图 7-19　算法流程图

程序清单：

```
#include <stdio.h>
int main()
{
    int i,count;              /* count: 单词计数器变量 */
    char s[80];               /* 字符数组s: 存放一个字符串（英文句子） */

    /* 输入以回车符结束的字符串并计数有效字符个数 */
```

```
        printf("Enter a string: ");
        i=0;                            /* 设置数组下标起始值为 0 */
        while((s[i]=getchar())!='\n') i++;
        s[i]='\0';                      /* 将回车符'\n'换成字符串结束标志符'\0' */

        /* 去掉字符串末尾的空格字符 */
        if(i!=0)i=i-1;                  /* 置下标变量 i 的初值为尾字符下标位置 */
        while(s[i]==' ') i--;
        s[i+1]='\0';                    /* 置 s[i+1]为字符串结束标志符'\0' */

        /* 去掉字符串前面的空格字符 */
        i=0;                            /* 置下标变量 i 的初值为首字符下标位置 0 */
        while(s[i]==' ') i++;           /* 查找第一个非空格字符的下标位置 */

        /* 单词计数 */
        if(s[i]!='\0') count=1;  /* 第 1 个字符为非空格，置 count 为 1 */
        else count=0;                   /* 否则，置 count 为 0 */
        while(s[i]!='\0'){              /* 循环条件: s[i]!='\0' */
            if(i>0 && s[i-1]!=' ' && s[i]==' ') count++;
            i++;
        }
        printf("count=%d\n",count);        /* 输出计数结果 */
        return 0;
}
```

知识小结：

① 去掉字符串首尾空格的方法。

② 判断一个新单词的开始或者一个单词的结束。

思考：

① 理解 "if(i>0 && s[i]==' ' && s[i-1]!=' ')..." 语句括号内表达式的含义。

② 若将程序中设置 count 初值的 if 语句直接改为 count=0;，可以吗？

7.3.5　模仿练习

练习 7-7：仿照例 7-11，输入一个正整数 n，判断其是否是回文数。所谓回文数，是顺读与反读都一样的数，例如，12321 是回文数，12312 不是回文数。提示：定义字符数组 s，将整数 n 各数位上的数字字符存入 s，再判断 s 是否是回文。

练习 7-8：仿照例 7-12，输入一个以回车符结束的字符串（少于 80 个字符），分类统计字符串中每个数字字符的个数。提示：定义数组计数器 count[10]，使用 count[0]、count[1]、……、count[9]分别统计数字字符'0'、'1'、……、'9'的个数。请理解语句 count[s[i]-'0']++;的作用。

练习 7-9：仿照例 7-13，输入以回车符结束的字符串（少于 80 个字符），过滤掉所有非二进制数字字符后转换成十进制整数输出。提示：二进制只有 0 和 1 两个基本符号。

习　　题

一、选择题

1. 合法的数组定义是_____。

    A. int a[]="string";   B. int a[5]={0,1,2,3,4,5};

    C. char a="string";   D. char a[]={0,1,2,3,4,5};

2. 若有如下数组定义和语句，则输出结果是（以下 u 代表空格）_____。

```
char s[10]="abcd";
printf("%s\n",s);
```

    A. abcd   B. a   C. abcduuuuu   D. 编译不通过

3. 数组 a[2][2]的元素排列次序是_____。

    A. a[0][0],a[0][1],a[1][0],a[1][1]   B. a[0][0],a[1][0],a[0][1],a[1][1]

    C. a[1][1],a[1][2],a[2][1],a[2][2]   D. a[1][1],a[2][1],a[1][2],a[2][2]

4. 有以下语句，则下面正确的描述是_____。

```
static char x[]="12345";
static char y[]={'1','2','3','4','5'};
```

    A. x 数组和 y 数组的长度相同   B. x 数组长度大于 y 数组长度

    C. x 数组长度小于 y 数组长度   D. x 数组等价于 y 数组

5. 若 a[3][5]是一个二维数组，则最多可使用的元素个数为_____。

    A. 8   B. 10   C. 15   D. 5

6. 若有说明 int a[3][4];，则对 a 数组元素的非法引用是_____。

    A. a['B'-'A'][2*1]   B. a[1][3]   C. a[4-2][0]   D. a[0][4]

7. 字符串"string"的长度为_____。

    A. 9   B. 8   C. 6   D. 7

8. 以下数组定义中不正确的是_____。

    A. int a[2][3];   B. int b[][3]={1,2,3,4,5,6};

    C. int c[100][100]={0};   D. int d[3][]={{1,2},{1,2,3},{1,2,3,4}};

9. 设有数组定义 char array[]="China";，则数组 array 所占的空间为_____字节。

    A. 4   B. 5   C. 6   D. 7

10. 设有定义语句 int b;char c[10];，则正确的输入语句是_____。

    A. scanf("%d%s",&b,&c);   B. scanf("%d%s",&b,c);

    C. scanf("%d%s",b,c);   D. scanf("%d%s",b,&c);

11. 执行以下程序后，输出的结果为_____。

```
#include <stdio.h>
int main()
{
    static char ch[]={'6','2','3'};
    int a,s=0;

    for(a=0;ch[a]>='0'&&ch[a]<='9';a++)
        s=10*s+ch[a]-'0';

    printf("s=%d\n",s);
    return 0;
}
```

    A. s=623   B. s=263   C. s=326   D. s=236

12. 以下程序的输出结果是_____。

```
#include <stdio.h>
int main()
```

```
{
    int p[8]={11,12,13,14,15,16,17,18},i=0,j=0;

    while(i++<7)
        if(p[i]%2) j+=p[i];

    printf("%d\n",j);
    return 0;
}
```

    A. 42   B. 45   C. 56   D. 60

二、填空题

1. C 语言中，数组名代表数组的_____。在定义数组时，数组长度只能是_____。若定义的一维数组的长度为 N，则可以访问的数组下标范围为_____。

2. 定义如下字符数组 c，则字符数组 c 的长度是_____。
```
char c[]="\t\v\\\0will\n";
```

3. 定义如下一维数组 a 和 b，则引用数组元素 a[4]和 b[4]的值分别是_____和_____。
```
int a[5]={1,2,3};
static b[5]={1,2,3};
```

4. 在引用数组元素时，下标必须是整型，可以使用_____、_____和_____。但下标不能越界。

5. 定义如下二维数组 a 和 b，则 a、b 数组第一维的大小是_____。数组元素 a[2][2]和 b[2][2]的值分别是_____和_____。
```
int a[][3]={1,2,3,4,5,6,7};
static int b[][3]={1,2,3,4,5,6,7};
```

6. 下列程序的输出结果是_____。
```
#include <stdio.h>
int main()
{
    int y=18,i=0,j,a[8];

    do{
        a[i]=y%2;
        i++;
        y=y/2;
    }while(y>=1);

    for(j=i-1;j>=0;j--) printf("%d",a[j]);
    printf("\n");
    return 0;
}
```

7. 下列程序的功能是：求出数组 x 中各相邻两个元素的和并依次存放到 a 数组中，然后输出。请填空。
```
#include <stdio.h>
int main()
{
    int x[10],a[9],i;

    for(i=0;i<10;i++) scanf("%d",&x[i]);
```

```
    for(`  ①  ;i<10;i++)
        a[i-1]=x[i]+_____②_____;

    for(i=0;i<9;i++) printf("%d",a[i]);
    printf("\n");
    return 0;
}
```

8. 输入一个正整数 n（1<n≤10），再输入 n 个整数，将它们存入数组 a 中，再输入一个数 x，然后在数组 a 中查找 x，如果找到，输出相应的最小下标；否则，输出 Not Found。

```
#include <stdio.h>
int main()
{
    int i,index,n,x,a[10];

    scanf("%d",&n);
    for(i=0;i<n;i++)
        scanf("%d",_____①_____);
    scanf("%d",&x);
    _____②_____;
    for(i=0;i<n;i++)
        if(a[i]==x){
            index=i;
            _____③_____;
        }

    if(index!=-1)printf("%d\n",index);
    else printf("Not Found\n");
    return 0;
}
```

9. 下面程序的功能是统计输入字符串（以回车符结束）中元音字母的个数。请填空。

```
#include <stdio.h>
int main()
{
    char s[100],alpha[]={'a','e','i','o','u'};
    static int num[5];
    int i=0,k;

    while((s[i]=getchar())!='\n') i++;
    s[i]='\0';i=0;
    while(s[i]!='\0') {
        for(k=0;k<5;k++)
            if(_____①_____){
                num[k]++;
                _____②_____;
            }
        i++;
    }

    for(k=0;k<5;k++)
        printf("%c:%d\n",alpha[k],_____③_____);
    return 0;
}
```

三、程序设计题

1. 编程序，输入若干整数（数据个数应少于 50），其值在 0~4 的范围内，用 –1 作为输入结束标志，统计每个整数的个数。

2. 编程序，定义一个含有 30 个整型元素的数组，按顺序分别赋予从 2 开始的偶数；然后按顺序每 5 个数求出一个平均值，放在另一个数组中并输出。

3. 编程序，为比赛选手评分。计算方法：从 10 名评委的评分中扣除一个最高分，扣除一个最低分，然后统计总分，并除以 8，最后得到这个选手的最后得分（打分采用百分制）。

4. 编程序，定义一个 5×5 的二维数组 a，然后按行顺序为二维数组 a 赋 1~25 的自然数，统计并输出二维数组 a 的各行元素之和。

5. 编程序，按行顺序为一个 5×5 的二维数组 a 赋 1~25 的自然数，然后输出该数组的左下半三角。

6. 编程序，从键盘输入一个字符，用折半查找法找出该字符在已排序的字符串 a 中的位置。若该字符不在 a 中，则输出提示信息：The char is not in the string.。

7. 编程序，输入一个以回车符结束的字符串（少于 80 个字符），统计并输出其中小写辅音字母的个数（小写辅音字母是指除'a'、'e'、'i'、'o'、'u'以外的辅音字母）。

8. 编程序，输入一个以回车符结束的字符串（少于 80 个字符），对字符串按下列规则进行加密，并输出加密后的字符串。

原字母	加密后的字母
A(a)	Z(z)
B(b)	Y(y)
C(c)	X(x)
D(d)	W(w)
...	...
X(x)	C(c)
Y(y)	B(b)
Z(z)	A(a)

第8章

指　针

本章要点

◎ 变量、内存单元和地址之间的关系。

◎ 指针变量的定义，指针变量初始化及如何使用指针变量。

◎ 指针变量的基本运算，使用指针操作所指向的变量。

◎ 指针作为函数参数的作用，使用指针实现函数调用返回多个值。

◎ 指向函数的指针，利用指向函数的指针调用不同的函数。

◎ 数组名作实参对形参的要求，操作形参数组改变实参数组的方法。

◎ 字符串与字符指针的关系，通过字符指针操作字符串，字符串函数编程应用。

◎ 指针数组与二级指针的关系，使用指针数组处理多个字符串的方法。

指针是 C 语言的重要数据类型，也是 C 语言的精华。利用指针可以有效地表示复杂的数据结构，实现动态内存分配，更方便、灵活地使用数组和字符串，为函数间各类数据的传递提供简洁便利的方法。正确而灵活地运用指针，可以编制出简练紧凑、功能强而执行效率高的程序。指针是 C 语言学习的重点和难点之一，掌握不好指针，就难以学好 C 语言。

在本章中，除了介绍指针的基本概念和基本运算外，更重要的是介绍如何使用指针作为函数的参数，以及指针在数组、字符串处理等方面的应用。

8.1　指针与指针变量

8.1.1　引例

获取密码问题。密码是 888，放置在编号为 1000 的 key 抽屉，key 抽屉编号 1000 又放置在编号为 2000 的 addr 抽屉。密码存放示意图如图 8-1 所示，addr 抽屉指向 key 抽屉。

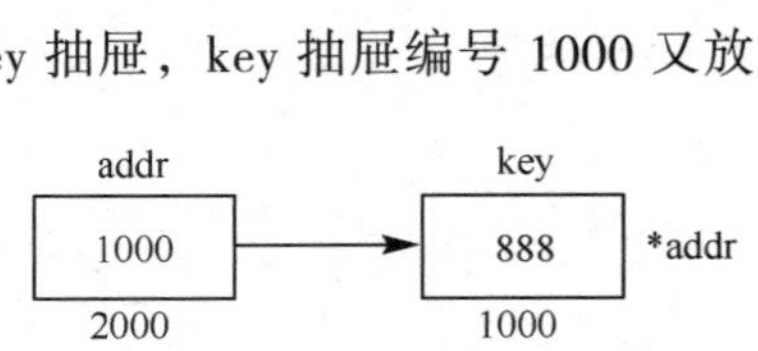

如何获取密码呢？显然，有两种获得密码的方法。

① 直接获取：通过 key 抽屉，直接取出 key 抽屉的内容（888）。

② 间接获取：通过 addr 抽屉，间接取出 key 抽屉的内容（888）。

图 8-1　密码存放示意图

【例 8-1】利用指针模拟寻找密码的过程。

程序清单：

```
/* 获取密码的两种方法 */
#include <stdio.h>
int main()
{
```

```
    int key=888;    /* 变量 key 存放密码 */
    int *addr=NULL; /* 变量 addr 存放地址，初值为 NULL */
    addr=&key;      /* 将变量 key 的地址赋给 addr */

    /* 直接获取：通过变量 key 直接输出密码值*/
    printf("I can get it's value by name: %d\n",key);

    /* 间接获取：通过变量 addr（存放变量 key 的地址）间接输出密码值 */
    printf("I also can get it's value by address: %d\n",*addr);
    return 0;
}
```

运行结果：

```
I can get it's value by name: 888
I also can get it's value by address: 888
```

程序解析：程序中定义变量 key 存放密码，定义变量 addr（指针变量）存放变量 key 的地址，变量 addr 指向变量 key。这样，获取变量 key 的值有两种方法。

方法 1：通过变量 key 的名字直接获取 key 的值。

方法 2：通过指针变量 addr 间接获取 key 的值（addr 指向 key，*addr 即为 key）。

8.1.2 地址与指针

程序和数据通常存储在计算机内存中。内存是以字节为单位的一片连续存储空间，为便于访问，给每个字节单元进行线性编址，即按照一定的顺序给每个存储单元（字节）一个唯一编号，编号从 0 开始，第一个字节单元编号是 0，以后各单元按顺序连续编号。这些单元编号称为内存单元的地址，而存放在存储单元中的数据称为存储单元的内容。

在 C 语言程序中，定义一个变量，根据变量类型的不同，编译系统将为其分配一定字节数的存储单元。例如，下列的变量定义：

```
int x=20,y=1,z=155;
```

系统将给整型变量 x、y、z 各分配两个字节的存储空间，并设置相应的内存单元的内容为变量的初值。存储空间分配如图 8-2 所示。

系统分配给变量的存储空间的首字节单元地址称为变量的地址。例如，变量 x 的地址为 1000，变量 y 的地址为 1002，变量 z 的地址为 1004。可见，地址就像是要访问的存储单元的指示器，在 C 语言中形象地称之为指针。

若再做如下定义：

```
int *p=&x;
```

该语句定义一个变量 p 并设置其初值为变量 x 的地址，存储空间分配如图 8-2 所示，系统分配给变量 p 的存储单元的地址为 2000，该存储单元的内容是变量 x 的地址 1000，使得变量 p 指向变量 x，变量 x 是变量 p 所指对象，它们之间的关系可以用图 8-3 表示。

在 C 语言中，用指针来表示一个变量指向另一个变量的指向关系。指针即地址，变量的指针即变量的地址，如 1000 就是指向变量 x 的指针。在 C 语言中，将专门存放地址的变量称为指针变量，如变量 p 就是一个指针变量，它存放变量 x 的地址。

关于存储单元（单元地址、单元内容）与变量（变量地址、变量值），可以用一个通俗易懂的例子来帮助理解。一栋大楼用房间编号来区分各个房间，房间相当于存储单元（变量），房间编号相当于存储单元地址（变量地址），房间中的物品相当于存储单元内容（变量值）。

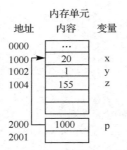

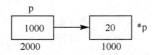

图 8-2　存储空间分配示意图　　　　图 8-3　指针变量 p 与指向变量 x 的关联关系

在 C 语言中，变量对应存储单元，对变量的访问可以简单地认为是通过变量名来对存储单元进行存取操作。实际上，程序在编译之后，变量名已经转化为与该变量对应的存储单元地址，因而对变量的访问就是通过地址对存储单元的访问。对变量的访问通常有直接访问和间接访问两种方式。

（1）直接访问方式

按变量名（实际上按变量地址）存取变量值的方式，称为直接访问方式。例如，例 8-1 中的语句：

```
printf("I can get it's value by name: %d\n",key);
```

通过变量名 key 直接获取变量 key 的值，即直接访问方式。

（2）间接访问方式

通过另一变量间接获取某变量的地址，从而间接实现对某变量的访问方式，称为间接访问方式。例如，例 8-1 中的语句：

```
printf("I also can get it's value by address: %d\n",*addr);
```

通过指针变量 addr 间接获取变量 key 的值（addr 指向 key，*addr 即为 key），即间接访问方式。

8.1.3　指针变量的定义与初始化

前面已经介绍，C 语言的指针变量是一种专门用来存放地址的变量。指针变量也必须遵循"先定义，后使用"的原则。

形式：类型名　*指针变量名;

作用：定义一个指针变量，该指针变量可用于指向"类型名"规定的任何变量。

例如，下面都是合法的指针变量定义语句。

```
int *ip1,*ip2;      /* 定义指针变量 ip1 和 ip2，可用于指向整型变量 */
char *cp1,*cp2;     /* 定义指针变量 cp1 和 cp2，可用于指向字符型变量 */
float *fp1,*fp2;    /* 定义指针变量 fp1 和 fp2，可用于指向单精度浮点型变量 */
double *dp1,*dp2;   /* 定义指针变量 dp1 和 dp2，可用于指向双精度浮点型变量 */
```

在指针变量的定义语句中，其中：

① 指针声明符*说明其后声明的变量是指针变量。指针声明符并非指针的组成部分。例如，int *p;，说明 p 是指针变量，而不是*p。

② 类型名指定指针变量所指向变量的类型，并非指针变量本身的类型，必须是有效的数据类型。

③ 指针变量名必须是合法标识符。当定义多个指针变量时，每个指针变量前都必须加*。

④ 无论何种类型的指针变量，都用来存放地址，且只能存放同类型的变量地址，即只能指向同类型的变量。

指针变量被定义后,必须将指针变量和某个特定的变量进行关联后才可使用。也就是说,在引用指针变量前,必须对它初始化,否则会得到不可预料的值。因为在初始化之前,该指针变量并未指向任何一个具体的变量。指针变量初始化方法通常有以下几种方式:

(1)定义时初始化

例如:

```
int i,*p=&i;        /* 定义指针变量 p, 用变量 i 的地址初始化 p, 使其指向变量 i */
int *q=NULL;        /* 定义指针变量 q, 初始化为 NULL, 使其不指向任何变量 */
```

(2)定义时不初始化,使用之前初始化

例如:

```
int j=100,*p1,*p2,*p3;
p1=&j;              /* 用变量 j 的地址初始化 p1, 使其指向变量 j */
p2=p1;             /* 用 p1 初始化 p2, 使其指向 p1 所指的变量 j */
p3=NULL;           /* 初始化 p3 为 NULL(空), 使其不指向任何变量 */
```

☞说明:指针变量初始化的几点说明。

① 指针变量必须初始化后才能使用。当指针变量所指的对象确定时,一般用所指对象的地址进行初始化,当指针变量所指对象不确定时,一般用 NULL(空指针)进行初始化。

② 一般不能用整型常量作为指针变量的初值,如 int *p=1000;,但可以用 NULL(空指针)赋初值,使指针变量不指向具体的变量。

③ 当把一个变量的地址作为初值赋给指针变量时,该变量必须在此之前已经定义。

④ 指针变量定义时的类型必须和它所指向的目标变量的类型相一致。

8.1.4 指针运算

指针变量定义后,可以进行引用。对指针变量的引用包含两方面:一是对指针变量本身的引用,如对指针变量进行各种运算;二是利用指针变量来访问所指向的变量,如对指针的间接引用。

1. 取地址运算和间接访问运算

(1)取地址运算符(&)

取地址运算符用于取变量的地址,为单目运算符。例如:

```
int x=100,*p;
p=&x;
```

语句 p=&x;将整型变量 x 的地址赋给指针变量 p,使指针变量 p 指向变量 x,其中&就是取地址运算符。这样就建立了指针变量 p 与变量 x 的关联关系,如图 8-4 所示。

☞说明:指针变量的类型和它所指向变量的类型必须相同。

(2)间接访问运算符(*)

间接访问运算符访问指针变量所指向的变量,为单目运算符。例如:

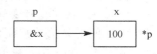

图 8-4 指针变量 p 与指向变量 x 的关联关系

```
int x=100,*p;
p=&x;
printf("x=%d,*p=%d",x,*p);
```

指针变量 p 与变量 x 建立了图 8-4 所示的关联关系,语句 printf("x=%d, *p=%d",x,*p);以两种访问方式(其中,x 表示直接访问方式,*p 表示间接访问方式)输出变量 x 的值。可见,当指针变量 p 指向变量 x 时,*p 和 x 都表示访问 x 变量的存储单元,*p 的值就是 x 的值,是对 x 的间接访问。

☞说明：注意区分*在定义指针变量语句和间接访问运算语句中的不同作用。

关于&与*运算符的优先级及结合方向，&和*的运算级别相等，且都是"右结合"。例如：

```
int x=100,*p;
p=&x;
```

&*p 等效于&(*p)：先算*p（即 x），再算&，取出变量 x 的地址，实际上就是 p。

&x 等效于(&x)，先算&x（即 x 的地址），再算*，取出变量 x 的值，实际上就是 x。

由于指针和地址的概念比较抽象，不易理解，下面再通过一个案例，进一步说明取地址运算（&）和间接访问运算（*）的使用。

【例 8-2】阅读下列程序，分析程序的运行结果。

程序清单：

```
#include <stdio.h>
int main()
{   int x=100,*p;     /* 定义整型变量 x 和整型指针变量 p */
    p=&x;                   /* 将变量 x 的地址赋给 p */
    printf("x=%d, *p=%d\n",x,*p);      /* 通过两种访问方式输出 x 的值 */
    *p=200;                            /* 通过 p 间接访问 x，设置 x 为 200 */
    printf("x=%d, *p=%d\n",x,*p);      /* 通过两种访问方式输出 x 的值 */
    (*p)++;
    printf("x=%d, *p=%d\n",x,*p);      /* 通过两种访问方式输出 x 的值 */
    return 0;
}
```

运行结果：

```
x=100, *p=100
x=200, *p=200
x=201, *p=201
```

结果分析：指针变量 p 指向变量 x，*p 是对 x 的间接访问，*p 就是 x。因此，直接与间接两种访问方式的结果一样。

2．赋值运算

一旦指针变量被定义并赋值后，就可以如同其他类型变量一样进行赋值运算。例如：

```
int x=100,*p1,*p2;   /* 定义整型指针变量 p1 和 p2 */
p1=&x;                 /* 使指针变量 p1 指向整型变量 x */
p2=p1;
```

语句 p2=p1;将指针变量 p1 的值赋给指针变量 p2，使指针变量 p1、p2 均指向变量 x、p1、p2 与 x 之间的关联系统如图 8-5 所示。

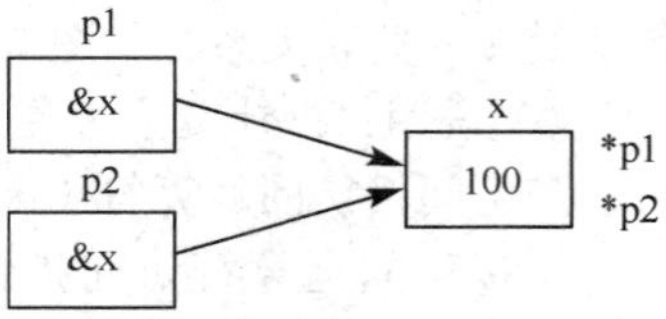

从上述可知，指针赋值是使指针变量和其所指向变量之间建立关联的必要过程。可以在定义指针变量时对指针赋值，也可以在程序语句中根据需要对指针重新赋值。

必须注意的是，指针只有在被赋值后才能被正确使用。

☞说明：指针变量之间的相互赋值只能在同类型的指针变量之间进行。

图 8-5　指针变量 p1、p2 与指向变量 x 的关联关系

3．算术运算

由于指针变量是一种特殊的变量，其算术运算也具有其特点。为讨论方便，假设有如下的变量定义，指针变量 p 与整型变量 x 建立了关联关系，即 p 指向 x。

```
int x=1,*p,*q;
p=&x;
```

（1）p++与++p

相当于 p=p+1 操作，将指针变量 p 向高地址移动一个存储单元块。存储单元块的大小与指针类型有关，可以用 sizeof(指针类型)计算出来。例如，sizeof(char)的结果是 1，sizeof(int)的结果是 4，sizeof(float)的结果是 4，sizeof(double)的结果是 8。

后加操作：q=p++;，先引用 p（p 赋给 q），再让 p 加 1（向高地址移动一个存储单元块）。

前加操作：q=++p;，先让 p 加 1（向高地址移动一个存储单元块），再引用 p（p 赋给 q）。

（2）p--与--p

相当于 p=p-1 操作，将指针变量 p 向低地址移动一个存储单元块。

后减操作：q=p--;，先引用 p（p 赋给 q），再让 p 减 1（向低地址移动一个存储单元块）。

前减操作：q=--p;，先让 p 减 1（向低地址移动一个存储单元块），再引用 p（p 赋给 q）。

（3）*p=*p+1、(*p)++、++*p、*p++、*++p

① *p=*p+1：相当于 x=x+1（x++），即 x 的值加 1，运算后 p 仍然指向 x。

② (*p)++：相当于 x++，即 x 的值加 1，运算后 p 仍然指向 x。

③ ++*p：相当于 ++x，即 x 的值加 1，运算后 p 仍然指向 x。

从上面三个表达式的分析得知，它们是等价的，都相当于 x=x+1，且 p 仍然指向 x。

④ *p++：等价于*(p++)，先做*p 操作（取*p 的值作为表达式的值，即 x 的值），再做 p++操作（指针变量 p 加 1，p 不再指向 x）。

⑤ *++p：先做++p（指针变量 p 加 1，p 不再指向 x），再取*p 的值作为表达式的值。

从上述表达式的讨论中可知，带有间接访问运算符（*）的变量的操作在不同的情况下会有完全不同的含义，这既是 C 的灵活之处，也是初学者最易出错的地方，需要正确理解指针操作的意义。

另外，指向同一个数组的两个指针变量相减，可以表示两个指针间相隔的元素个数，在8.3 节中再做进一步的讨论。

8.1.5　模仿练习

练习 8-1：若有定义 int m=100，n=200，*p=&m;，则与赋值语句*p=*&n 等价的语句是_____。

A．m=*p;　　　　　B．m=n;　　　　　C．m=&n;　　　　　D．m=**p;

练习 8-2：阅读下列程序，写出程序的运行结果。

```c
#include <stdio.h>
int main()
{
    int m=100,n=200,*p,*q,*t;    /* 定义整型变量m、n和整型指针变量p、q、t */
    p=&m;q=&n;                    /* 将p指向m，将q指向n */
    printf("m=%d,*p=%d,n=%d,*q=%d\n",m,*p,n,*q);
    (*p)++;++*q;
    printf("m=%d,*p=%d,n=%d,*q=%d\n",m,*p,n,*q);
    (*p)--;--*q;
    printf("m=%d,*p=%d,n=%d,*q=%d\n",m,*p,n,*q);
    t=p;p=q;q=t;
    printf("m=%d,*p=%d,n=%d,*q=%d\n",m,*p,n,*q);
    return 0;
}
```

8.2　指针与函数

8.2.1　引例

【例 8-3】交换两个同类型变量 a 和 b 的值。设计 swap1()、swap2()和 swap3()三个函数，试图通过函数调用交换变量 a、b 的值。究竟谁能实现交换功能？

程序清单：

```
#include <stdio.h>
int main()
{
    int a=1,b=2,*pa=&a,*pb=&b;       /* 建立 pa 与 a、pb 与 b 的关联关系 */
    void swap1(int x,int y);         /* 函数声明 */
    void swap2(int *px,int *py);     /* 函数声明 */
    void swap3(int *px,int *py);     /* 函数声明 */

    swap1(a,b);                      /* 调用函数 swap1() */
    printf ("After calling swap1: a=%d b=%d\n",a,b);

    a=1;b=2;                         /* 恢复 a、b 的原值 */
    swap2(pa,pb);                    /* 调用函数 swap2() */
    printf("After calling swap2: a=%d b=%d\n",a,b);

    a=1;b=2;                         /* 恢复 a、b 的原值 */
    swap3(pa,pb);                    /* 调用函数 swap3() */
    printf("After calling swap3: a=%d b=%d\n",a,b);

    return 0;
}
void swap1(int x,int y)       /* 普通变量作函数参数，传值 */
{
    int t;
    t=x;x=y;y=t;                     /* 直接访问，交换 x 与 y */
}
void swap2 (int *px,int *py)/* 指针变量作函数参数，传址 */
{
    int t;
    t=*px;*px=*py;*py=t;             /* 间接访问，交换 px 与 py 所指的变量 */
}
void swap3(int *px,int *py) /* 指针变量作函数参数，传址 */
{
    int *pt;
    pt=px;px=py;py=pt;               /* 直接访问，交换 px 与 py */
}
```

运行结果：

```
After calling swap1: a=1 b=2
After calling swap2: a=2 b=1
After calling swap3: a=1 b=2
```

结果表明：swap1()和 swap3()两个函数不能交换变量 a 和 b 的值，只有 swap2()函数可以交换变量 a 和 b 的值。

8.2.2　指针作为函数参数

第 6 章详细介绍了 C 语言的函数知识，包括函数定义、函数调用和函数声明。函数参数是函数的重要特征，在函数定义时声明的形式参数称为形参，在函数调用时给出的实际参数称为实参，两者必须一一对应，也即二者数量要相同，类型要一致。

C 语言中函数参数的传递内容分为两种：传值和传址。

① 传值：将调用函数中的实参的数值单向复制给被调函数中的形参，形参接收并保存实参复制过来的数值。实参可以是常量、变量、表达式、函数值，形参必须是变量。

② 传址：将调用函数中的实参的地址值单向复制给被调函数中的形参，形参接收并保存实参复制过来的地址值。实参可以是变量地址、指针变量，形参必须是指针变量。

实际上，函数调用时实参和形参之间的数据传递属于“单向值传递”方式，调用函数不能改变实参变量的值，指针变量作函数参数时同样遵循“单向值传递”规则，调用函数不能改变实参指针的值，但能改变实参指针变量所指向的变量的值。这种机制称为引用调用（Call by reference）。采用引用机制时，要求用变量地址或指针变量作实参，将形参定义成指针变量，接收实参传递的“地址”值。

下面详细分析例 8-3 中定义的 swap1()、swap2()和 swap3()三个函数的参数特点。

（1）swap1()函数分析

函数原型：void swap1(int x, int y)，值形参 x 和 y 是 swap1()函数的局部变量。

函数调用：swap1(a, b)，值实参 a 和 b 是 main()函数的局部变量。

调用结果：不能交换 main()函数中 a 和 b 的值。

结果分析：swap1()函数使用值变量调用，参数传递是从实参变量到形参变量的“单向传值”。在调用 swap1(a,b)函数时，将实参 a 和 b 的值复制传递给形参 x 和 y，如图 8-6（a）所示，在 swap1()函数中通过变量 t 交换变量 x 和 y，如图 8-6（b）所示，当返回主调函数后，swap1()函数的局部变量 x 和 y 被回收，而主调函数中的变量 a 和 b 的值没有改变，如图 8-6（c）所示。即在 swap1()函数中只改变形参 x 和 y，不会反过来影响到实参 a 和 b。因此，swap1(a,b)函数调用不能实现 a 和 b 的交换。

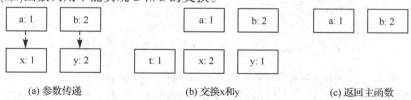

(a) 参数传递　　　　　(b) 交换x和y　　　　　(c) 返回主函数

图 8-6　调用 swap1()函数：普通变量作为函数参数的示意图

（2）swap2()函数分析

函数原型：void swap2(int *px, int *py)，指针形参 px 和 py 是 swap2()函数的局部变量。

函数调用：swap2(pa, pb)，指针实参 pa 和 pb 是 main()函数的局部变量，分别指向 main()函数的局部变量 a 和 b。

调用结果：交换 main()函数中 a 和 b 的值。

结果分析：swap2()函数使用指针变量调用，参数的传递是从实参变量到形参变量的“单向传址"。在调用 swap2(pa,pb)函数时,将指针实参 pa 和 pb 的值(地址)复制传递给指针形参 px 和 py,如图 8-7(a)所示,在 swap2()函数中通过变量 t 实现*px(即 a)和*py(即 b)的交换,如图 8-7(b)所示,当返回主调函数后,swap2()函数的局部指针变量 px 和 py 被回收,而主调函数中的变量 a 和 b 的值发生改变,如图 8-7(c)所示。究其原因,就是通过*px 和*py 间接访问 main()函数中的 a 和 b,使得 main()函数中 a 和 b 发生交换。

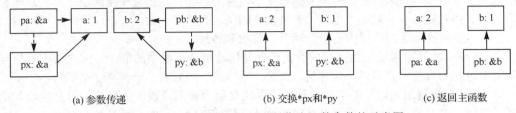

(a) 参数传递 (b) 交换*px和*py (c) 返回主函数

图 8-7　swap2()函数:指针变量作为函数参数的示意图

(3) swap3()函数分析

函数原型: void swap3(int *px, int *py),指针形参 px 和 py 是 swap2()函数的局部变量。

函数调用: swap3(pa, pb),指针实参 pa 和 pb 是 main()函数的局部变量,分别指向 main()函数的局部变量 a 和 b。

调用结果:不能交换 main()函数中 a 和 b 的值。

结果分析: swap3()函数使用指针变量调用,参数的传递是从实参变量到形参变量的"单向传址"。在调用 swap3(pa,pb)函数时,将指针实参 pa 和 pb 的值(地址)复制传递给指针形参 px 和 py,如图 8-8(a)所示,在 swap3()函数中通过变量 pt 实现 px 和 py 值的交换,如图 8-8(b)所示,当返回主调函数后,swap3()函数的局部变量 px 和 py 被回收,而主调函数中的变量 a 和 b 的值没有任何改变,如图 8-8(c)所示。究其原因,swap3()函数交换 px 和 py 的值,使得指向关系发生变化,但 a 和 b 的值不变。

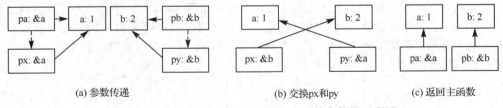

(a) 参数传递 (b) 交换px和py (c) 返回主函数

图 8-8　swap3()函数:指针变量作为函数参数的示意图

通过深入分析 swap1()、swap2()和 swap3()三个函数,可以总结出:要想通过函数调用来改变主调函数中普通变量的值,可以用指针变量作为函数的参数,在主调函数中,将普通变量的地址或指向普通变量的指针变量作为实参;在被调函数中,用指针类型的形参接收实参传递过来的地址值,并用间接访问方式改变形参所指变量的值。

在第 6 章介绍了函数只能通过 return 语句返回一个值。如果希望通过函数调用将多个计算结果带回主调函数,通过 return 语句是无法实现的,而将指针作为函数的参数就能使函数返回多个值。下面的案例就是通过指针类型函数参数返回多个值。

【例 8-4】设计一个函数 monthDay(),计算并返回某年份和天数的对应日期。在主函数中输入年份和天数,调用 monthDay()函数返回某年份和天数的对应日期,输出对应日期。

问题分析：

求解目标： 计算并返回某年份和天数的对应日期。

约束条件： 多函数实现，地址参数。

解决方法： 设计 monthDay()函数，供主函数调用。

montDay()函数：根据年份和天数计算对应的日期。函数需要传入两个已知条件和返回两个值，应设计 4 个函数形参，已知条件用值形参，返回值用指针形参。函数原型设计如下：

void montDay(int year,int days,int *pm,int *pd);

算法设计： 流程图描述如图 8-9 所示。变量设置如下：

int year,days：值形参，表示年份、天数。

int *pm：指针形参，返回月份。

int *pd：指针形参，返回日。

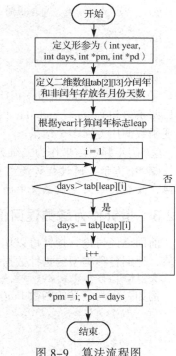

图 8-9 算法流程图

程序清单：

```c
#include <stdio.h>
int main()
{
    int year,month,day,days;/* year: 年, month: 月, day: 日, days: 天数 */
    void monthDay(int year,int days,int *pm,int *pd); /* 函数声明 */
    printf ("Input year and days: ");    /* 输入提示 */
    scanf("%d%d",&year,&days);            /* 输入年份和天数 */

    monthDay(year,days,&month,&day);      /* 调用 monthDay()函数 */

    printf ("The date is %d-%d-%d\n",year,month,day);
    return 0;
}
void monthDay(int year,int days,int *pm,int *pd)
{
    int i,leap; /* i: 循环变量, leap: 闰年标志变量（1—闰年，0—非闰年） */
    int tab[2][13]={/* 二维数组: 第 0 行存放非闰年、第 1 行存放闰年各月份的天数 */
        {0,31,28,31,30,31,30,31,31,30,31,30,31},
        {0,31,29,31,30,31,30,31,31,30,31,30,31}
    };

    /* 计算闰年标志 leap: leap=1—闰年, leap=0—非闰年 */
    leap=(year%4==0&&year%100!=0)||(year%400==0);

    /* 计算 year 和 days 对应日期的月和日 */
    for(i=1;days>tab[leap][i];i++)
        days-=tab[leap][i];
```

```
/* 返回结果: 间接访问 pm 和 pd 所指变量 */
*pm=i;
*pd=days;
}
```

知识小结:

① 被调函数 month_day() 中形参用指针变量 pm 和 pd 接收地址,并在 monthDay() 函数的最后两条语句(*pm=i;*pd=days;)用间接访问方式改变 main() 函数中变量 month 和 days 的值,实现函数调用返回多个结果。

② 闰年判定结果作为二维数组 tab 的行下标,是本题的一个小技巧。

☞**小提示:** 通过指针类型参数接收主调函数中的变量地址,在被调函数中,通过间接访问,改变或带回主调函数中的变量的值。

8.2.3 指针作为函数返回值

前面已经讨论,指针可以作为函数参数,返回多个值。其实,指针也可以作为函数的返回值,返回各种类型的指针数据,这样的函数称为指针函数。指针函数定义的一般形式:

```
类型标识符 * 函数名 (形式参数表)
```

例如,下列定义的函数 fun() 就是一个指针函数。

```
int * fun(int a,int b)
{
    函数体语句;
    return (指针);
}
```

该函数的返回值为一个 int 型指针,这就要求在函数体中有返回指针或地址的 return 语句,形式如下:

```
return(&普通变量名);
```

或

```
return(指针变量);
```

☞**说明:** 指针函数的返回值一定是地址,并且返回值类型要与函数类型一致。

指针函数是非常有用的函数,在库函数中有许多函数都返回指针值,例如,字符串处理函数、动态内存分配函数等都是指针函数,读者应该熟练掌握。

8.2.4 指向函数的指针

C 语言中变量与特定的内存单元相联系,通过运算符 & 可以取得变量的存储地址。同样,函数包括一组指令序列,存储在某段内存,这段内存空间的起始地址称为函数入口地址,通过函数名可以得到这一地址,反过来,也可以通过该地址找到这个函数,故称函数入口地址为函数的指针。可以定义一个指针变量,其值等于该函数的入口地址,指向这个函数,这样通过这个指针变量也能调用这个函数。这种指针变量称为指向函数的指针变量。指向函数的指针变量的定义形式如下:

```
类型标识符 (*指针变量名)(形参表);
```

例如,下列定义的变量 p 和 q 就是指向函数的指针变量:

```
int   (*p)(int,int);          /* 两个 int 型形参 */
float (*q)(float,float);      /* 两个 float 型形参 */
```

在上例中,表示指针变量 p 指向一个返回整型值的函数,指针变量 q 指向一个返回单精度类型值的函数。

☞ 说明：注意区分 int (* p)(形参表);与 int * p(形参表);，前者定义 p 是一个指向函数的指针变量，后者定义 p 是一个指针函数，其返回值为指针。

与其他指针变量一样，指向函数的指针变量必须赋予地址值后才能引用。将某个函数的入口地址赋给指向函数的指针变量，就可以通过该指针变量调用所指向的函数。通常，函数名代表函数的入口地址，因此，只需将函数名赋给函数指针变量即可。指向函数的指针变量赋值的一般形式为：

指针变量名=函数名;

例如，下面定义了求两个整数最大值的函数 max()，且 p 为指向函数的整型指针变量，q 为指向函数的浮点类型指针变量。

```
int (*p)(int,int);
float(*q)(float,float);
int max(int x,int y)
{
    if(x>y) return x;else return y;
}
```

则下面的 3 条赋值语句中，只有语句 p=max;是正确的，其他两条语句都是错误的。

```
p=max;          （正确）
p=max(x,y);     （错误：不能带参数。max(x,y)是函数调用，返回最大值，不是指针）
q=max;          （错误：类型不一致）
```

☞ 说明：通过赋值语句将函数名赋给指向函数的指针变量时，不能带函数参数，且指针变量的类型必须与函数返回值类型一致。

当 p 指向 max()函数后，若定义 a 是整型变量，则调用 max()函数有两种等价方法。

（1）通过函数名直接调用

```
a=max(x,y);
```

（2）通过指向函数的指针变量 p 间接调用

```
a=(*p)(x,y);
```

一般情况下，通过指向函数的指针变量调用函数的一般形式为：

```
(*指针变量名)(实参表);
```

【例 8-5】设计两个函数 max()和 min()，求两个整数的最大值和最小值。主函数定义指向函数的指针变量 p，通过指针 p 间接调用 max()和 min()函数。

基本思路：设计两个函数 max()和 min()，求两个整数的最大值和最小值。再定义指向函数的指针变量 p，通过指针 p 调用 max()函数和 min()函数。

程序清单：

```
#include <stdio.h>
int main()
{
    int a,b,res;                          /* res: 结果变量 */
    int (*p)(int,int );                   /* p: 指向函数的整型指针变量 */
    int max(int x,int y),min(int x,int y);  /* 函数声明 */

    /* 输入两个整数 */
    printf("Input two integer: ");
    scanf("%d%d",&a,&b);
```

```
        /* 通过指向函数的指针变量 p 调用 max() 函数 */
        p=max;                                  /* 使 p 指向 max() 函数 */
        res=(*p)(a,b);                          /* 通过 p 调用 max() 函数求最大值 */
        printf("The max is %d.\n",res);         /* 输出最大值 */

        /* 通过指向函数的指针变量 p 调用 min() 函数 */
        p=min;                                  /* 使 p 指向 min() 函数 */
        res=(*p)(a,b);                          /* 通过 p 调用 min() 函数求最小值 */
        printf("The min is %d.\n",res);         /* 输出最小值 */
        return 0;
}
int max(int x,int y)                            /* 定义求最大值函数 */
{
        int res;
        if(x>y) res=x;else res=y;               /* 求 x 和 y 的最大值 */
        return(res);                            /* 返回最大值 */
}
int min(int x,int y)                            /* 定义求最小值函数 */
{
        int res;
        if(x<y) res=x;else res=y;               /* 求 x 和 y 的最小值 */
        return(res);                            /* 返回最小值 */
}
```

知识小结：
① 调用函数的两种方法：函数名、函数指针。
② 语句 int (*p)(int,int)，定义 p 是指向函数的整型指针变量。
③ 函数指针变量只能指向同类型的函数。

比较函数指针与数据指针：两者性质相同，都是地址。所不同的是数据指针指向内存数据区，函数指针指向内存程序区。函数指针的作用体现在函数间传递函数代码入口地址。当被调函数的形参是函数指针时，可以用不同的函数名实参与形参对应，从而实现调用不同的函数，完成不同的功能。用函数指针变量作实参，当给该指针变量赋不同的函数入口值（指向不同的函数）时，也可实现在主调函数中调用不同的函数。

通过上面的讨论和案例分析，总结出指向函数指针的使用步骤。

指向函数指针的使用步骤

第 1 步：定义指向函数的指针变量。定义形式为：

　　　　类型标识符 (*指针变量名) (形参表)；

　　　　　例如：int (*p)(int,int);。

第 2 步：对函数指针变量赋值，使其指向某个具体函数。赋值形式为：

　　　　指针变量=函数名;

　　　　　例如：p=max;。

注意：赋值时只给出函数名，不能带参数。

第 3 步：通过函数指针间接调用函数。调用形式为：

　　　　结果变量=(*指针变量) (实参表);

　　　　　例如：res=(*p)(a, n);。

8.2.5 模仿练习

练习 8-3：模仿例 8-4，使用指针作函数参数，返回多个值。设计一个函数 max_min_sum()，计算并返回两个整数的最大值、最小值和总和。在主函数中输入两个整数，调用 max_min_sum() 函数求两个整数的最大值、最小值和总和，最后输出结果。

练习 8-4：模仿例 8-4，使用指针作为函数返回值。设计一个指针函数 average()，求两个整数的平均值。在主函数中输入两个整数，调用 average()函数求两个整数的平均值并返回存放平均值的变量地址，最后输出平均值。

练习 8-5：模仿例 8-5，使用指向函数的指针变量间接调用函数。设计 3 个函数 max()、min()和 sum()，求两个整数的最大值、最小值和总和。在主函数中定义一个指向函数的指针变量 p，然后输入两个整数，通过指向函数的指针 p 间接调用 max()函数、min()函数和 sum()函数，并输出函数的调用结果。

8.3 指针与数组

第 7 章已经提到，数组名代表数组的首地址（起始地址或第一个元素的地址），每个数组元素也有自己的地址。根据指针的概念，数组的指针是指数组的起始地址，而数组元素的指针，是数组各元素的地址。像指针变量可以指向基本类型的变量一样，也可以定义指针变量指向数组与数组元素。由于数组各元素在内存中是连续存放的，所以利用指向数组或数组元素的指针变量来使用数组，将更加灵活、快捷。

8.3.1 指向一维数组的指针

1. 一维数组与指针变量的关系

C 语言规定，数组名代表数组的首地址，它是一个常量地址，不能改变。可以定义指针变量指向数组与数组元素，指向数组的指针的定义方法与指向基本类型变量的指针的定义方法相同。

例如，下面程序片段定义了一个指向一维数组 a 的指针变量 p：

```
int a[5]={1,2,3,4,5};      /* 定义整型一维数组 a */
int *p;                    /* 定义整型指针变量 p */
p=a;                       /* 使 p 指向数组 a */
p=&a[0];                   /* 使 p 指向数组元素 a[0] */
```

☞说明：p=a;与 p=&a[0];等价，将数组首地址赋给 p，使 p 指向数组 a。

当指针变量 p 指向数组 a 时，指针变量 p 与数组 a 的内存示意图如图 8-10 所示。数组名 a 与 p 都是指针，都指向数组的首元素，但 a 是常量指针，其值在数组定义时已确定，不能改变，不能进行 a++、a=a+2 等类似的操作，而 p 是指针变量，其值可以改变，当赋给 p 不同元素的地址时，它就指向不同元素，p++、p=p+2 等操作是合法的。

上面程序片段定义了指向一维数组 a 的指针变量 p，若系统分配给数组 a 的存储单元首地址是 3000，每个元素占 4 个字节单元，p 与 a 之间的关系图如图 8-11 所示，并具有如下重要表达值。

① a+i、p+i、&a[i]等价：表示数组元素 a[i]的地址。a[i]的内存地址计算公式如下：

&a[i]=&a[0]+i×元素占用字节数

② *(a+i)、*(p+i)、a[i]等价：表示数组元素 a[i]，也可用 p[i]表示数组元素 a[i]。

③ 若 p 指向某元素，则 p+1 指向当前元素的后一个元素，p-1 指向当前元素的前一个元素。例如，若 p 指向 a[2]，则 p+1 指向 a[3]，p-1 指向 a[1]。

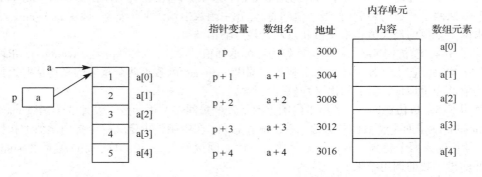

图 8-10　数组指针示意图　　　　　图 8-11　指针变量 p 与数组 a 关系图

上面分析了指针和一维数组之间的关系，实际上，任何由数组下标来实现的操作都能用指针来完成。

【例 8-6】输入 10 个整数作为数组元素，分别使用数组和指针方式计算并输出元素和。
程序清单：

```c
/* 分别使用数组和指针方式计算并输出数组各元素和 */
#include <stdio.h>
int main()
{
    int i,a[10],sum,*p;

    /* 数组方法：输入 10 个整数，计算并输出数组各元素总和 */
    printf("Enter 10 integers: ");
    for(i=0,sum=0;i<10;i++){
        scanf("%d",&a[i]);          /* 该语句可以换成 scanf("%d",a+i); */
        sum=sum+a[i];               /* 该语句可以换成 sum=sum+*(a+i); */
    }
    printf("calculated by array,sum=%d\n",sum);

    /* 指针方法：输入 10 个整数，计算并输出数组各元素总和 */
    printf("Enter 10 integers: ");
    for(i=0,sum=0,p=a;i<10;i++){
        scanf("%d",p+i);            /* 该语句可以换成 scanf("%d",&p[i]); */
        sum=sum+*(p+i);             /* 该语句可以换成 sum=sum+p[i]; */
    }
    printf("calculated by pointer,sum=%d\n",sum);
    return 0;
}
```

知识小结：
① 数组方法的程序片段中，&a[i]可以换成 a+i，a[i]可以换成*(a+i)。
② 指针方法的程序片段中，p+i 可以换成&p[i]，*(p+i)可以换成 p[i]。

☞小提示：

① 程序中没有改变 p 的指向关系，即 p 总是指向 a[0]。

② 修改指针方法的程序片段，改变 p 的指向关系，使 p 不断指向下一个元素（p++），修改后的程序如下。请理解循环语句中的表达式"p<=a+9"的含义。

```
for(sum=0,p=a;p<=a+9; p++){        /* p<=a+9: 比较表达式，比较地址 */
    scanf("%d",p);
    sum=sum+*p;
}
```

可见，使用数组和指针可以实现相同的操作，而且指针的效率高、更灵活。实际上，在 C 编译器中，对数组的操作都是自动转换为指针进行的。但与数组操作相比，指针操作的程序代码阅读上不够直观，特别对初学者来说较难掌握。

☞说明：关于指向数组指针的处理有几点需要特别注意。

① 数组名 a 是常量指针，不是指针变量，像 a++、++a、a--、--a 的操作都是非法的。

② 利用指针变量访问数组元素，需要注意指针变量的当前值，以防数组越界。

③ *p++相当于*(p++)：因为*与++优先级相同，且结合方向从右向左，其作用是先获得 p 指向变量的值，然后执行 p=p+1。

④ *(p++)不同于*(++p)：后者是先 p=p+1，再获得 p 指向的变量值。若 p=a，则输出*(p++)时先输出 a[0]，再让 p 指向 a[1]；输出*(++p)时先使 p 指向 a[1]，再输出 p 所指的 a[1]。

⑤ (*p)++表示的是将 p 指向的变量值加 1。

2．数组名作函数参数

一维数组的数组名代表数组的首地址，即首元素地址（一级指针），当用数组名作函数实参时，函数形参必须能接收一级指针的参数。通常有两种形式：数组形参、指针形参。

【例 8-7】设计 bubble()函数，实现冒泡排序算法。在主函数中输入 n 个整数，调用 bubble() 函数将一组整数按升序排序，最后输出排序结果。

背景知识：冒泡排序法

排序又称分类，是程序设计的常用算法。第 7 章已经介绍了选择排序法，下面介绍冒泡排序算法。假设 p 数组中存放 n 个数，冒泡排序算法的基本步骤如下：

第 1 步：在未排序的 n 个数（p[0]～p[n-1]）中，j 在[0,n-1)区间变化，相邻元素（p[j]与 p[j+1]）比较，大数后移。循环结束，最大数移到 p[n-1]。

第 2 步：在剩下未排序的 n-1 个数（p[0]～p[n-2]）中，j 在[0,n-2)区间变化，相邻元素（p[j]与 p[j+1]）比较，大数后移。循环结束，最大数移到 p[n-2]。

……

第 i 步：在剩下未排序的 n-i+1 个数（p[0]～p[n-i]）中，j 在[0,n-i)区间变化，相邻元素（p[j]与 p[j+1]）比较，大数后移。循环结束，最大数移到 p[n-i]。

……

第 n-1 步：在剩下未排序的 2 个数（p[0]～p[1]）中，j 在[0,1)区间变化，相邻元素（p[j]与 p[j+1]）比较，大数后移。循环结束，最大数移到 p[1]。

至此，排序结束。

问题分析：

求解目标：对数组元素从小到大排序。

约束条件：多函数结构、冒泡排序法。

解决方法：设计 bubble()函数，供主函数调用。

bubble()函数中，n 个元素共需要进行 n-1 趟冒泡操作（i 从 1 变化到 n-1），每趟冒泡操作完成相邻元素比较大数后移（j 从 0 变化到 n-i-1）。使用二重循环实现。函数需要设计两个形参，分别表示数组首地址和元素个数。函数原型设计如下：

void bubble(int p[ ],int n);

算法设计：流程图描述如图 8-12 所示。变量设置如下：

int p[]：数组形参，表示数组首地址。

int n：值形参，表示数组元素个数。

int i,j：循环变量，兼作数组下标。

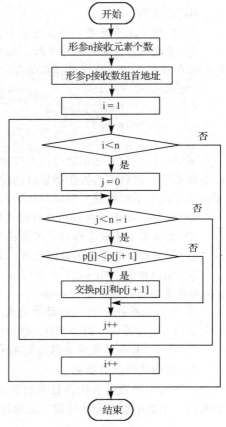

图 8-12 bubble()函数算法流程图

程序清单：

```
#include <stdio.h>
int main()
{
    int i,n,a[10];
    void bubble (int p[],int n);     /* p[]: 数组形参(传址) */

    /* 输入整数 n 和 n 个整数 */
    printf("Enter n(n<=10): ");
    scanf("%d",&n);
    printf("Enter a[%d]: ",n);
    for(i=0;i<n;i++)
        scanf("%d",&a[i]);
    bubble(a,n);       /* 函数调用: a—数组名实参 (数组首地址), n—待排序元素个数 */
    printf("After sorted,p[%d]=",n);     /* 输出排序后的 n 个数 */
    for(i=0;i<n;i++) printf("%-4d",a[i]);
    return 0;
}
```

```
void bubble(int p[],int n)/* p[]: 数组形参(传址)，n: 待排序元素个数(传值) */
{
    int i,j,t;
    for(i=1;i<n;i++)                    /* 外循环: 控制冒泡趟数 */
        for(j=0;j<n-i;j++)             /* 内循环: 完成第 i 趟冒泡 */
            if(p[j]>p[j+1]){           /* 相邻元素比较，大数后移 */
                t=p[j];p[j]=p[j+1];p[j+1]=t;
            }
}
```

知识小结：

① 形参 int p[ ]，数组形参（地址参数），表示待排序的数组。

② 形参 int n，值形参（传值），表示待排序的元素个数。

☞**小提示：** 上例数组形参 p 就是指针形参，当进行参数传递时，主调函数用数组名 a 做实参，传递数组 a 的首地址，数组元素不被复制。一种习惯表示，编译器允许形参声明中使用数组方括号。因此，上例 bubble()函数可以改写成如下两种等价形式。

```
void bubble(int *p,int n)      /* int p[]等价于 int *p */
{
    int i,j,t;
    for(i=1;i<n;i++)                    /* 外循环: 控制冒泡趟数 */
        for(j=0;j<n-i;j++)             /* 内循环: 完成第 i 趟冒泡 */
            if(*(p+j)>*(p+j+1)){       /* 相邻元素比较，大数后移 */
                t=*(p+j);*(p+j)=*(p+j+1);*(p+j+1)=t;
            }
}
void bubble(int *p,int n)      /* int p[]等价于 int *p */
{
    int i,j,t;
    for(i=1;i<n;i++)                    /* 外循环: 控制冒泡趟数 */
        for(j=0;j<n-i;j++)             /* 内循环: 完成第 i 趟冒泡 */
            if(p[j]>p[j+1]){           /* 相邻元素比较，大数后移 */
                t=p[j];p[j]=p[j+1];p[j+1]=t;
            }
}
```

【例 8-8】 设计 reverse()函数，实现数组元素的逆序存放。在主函数中输入 n 个整数，调用 reverse()函数将它们逆序存放，最后输出逆序结果。

> **问题分析：**
> 求解目标：用函数实现数组元素的逆序存放。
> 约束条件：多函数结构。

解决方法：设计 reverse()函数，供主函数调用。

reverse()函数：假设数组 p 有 n 个元素，设置下标指示变量 i 和 j（初值为 0 和 n-1），互换 p[i]与 p[j]，然后 i++、j--，直到每对元素都互换。使用单重循环实现。函数需要设计两个形参，分别表示数组首地址和元素个数。函数原型设计如下：

void reverse(int p[ ],int n);

算法设计：流程图描述如图 8-13 所示。变量设置如下：

int p[ ]：数组形参，表示数组首地址。

int n：值形参，表示数组元素个数。

int i,j：下标指示变量，表示交换的元素下标。

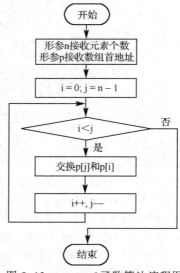

图 8-13　reverse()函数算法流程图

程序清单：

```c
#include <stdio.h>
int main()
{
    int i,a[10],n;
    void reverse(int p[],int n);      /* 函数声明 */

    /* 输入整数 n 和逆序前的 n 个整数 */
    printf("Enter n: ");
    scanf("%d",&n);
    printf("Enter %d integers:",n);
    for(i=0;i<n;i++)
        scanf("%d",&a[i]);

    reverse(a,n);      /* 函数调用: a—数组名实参（数组首地址），n—待逆序元素个数 */

    /* 输出逆序后的 n 个数 */
    printf("After reserved,\na[%d]=",n);
    for(i=0;i<n;i++)
        printf("%-4d",a[i]);
    printf("\n");
    return 0;
}
void reverse(int p[],int n) /* 数组形参 p[]: 地址形参 */
{
    int i,j,t;

    for(i=0,j=n-1;i<j;i++,j--){      /* 循环条件: i<j */
```

```
        t=p[i];p[i]=p[j];p[j]=t;      /* 互换元素对: p[i]与 p[j] */
    }
}
```

知识小结：

① 形参 int p[ ]，数组形参（传址），表示待逆序的数组。

② 形参 int n：值形参（传值），表示待逆序的元素个数。

☞小提示：还可将 reserve()函数改写成其他形式，使用数组和指针两种等价方式实现相同的操作，请读者在模仿改写练习中完成。

8.3.2 指向二维数组的指针

1．二维数组的地址

一维数组的指针表示法实际上是利用数组名或指向某个数组元素的指针按数组元素在内存中顺序存放的规则来表示。二维数组的表示方法与一维数组相似，同样，也可以利用指针法来表示二维数组。

对二维数组而言，可以这样理解，它也是一个一维数组，只不过其数组元素又是一个一维数组。例如，有下面的二维数组定义：

```
int a[3][4]={{1,2,3,4},{5,6,7,8},{9,10,11,12}};
```

对于第 1 行的元素 a[0][0]、a[0][1]、a[0][2]、a[0][3]可以看成一维数组 a[0]的 4 个元素，a[0]看成一个数组名，而 C 语言规定数组名代表数组的首地址，这样 a[0]即代表第 0 行的首地址，也是第 0 行第 0 列元素的地址&a[0][0]，该行其他元素地址也可以用数组名加序号来表示：a[0]+1、a[0]+2、a[0]+3。

依此类推，a[1]、a[2]分别可以看成第 2 行、第 3 行一维数组的数组名。这样 a[1]是第 2 行首地址，即等于&a[1][0]；第 2 行各元素的地址可以用 a[1]+0、a[1]+1、a[1]+2、a[1]+3 表示。第 3 行各元素的地址可以用 a[2]+0、a[2]+1、a[2]+2、a[2]+3 表示。

根据一维数组的地址表示方法，首地址是数组名，因此，a[0]、a[1]、a[2]分别代表 3 行的首地址，a[0]可以表示为*(a+0)，a[1]可以表示为*(a+1)，a[2]可以表示为*(a+2)，它们即为指针形式的各行（一维数组）的首地址，如图 8-14 所示。

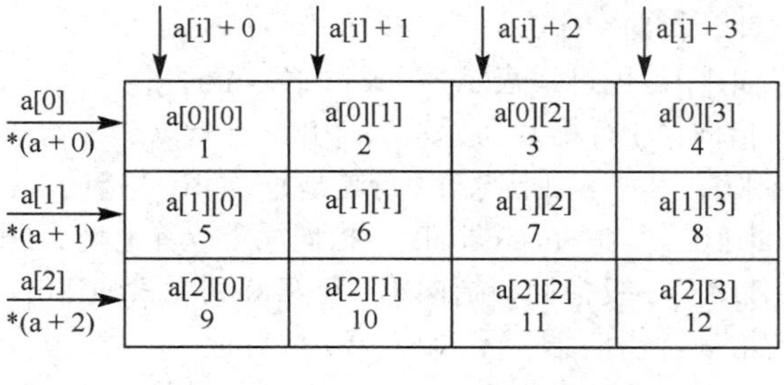

图 8-14 二维数组的指针表示

这样，对于二维数组中的任意元素 a[i][j]，其地址可以表示为&a[i][j]、a[i]+j 或*(a+i)+j 三种等价形式，同样，元素值则可以表示为 a[i][j]、*(a[i]+j)或*(*(a+i)+j)三种等价形式。

① a[0][2]元素：元素地址是&a[0][2]、a[0]+2 或*a+2，元素值是 a[0][2]、*(a[0]+2)或*(*a+2)。

② a[2][1]元素：元素地址是&a[2][1]、a[2]+1 或*(a+2)+1，元素值是 a[2][1]、*(a[2]+1)或*(*(a+2)+1)。

☞说明：若 a 是二维数组，a[i]表示一维数组名，代表第 i 行第 0 列的地址，不是具体元素，不占存储单元。若 a 是一维数组，则 a[i]代表第 i 个元素，占用存储单元。

下面通过案例，进一步说明如何用指针表示法对二维数组 a 进行访问操作。

【例 8-9】 两种指针方式求二维数组各元素和。请阅读程序并分析两种方式的特点。

```c
#include <stdio.h>
int main()
{
    int a[2][3]={{1,2,3},{4,5,6}},i,j,sum;
    int *p;        /* 定义一级指针变量p, 普通指针变量 */
    int (*q)[3];/* 定义二级指针变量q, 指向一维数组（二维数组的一行）的指针变量 */
    /* 方式1：一维数组方式，a[i]表示第 i 行首地址 */
    for(sum=0,i=0;i<2;i++)
        for(j=0;j<3;j++)  sum=sum+*(a[i]+j);
    printf("sum=%d\n",sum);

    /* 方式2：数组名方式，数组名 a 表示数组首地址 */
    for(sum=0,i=0;i<2;i++)
        for(j=0;j<3;j++)  sum=sum+*(*(a+i)+j);
    printf("sum=%d\n",sum);
    return 0;
}
```

程序解析：程序使用两种指针方式求二维数组各元素和。其中：

方式 1：一维数组方式，一维数组 a[i]表示第 i 行首地址，a[i]+j 表示数组元素 a[i][j]的地址，*(a[i]+j)表示数组元素 a[i][j]。

方式 2：数组名方式，数组名 a 表示数组首地址，*(a+i)表示第 i 行首地址，*(a+i)+j 表示数组元素 a[i][j]的地址，*(*(a+i)+j)表示数组元素 a[i][j]。

下面以 m×n 数组 a 为例，总结二维数组的各种地址表示：
- a：数组名，数组基地址，常量地址，二级指针，指向第 0 行的 a[0]。
- *(a+i)+j：一级指针，指向 a[i][j]。
- *(*(a+i)+j)：元素 a[i][j]，也可以表示成*(&a[0][0]+n*i+j)。
- a[i]：一级指针，指向第 i 行第 0 列元素 a[i][0]。
- *(a[i]+j)：元素 a[i][j]，其中 a[i]指向第 i 行首地址，a[i]+j 指向 a[i][j]。
- (*(a+i))[j]：元素 a[i][j]，其中*(a+i)即 a[i]，指向第 i 行首地址，(*(a+i))[j]就是 a[i][j]。
- a[i]、*(a+i)、&a[i][0]：一级指针，指向第 i 行第 0 列元素 a[i][0]。
- a+i、&a[i]：二级指针，指向第 i 行 a[i]（第 i 行首地址）。
- a[i]+j、*(a+i)+j、&a[i][j]：一级指针，指向第 i 行第 j 列元素 a[i][j]。
- *(a[i]+j)、*(*(a+i)+j)、a[i][j]：元素 a[i][j]。

2．指向二维数组的指针变量

指向二维数组的指针变量有两种：一是直接指向数组元素的指针变量（一级指针）；二是指向二维数组行的指针变量（二级指针）。两种不同形式的指针变量，使用方法稍有不同。

（1）指向二维数组元素的指针变量

指向二维数组元素的指针变量属于普通指针变量（即一级指针）。这种指针变量的定义与普通指针变量定义相同，其类型与数组元素的类型相同。

【例 8-10】修改例 8-9 的程序，增加第三种方式——指向数组元素的指针变量，实现程序功能。下面是第三种方式的程序片段。

程序片段：

```
/* 方式 3: 指向数组元素的指针变量方式 */
p=a[0]; /* p: 一级指针，指向数组 a 的首元素，可以改写成 p=&a[0][0]; */
for(sum=0,i=0;i<2;i++)
    for(j=0;j<3;j++) sum=sum+*(p++);
printf("sum=%d\n",sum);
```

代码解析： 指针变量 p 初始化指向数组元素 a[0][0]，循环体语句 "sum=sum+*(p++);" 每次累加 p 指向的数组元素后使 p 下移，利用二维数组按行顺序存储的特点，累加 a 数组。注意两点：

- *(p++)：先引用 p（取*p），再 p++ 使 p 下移。
- 语句 "p=a[0];" 不能改写成 "p=a;"。因为 p 是一级指针，只能指向数组元素，而数组名 a 是数组首地址，指向第 0 行的 a[0]，它是一个指向行的指针（二级指针），p 与 a 类型不同，因此，不能直接赋值。

☞说明：指向数组元素的指针变量 p 是一级指针，只能指向数组元素 a[i][j]，不能指向二维数组的行。不能用二级指针直接赋值。例如，语句 p=a;或 p=&a[i];都是错误的。

（2）指向二维数组行的指针变量

指向二维数组行的指针变量属于二级指针，又称行指针。这种指针变量的定义与普通指针变量定义不同，定义形式如下：

```
类型标识符 (* 指针变量名) [列长度];
```

例如：

```
int a[2][3]={{1,2,3},{4,5,6},{}};    /* 定义二维数组 a 并初始化 */
int (* p)[3];    /* 定义指向二维数组行的指针变量 p，二级指针 */
p=a;             /* 初始化指针变量 p，使其指向二维数组 a 的第 0 行 a[0] */
p=&a[0];         /* 功能与语句 p=a;相同 */
```

这样，p 指向数组 a 的第 0 行 a[0]，则 p+1 指向数组 a 的第 1 行 a[1]，而不是指向数组元素 a[0][1]，p 值应以一行占用存储单元的字节数为单位进行调整。

【例 8-11】修改例 8-10 的程序，增加第 4 种方式——指向二维数组行的指针变量，实现程序功能。下面是第 4 种方式的程序片段。

程序片段：

```
/* 方式 4: 指向二维数组行的指针变量方式，定义 int (*q)[3]; */
q=a;       /* q: 二级指针，指向数组 a 的第 0 行 a[0]，可以改写成 q=&a[0]; */
for(sum=0,i=0;i<2;i++,q++)
    for(j=0;j<3;j++) sum=sum+*(*q+j);
printf("sum=%d\n",sum);
```

代码解析： 初始化 q 指向 a 的第 0 行 a[0]，利用双重循环累加二维数组 a 的各行元素。

- 内循环：累加第 i 行 a[i] 的各元素值，*q+j 指向数组元素 a[i][j]。
- 外循环：控制内循环执行 2 次，每次内循环后，执行 q++，使 q 指向下一行。

☞说明：指向二维数组行的指针变量 q 是二级指针，只能指向二维数组 a 的第 i 行 a[i]，不能用一级指针直接赋值。例如，语句 q=a[0];或 q=&a[0][0];都是错误的。

3. 二维数组名作函数参数

由于二维数组的数组名代表数组的首地址，属于二级指针，当用数组名作函数实参时，要求函数形参也必须能接收地址的二级指针参数。形参的定义有如下两种等价形式：

① 形式 1：二维数组形式，例如，int p[ ][列长度]，相当于二级指针形式。

② 形式 2：二维数组行指针变量形式，例如，int (*p)[列长度]，相当于二级指针形式。

【例 8-12】设计函数 max()，求 n 阶方阵最大元素所在的行、列位置。供主函数调用。

问题分析：	
求解目标：用函数求方阵中最大元素位置	
约束条件：多函数结构。	
解决方法：设计 max() 函数，供主函数调用。 max() 函数：从方阵左上角开始，逐行遍历方阵中的每个元素，用 row 和 col 分别记录最大元素的行、列位置。算法包含二重循环，外循环控制进行 n 行遍历，内循环完成第 i 行遍历。函数需要设计 4 个形参，分别表示数组首地址、数组行数、待返结果的两个指针。函数原型设计如下： 　　void max(int p[ ][10],int n,int *prow,int *pcol);	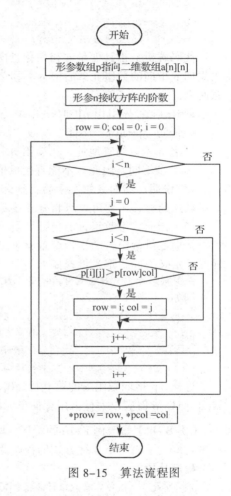
算法设计：流程图描述如图 8-15 所示。变量设置如下： int p[ ][10]：数组形参，表示数组首地址。 int n：值形参，表示二维数组行数。 int *prow：指针形参，最大元素的行指针。 int *pcol：指针形参，最大元素的列指针。 int i,j：循环变量，兼作数组行、列下标。	图 8-15　算法流程图

程序清单：

```
#include <stdio.h>
int main()
{
    int i,j,row,col,n,a[10][10];/* row、col：标记最大元素的行、列位置 */
    void max(int p[][10],int n,int *prow,int *pcol);
    /* int p[][10]：二维数组形式，二级指针 */

    /* 输入方阵阶数 n 和 n 阶方阵 a */
    printf("Enter n(n<=10): ");
    scanf("%d",&n);
```

```
        printf("Enter a[%d][ %d]: \n",n,n);
        for(i=0;i<n;i++)
            for(j=0;j<n;j++) scanf("%d",&a[i][j]);

        max(a,n,&row,&col);  /* 函数调用: a—二维数组名作实参, 数组首地址, 二级指针 */

        /* 输出最大元素及其位置 */
        printf("max is: a[%d][%d]=%d\n",row,col,a[row][col]);
        return 0;
}
void max(int p[][10],int n,int *prow,int *pcol)
{
        int i,j,row,col;       /* row: 最大元素行下标, col: 最大元素列下标 */
        row=col=0;             /* 设置最大值的行、列位置初值: 左上角元素位置 */

        /* 逐行遍历方阵 p, 记录最大元素的行、列位置 */
        for(i=0;i<n;i++)                    /* 外循环控制遍历 n 行 */
            for(j=0;j<n;j++)               /* 内循环控制遍历第 i 行 */
                if(p[i][j]>p[row][col]){row=i;col=j;}   /* 标记最大元素位置 */

        *prow=row;*pcol=col;               /* 返回最大元素的行、列位置 */
}
```

知识小结:

① 调用语句"max(a,n,&row,&col);": 使用 a、&row、&col 作实参传递地址。

② 形参 int p[ ][10]: 二维数组形参, 接收相应实参值(二维数组名), 也可改写成行指针形式(int (*p)[10])。

③ 形参 int *prow、int *pcol: 一级指针, 接收相应实参值(row 和 col 的地址)。

④ 语句 "*prow=row; *pcol=col;": 间接访问方式访问主函数中的变量 row 和 col。

☞**小提示**: max()函数采用数组下标表示法引用数组元素(p[i][j]、p[row][col]), 也可用等价的指针表达式替代(*(*(p+i)+j)、*(*(p+row)+col))。修改后的 max()函数如下:

```
void max(int (*p)[10],int n,int *prow,int *pcol)
{
        int i,j,row,col;       /* row: 最大元素行下标, col: 最大元素列下标 */

        /* 从左上角开始, 逐行遍历方阵 p, 记录最大元素的行、列位置 */
        row=0;col=0;
        for(i=0;i<n;i++)              /* 外循环: 控制共进行 n 行遍历操作 */
            for(j=0;j<n;j++)          /* 内循环: 完成第 i 行的遍历操作 */
                if(*(*(p+i)+j)>*(*(p+row)+col)){row=i;col=j;}
        *prow=row;*pcol=col;         /* 返回最大元素的行、列位置 */
}
```

ⓘ **注意**

max()函数未改变 p 的指向关系, 也可改变 p 使其逐行下移, 请读者思考。

8.3.3　模仿练习

练习 8-6: 利用一维数组和指向一维数组的指针的等价表示方式, 改写例 8-9 的 rserve()函数, 仿照例 8-8 写出另外两种形式的 rserve()函数。

练习 8-7: 仿照例 8-10 和例 8-12, 利用二维数组和指向二维数组元素的指针的等价表示方式, 实现求二维数组各行元素和。要求写出下列 4 种等价的实现方式。

方式 1: 一维数组方式, a[i]表示第 i 行首地址。

方式 2：数组名方式，数组名 a 表示数组首地址。

方式 3：指向数组元素的指针变量方式。

方式 4：指向二维数组行的指针变量方式。

练习 8-8：仿照例 8-12，设计一个函数 transposition()，实现 n 阶方阵的转置（行、列互换）。在主函数中输入一个正整数 n（$1 \leq n \leq 10$）和 n 阶方阵 A 中的元素，调用 transposition() 函数转置 n 阶方阵 A，最后输出转置后的方阵。transposition() 函数的原型设计如下：

```
void transposition(int p[][10],int n);
```
　或
```
void transposition(int (*p)[10],int n);
```

8.4　指针与字符串

在 C 语言中，字符串（string，简称串）是指若干有效字符的序列，使用双引号将字符串的有效字符括起来，字符串的结束标记是 ASCII 码为 0 的字符'\0'。字符串的存储使用一种特殊的字符型一维数组，每个数组元素存放一个有效字符。这样，可以通过对字符数组的访问来处理字符串。实际上，由于字符数组名就是字符数组的首地址（常量地址），因此，也可以使用指向字符串的字符型指针来处理字符串。

8.4.1　引例

【例 8-13】设计加密函数 encrypt()，把明文加密成为密文。加密规则：小写字母 z 变 a，大写字符 Z 变 A，其他字符变为该字符 ASCII 码顺序后 1 位的字符，比如 o 变 p。在主函数中指定明文（最多 80 个字符），调用 encrypt() 函数加密明文，最后输出加密后的结果。

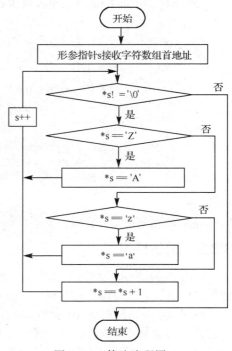

问题分析：

求解目标：用函数对字符串加密。

约束条件：多函数结构。

解决方法：设计 encryp() 函数，供主函数调用。

　　　　　　encryp() 函数：从明文字符串的首字符开始，按加密规则逐个字符加密，直到字符串结束（遇到字符'\0'）。加密规则规定字符加密分成 3 种情况，使用多分支结构来处理。函数需要设计一个字符指针形参，表示字符串首地址。函数原型设计如下：

　　　　　　void encryp(char *s);

算法设计：流程图描述如图 8-16 所示。变量设置如下：

　　　　　　char *s：字符指针，表示字符串首地址。

图 8-16　算法流程图

程序清单：

```
#include <stdio.h>
void encrypt(char *s);              /* 函数声明: char *s—字符指针 */
int main()
{
    char line[80]="HeMy12",*sp=line;/* line: 字符数组, sp: 字符指针 */
    printf ("Before being encrypted: %s",line);    /* 输出加密前的明文 */
    encrypt(sp);                    /* 函数调用: sp—字符指针, 指向 line 首元素 */
    printf ("\nAfter being encrypted: %s\n",line); /* 输出加密后的密文 */
    return 0;
}
void encrypt(char *s)               /* 加密函数定义: char *s—字符指针 */
{
    for(;*s!='\0';s++)              /* 循环条件: *s!='\0' */
        if(*s=='Z')*s='A';          /* 字符加密分三种情况 */
        else if(*s=='z') *s='a';
            else *s=*s+1;
}
```

知识小结：

① 语句 "char *sp=line;"：定义字符指针变量 sp 使其指向字符数组 line。

② 形参 char *s：接收相应实参值（字符数组首地址），使 s 指向字符串，可以通过指针变量 s 间接访问主函数中的数组 line。

☞小提示：指针 s 在循环中是移动的，每加密一个字符，s 后移指向后一个字符直至'\0'。

8.4.2 字符串与字符指针

1. 字符串、字符数组与字符指针

字符串常量是一对用双引号括起来的字符序列，系统在存储一个字符串常量时先给定一个起始地址，从该地址指定的存储单元开始，连续存放该字符串中的字符。显然，该起始地址代表了存放字符串常量首字符的存储单元的地址，称为字符串常量的值，也就是说，字符串常量实质上是一个指向字符串首字符的指针常量，其值是一个地址值。

第 7 章已经提到，字符串保存在字符数组中。在例 8-14 中，定义字符数组 line 如下：

```
char line[80]="HeMy12";
```

该语句定义了一个字符数组 line，并用字符串常量"HeMy12"初始化。字符数组 line 在内存中的存储分配如图 8-17 所示，数组名 line 是该字符数组的首地址，它是常量地址，其指针表示形式同一维数组。line+i 是第 i 个元素的地址，而*(line+i)是第 i 个元素 line[i]。

指向字符串的指针称为字符指针，其定义形式为：

```
char * 指针变量名;
```

例如，在例 8-13 中的下列两条语句：

```
char line[80]="HeMy12",*sp;
sp=line;
```

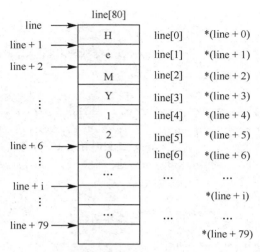

图 8-17　字符数组存储示意图

第 1 条语句定义字符数组 line 和字符指针 sp，由于 sp 并未赋值，其值不确定，不能明确 sp 的指向关系，若此时引用 sp，会出现难以预料的结果。第 2 条语句初始化 sp 使其指向数组 line，明确了 sp 的指向关系，此时可以引用 sp。字符指针初始化，下列两种方式等价。

方式 1：　　　　　　　　　　　　　　　　　　　　方式 2：

```
char *sp="HeMy12";                              char *sp;
                                                sp="HeMy12";
```

☞说明：为了尽量避免引用未赋值的指针所造成的危害，在定义指针时，可先将它的初值置空。例如，char *sp=NULL;。

例 8-13 中的 encrypt()函数原型是 void encrypt(char *s)，形参 s 定义成字符指针。在执行主函数中的函数调用语句 encrypt(sp);时，形参 s 接收指针实参 sp 传递的地址值，使 s 指向主函数的 line 数组，encrypt()函数通过指针 s 间接访问主函数中的 line 数组。

实际上，C 语言中的字符数组和字符指针都可以用来处理字符串。在例 8-13 中，encrypt()函数利用字符指针 s 来处理字符串。当然，也可将 encrypt()函数的形参定义成字符数组，用字符数组来处理字符串。修改后的 encrypt()函数如下：

```
void encrypt(char s[]){          /* 加密函数定义: char s[]—字符数组 */
    int i;                       /* i: 循环变量 */
    for(i=0;s[i]!='\0';i++)      /* 使用字符数组方式, 逐个字符加密明文 */
        if(s[i]=='Z') s[i]='A';  /* 字符加密分三种情况 */
        else if(s[i]=='z') s[i]='a';
            else s[i]=s[i]+1;
}
```

在 C 语言库函数中，字符指针非常有用，与字符串处理有关的程序大都使用了指向字符串的指针，读者可以多加留意。下面再举一个案例，进一步说明字符指针的应用。

【例 8-14】进制转换。设计进制转换函数 trans10tor()，使用辗转相除法把十进制整数 n 转换为 r 进制数（二、八、十六进制）。在主函数中输入十进制整数 n 和转换进制 r，调用 trans10tor()函数将十进制整数 n 转换成 r 进制数，最后输出转换后的结果。

问题分析:

求解目标: 进制转换问题。

约束条件: 多函数结构。

解决方法: 设计 trans10tor() 函数供主函数调用。

trans10tor() 函数: 根据辗转相除法的思想,需要将每次相除的余数变成字符(余数 0~9 加上 48 变成字符 '0'~'9',余数 10~15 加上 55 变成 'A'~'F')保存到结果数组,直到商为 0。函数需要设计三个形参,一个字符指针形参,两个值形参,分别表示结果字符串首地址、十进制整数 n、r 进制。函数原型设计如下:

void trans10tor(char *p,int n,int base);

算法设计: 流程图描述如图 8-18 所示。变量设置如下:

char *p: 字符指针,结果字符串首地址。

int n: 已知条件,表示要转换的十进制整数。

int base: 已知条件,表示转换目标进制。

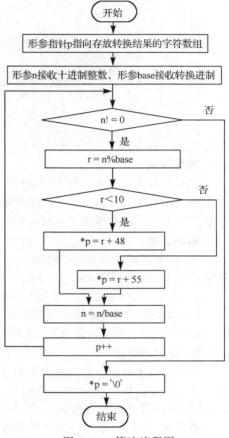

图 8-18 算法流程图

程序清单:

```c
#include <stdio.h>
#include <string.h>
void trans10tor(char *p,int n,int base);     /* 函数声明: char *p—字符 */
                                             /* 指针,指向结果数组 res */
int main()
{
    char res[32];                            /* 字符数组 res: 存放转换结果 */
    int i,n,r;

    printf ("Enter integer n and base r : ");   /* 输入提示 */
    scanf ("%d%d",&n,&r);                    /* 输入被转换的数和转换基数 */

    trans10tor(res,n,r);                     /* 函数调用: res,字符数组名 */

    printf ("Result is : ");                 /* 输出转换结果: 反向输出 res */
    for(i=strlen(res)-1;i>=0;i--)            /* strlen(res): 字符串长度函数 */
        printf("%c",*(res+i));
    printf("\n");
    return 0;
}
```

```
void trans10tor(char *p,int n,int base) /* 函数声明: char *p—字符指针,
                                             指向结果数组 */
{
    int r;

    while(n!=0){                          /* 循环条件: n!=0 */
        r=n%base;                         /* 求余数 */
        if(r<10) *p=r+48;else *p=r+55;/* 将余数变成字符存放到 p 指向的数组 */
        n=n/base;                         /* 求商 */
        p++;                              /* 下移 p 指向结果数组的下一个数组元素 */
    }
    *p='\0';                              /* 转换结果添加字符串结束标志 */
}
```

背景知识:

辗转相除法的思想: 将十进制整数 n 转换成 r 进制数, 只需用 n 除以 r 取余数作为转换后的数的最低位, 若商不为 0, 则商继续除以 r 取余数作为次低位, 依此类推, 直到商为 0 为止。对于十六进数中大于 9 的 6 个数字依次用字母 A、B、C、D、E、F 来表示。

知识小结:

① 函数调用语句 trans10tor(res,n,r);: 字符数组 res 作为实参 (传址) 传递给被调函数的指针形参 p, 使 p 指向 res。

② 在 trans10tor()函数中, 通过指针变量 p 间接访问主函数中的数组 res。

③ 结果输出部分采用反向输出 res 的方法, 函数 strlen(res)获取字符串 res 的长度。

☞小提示: 指针 p 在循环中是移动的, 每次计算转换后, 指针 p 下移指向数组下一元素。

2. 字符串数组

所谓字符串数组, 是指数组中的每个元素都是一个存放字符串的数组。字符串数组可以用一个二维字符数组来表示, 例如:

```
char language[3][10];
```

数组第一个下标决定字符串的个数, 第二个下标是字符串的最大长度 (最多 9 个字符)。

在定义字符串数组时, 可以对字符串数组赋初值, 例如:

```
char language[3][10]={ "BASCI","C++","PASCAL" };
```

其内存存储情况如图 8-19 所示。其中:

① language[i][j]: 第 i 行第 j 列的数组元素。

② language[i]: 一维数组名, 代表第 i 行的地址, 不是具体元素, 不占存储单元。

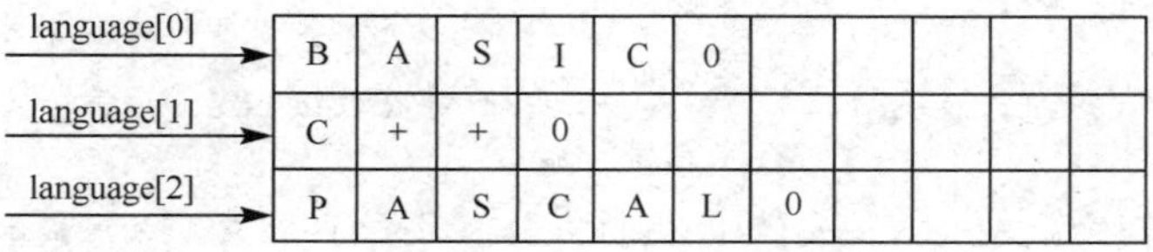

图 8-19　字符串数组存储示意图

ⓘ **注意**

这种存储结构使得各行字符间并不是连续存储的。每个字符串长度不同, 都是从每行第一个元素开始赋值, 可以利用 language[i][j]来引用每个字符, 但操作不方便, 没有发挥字符串的优越性。字符数组变量在定义时就确定了大小, 每行元素个数固定, 而各字符串长度不等, 这样会浪费存储空间。字符型指针数组可以更加方便地处理字符串数组。

8.4.3　字符串处理函数

为了方便对字符串的处理,在 C 语言的标准库中提供了许多非常有用的字符串处理函数。一般地,系统将字符串处理函数放在头文件 stdio.h 和 string. h 中,在使用字符串函数的应用程序中,必须提供函数原型声明,通常使用#include <string.h>编译预处理命令来引入头文件 string.h。系统提供的常用的字符串处理函数有如下几种。

1. 字符串的输入和输出

可以用函数 scanf()和 gets()来输入字符串,用函数 printf()和 puts()来输出字符串。它们定义在系统头文件 stdio.h 中。

（1）用 scanf()函数输入字符串

格式控制字符串中使用格式控制说明%s,输入参数必须是字符数组名或字符指针。该函数遇回车或空格输入结束,并自动将输入的字符数据和字符串结束符'\0'送入数组中。例如:

```
char s[80],*sp=s;
scanf("%s",s);          /* s: 字符数组名，代表数组首地址 */
scanf("%s",sp);      /* sp: 字符指针，指向数组 s 首元素 */
```

（2）用 printf()函数输出字符串

格式控制字符串中使用格式控制说明%s,输出参数必须是字符串常量、字符数组名、字符指针。该函数遇'\0'结束,但不会自动换行。例如:

```
char s[80]="I am a student.",*sp=s;
printf("%s","I am a student."); /* 输出字符串常量 */
printf("%s",s);                 /* 字符数组名 s: 代表数组首地址 */
printf("%s",sp);                /* 字符指针 sp: 指向数组 s 首元素 */
```

（3）用 gets()函数输入字符串

函数原型: char * gets(char *str)

函数功能:输入以回车符结束的字符串到 str,并自动在末尾加字符串结束标志'\0'。输入参数必须是字符数组名、字符指针。该方式可以输入含空格的字符串。例如:

```
char s[80],*sp=s;
gets(s);         /* s: 字符数组名，代表数组首地址 */
gets(sp);      /* sp: 字符指针，指向数组 s 首元素 */
```

（4）用 puts()函数输出字符串

函数原型: int puts(char *str)

函数功能:输出字符串。输出参数必须是字符串常量、字符数组名、字符指针。该函数遇'\0'结束,且自动换行。例如:

```
char s[80]="I am a student.",*sp=s;
puts("I am a student.");/* 输出字符串常量 */
puts(s);                /* 字符数组名 s: 代表数组首地址 */
puts(sp);             /* 字符指针 sp: 指向数组 s 首元素 */
```

上述两组输入/输出函数,尽管都可以实现输入/输出字符串的功能,但还是有一些细微的差别。下面结合案例说明它们之间的差异。

【例 8-15】阅读下面两个程序,分析它们的差异。

```
/* 程序 A: scanf 和 printf 输入和输出 */
#include <stdio.h>
int main()
{
    char str[80];
```

```
    scanf("%s",str);
    printf("%s",str);
    printf("%s","Hello");
    retutn 0;
}
/* 程序 B: gets 和 puts 输入和输出 */
#include <stdio.h>
int main()
{
    char str[80];
    gets(str);
    puts(str);
    puts("Hello");
    return 0;
}
```

程序 A 运行结果 I:
```
program
programHello
```

程序 B 运行结果 I:
```
program
program
Hello
```

程序 A 运行结果 II:
```
program is fun!
ProgramHello
```

程序 B 运行结果 II:
```
program is fun!
program is fun!
Hello
```

程序分析:

① 从运行结果 I 看: printf()和 puts()的区别在于后者输出字符串后会自动换行。

② 从运行结果 II 看: scanf()函数和 gets()函数的区别,在程序 A 中,由于 scanf()函数遇空格结束输入,数组 str 中存放"program";在程序 B 中,由于 gets()函数遇回车符结束输入,数组 str 中存放了全部输入内容"program is fun!"。

因此,使用 scanf()函数只能输入不带空格的字符串,而 gets()函数则没有这个限制。

2. 字符串的复制、连接、比较和求字符串长度

C 语言提供了字符串的复制、连接、比较和求字符串长度的函数,它们定义在系统头文件 string.h 中。

(1)求字符串长度函数 strlen()

函数原型: unsigned int strlen(char *str)

参数说明: 函数参数必须是字符串常量、字符数组名、字符指针。

函数功能: 求字符串的实际长度(有效字符个数,不包括'\0')。例如:

```
char s[80]="student",*sp=s;
int len1,len2,len3;
len1=strlen("student");
len2=strlen(s);
len3=strlen(sp);
```

注意

len1、len2、len3 的值均为 7,而不是 8。

(2)字符串复制函数 strcpy()

函数原型: char * strcpy(char *str1, char *str2)

参数说明：

① str1 必须是字符数组名或字符指针。

② str2 可以是字符串常量、字符数组名、字符指针。

函数功能：将字符串 str2（连同'\0'）复制到字符数组 str1 中，str2 的值不变。例如：

```
char str1[80],str2[80],*sp=str1;
strcpy(str2,"student");
strcpy(str1,str2);
strcpy(sp,"student");
```

ⓘ 注意

str1 的长度应不小于 str2 的长度，字符串复制不能用赋值语句 str1="student"。

（3）字符串连接函数 strcat()

函数原型：char * strcat(char *str1, char *str2)

参数说明：

① str1 必须是字符数组名或字符指针。

② str2 可以是字符串常量、字符数组名、字符指针。

函数功能：将字符串 str2 连同'\0'连接到 str1 最后一个非'\0'字符后面。结果保存在 str1。

```
char str1[80]="Teacher",str2[80]="Student";
strcat(str1,str2);        /* str1 保存字符串"TeacherStudent", str2 不变 */
```

图 8-20 表示连接前后 str1 和 str2 的内容。

ⓘ 注意

str1 应足够长，以能够存放连接后的结果。

图 8-20 连接前后的 str1 与 str2

（4）字符串比较函数 strcmp()

函数原型：int strcmp(char *str1, char *str2)

参数说明：str1、str2 可以是字符串常量、字符数组名、字符指针。

函数功能：比较两个字符串的大小。字符串比较规则：将两个字符串 str1 和 str2 从左到右逐个字符进行比较，直到出现不同字符或遇到'\0'为止。若 str1 和 str2 完全相同，则返回值为 0。若 str1 大于 str2，则返回值为正整数。若 str1 小于 str2，则返回值为负整数。实际上，当 str1 和 str2 不同时，返回值就是不同字符的 ASCII 码差值。

① 相等比较

正确写法：if(strcmp(str1,str2)==0){   **错误写法**：if(str1==str2){

　　　　　　 ...   ...

　　　　　 }   }

② 大于比较

正确写法：if(strcmp(str1,str2)>0){   错误写法：if(str1>str2){

…   …

}   }

③ 小于比较

正确写法：if(strcmp(str1,str2)<0){   错误写法：if(str1<str2){

…   …

}   }

由于篇幅关系，有关字符串处理的其他函数不再一一介绍，可参见书中的附录 B，也可查询相关的 C 编译系统说明书。下面举例说明上述字符串处理函数的综合应用。

【例 8-16】输入 5 个字符串，输出其中最小的字符串。比较求最小整数和求最小字符串的两个程序的相同与不同。

程序清单：

```c
/* 程序 A: 求 5 个整数的最小值 */
#include <stdio.h>
int main()
{
    int i;
    int x,min;              /* min: 存放最小整数 */

    scanf("%d",&x);         /* 输入第 1 个整数 */
    min=x;                  /* 设置 min 初值为第 1 个整数 */
    for(i=1;i<5;i++){       /* 循环 4 次求后续整数最小者 */
        scanf("%d",&x);
        if(x<min) min=x;
    }

    printf("min is %d\n",min);  /* 输出最小整数 */
    return 0;
}

/* 程序 B: 求 5 个字符串的最小字符串，算法流程图如图 8-21 所示 */
#include <stdio.h>
#include <string.h>
int main()
{
    int i;
    char sx[80],smin[80];

    scanf("%s",sx);         /* 输入第 1 个字符串 */
    strcpy(smin,sx);        /* 设置 smin 初值为第 1 个字符串 */
    for(i=1;i<5;i++){       /* 循环 4 次求后续字符串最小者 */
        scanf("%s",sx);
        if(strcmp(sx,smin)<0) strcpy(smin,sx);
    }

    printf("min is %s\n",smin); /* 输出最小字符串 */
    return 0;
}
```

比较分析：两个程序的算法思想相同，不同之处整数可以直接赋值，字符串必须使用 strcpy() 函数，整数可以直接使用比较运算符比较大小，字符串必须使用 strcmp() 函数。

8.4.4 模仿练习

练习 8-9：在使用 scanf()函数时，输入参数列表需要使用取地址操作符&，但当参数为字符数组名时并没有使用，为什么？若在字符数组名前加上取地址操作符&，会发生什么？

练习 8-10：C 语言不允许用赋值表达式直接对数组赋值，为什么？

练习 8-11：仿照例 8-15，设计一个进制转换函数 transr_to_10()，使用展开式求和的方法把 r 进制字符串（二、八、十六进制）转换为十进制整数。在主函数中输入进制 r 和 r 进制字符串 str，调用 transr_to_10()函数将 str 转换成十进制整数，最后输出转换后的结果。transr_to_10()函数原型设计为 int transr_to_10(char p[], int base);或 int transposition(char *p, int base);。

展开式求和示例：

$(101101)_2 = 1 \times 2^5 + 1 \times 2^3 + 1 \times 2^2 + 1 \times 2^0$
$\qquad = 32 + 8 + 4 + 1 = (45)_{10}$

$(106)_8 = 1 \times 8^2 + 6 \times 8^0 = 64 + 6 = (60)_{10}$

$(1AB6)_{16} = 1 \times 16^3 + 10 \times 16^2 + 11 \times 16^1 + 6 \times 16^0 = 4096 + 2560 + 176 + 6 = (6838)_{10}$

练习 8-12：仿照例 8-16 程序 B，定义字符串数组（char str[5][10]）存放 5 个字符串，从键盘输入 5 个字符串存放到字符串数组 str 中，输出其中最小的字符串。

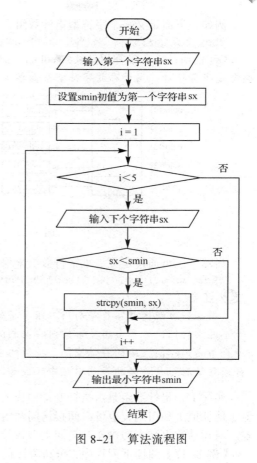

图 8-21 算法流程图

8.5 指针数组与二级指针

8.5.1 指针数组的概念

C 语言中的数组可以是任何类型，如果数组的各个元素都是指针类型，用于存放内存地址，那么这个数组就是指针数组。最常用的是一维指针数组。

一维指针数组定义的一般格式为：

```
类型名 * 数组名[数组长度];
```

其中，类型名——指定数组元素所指向的变量类型。

例如，下面定义一个整型指针数组，并初始化：

```
int * score[5]={50,60,70,80,90};
```

☞说明：定义整型指针数组 score，包含 5 个元素 score[0]、score[1]、…、score[4]，元素类型是整型指针，用于存放整型存储单元的地址，指向整型数据，如图 8-22(a)所示。

例如，下面定义一个字符型指针数组，并初始化：

```
char *color[5]={ "red","blue","yellow","green","black" };
```

☞说明：定义字符指针数组 color，包含 5 个元素 color[0]、color[1]、…、color[4]，元素类型是字符指针，用于存放字符型存储单元的地址，指向字符型数据，如图 8-22(b)所示。

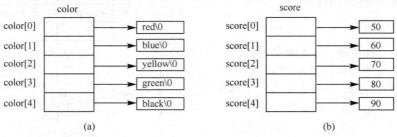

图 8-22　指针数组示意图

当然，也可通过定义二维字符数组来保存上面的字符串，定义并初始化的形式如下：

```
char color[5][10]={ "red","blue","yellow","green","black" };
```

ⓘ 注意

用指针数组保存字符串与用二维字符数组保存字符串不同。对前者而言，各个字符串并不连续存储，也不占用多余的内存空间；对后者而言，数组的每行保存一个字符串，各字符串占用相同大小的存储空间，较短的字符串会浪费一定量的存储单元，而且，各个字符串存储在一片连续的存储单元中（因为，数组元素在内存中按行优先方式连续存放）。

实际上，指针数组是由指针变量构成的数组，在操作时，既可以直接对数组元素进行赋值（地址值）和引用，也可以间接访问数组元素所指向的单元内容，改变或引用该单元的内容。对指针数组元素的操作与对同类型指针变量的操作相同。

【例 8-17】阅读下列程序，分析程序的运行结果。

程序清单：

```c
#include <stdio.h>
int main()
{
    int i;
    char *color[5]={"red","blue","yellow","green","black"};/* 初始化 */
    char * temp;

    printf("Before Exchange: ");
    for(i=0;i<5;i++)      /* 输出交换前的指针数组 color 所指的各字符串 */
        printf("%s ",color[i]);
    temp=color[0];color[0]=color[4];color[4]=temp; /*交换color[0]与color[4]*/
    temp=color[1];color[1]=color[3];color[3]=temp; /*交换color[1]与color[3]*/

    printf("\nAfter  Exchange: ");
    for(i=0;i<5;i++)      /* 输出交换后的指针数组 color 所指的各字符串 */
        printf("%s  ",color[i]);
    return 0;
}
```

运行结果：

```
Before Exchange: red   blue   yellow   green   black
After  Exchange: black   green   yellow   blue   red
```

程序分析：程序中定义了一个指针数组 color（含 5 个元素）并进行了初始化，使得每个元素指向一个字符串，指针数组示意图如图 8-15（b）所示；第一个 for 语句，控制输出 color 各元素所指的字符串；第一组赋值语句交换 color[0] 与 color[4]，第二组赋值语句交换 color[1] 与 color[3],使得 color 各元素的指向关系发生变化;最后一个 for 语句,控制输出变化后的 color 各元素所指的字符串。

8.5.2 指针数组的应用

指针数组的应用非常广泛，特别是对字符串的处理。当处理多个字符串时，相对于二维字符数组来说，使用字符指针数组来处理，将更加方便、灵活。下面举例说明指针数组在处理多个字符串中的应用。

【例 8-18】单词查找问题。设计 search() 函数，查找单词在英文词库中的位置。在主函数中输入任意一个英文单词，调用 search() 函数从英文词库中查找该单词，若找到，则显示该单词在中文词库中的含义，否则显示 Not Found.。

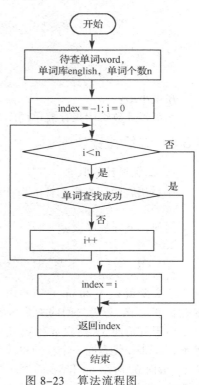

图 8-23 算法流程图

问题分析：

求解目标：中英文单词翻译。

约束条件：字符串查找，多函数结构。

解决方法：设计 search() 函数，供主函数调用。

A. 定义两个字符指针数组，分别存储英文词库和中文词库；

B. 设计 search() 函数：在含 n 个单词的英文词库中顺序查找某单词，返回查找结果。函数需要设计三个形参，一个字符指针数组形参，一个字符指针形参，一个值形参，分别表示英文单词库、待查单词、英文单词数。函数原型设计如下：

void search(char *english[],char *word, int n);

算法设计：流程图描述如图 8-23 所示。变量设置如下：

char *english[ ]: 指针数组，英文单词库。

char *word: 字符指针，待查英文单词。

int n: 英文词库单词数。

程序清单：

```c
#include <stdio.h>
#include <string.h>
int search(char *english[],char *word,int n);    /* 函数声明 */
int main()
{
```

```
    int index;                                       /* 下标位置 */
    /* 定义英文词库和中文词库 */ */
    char *english[5]={"red","blue","yellow","green","black"};
    char *chinese[5]={ "红色","蓝色","黄色","绿色","黑色" };
    char word[20];                                   /* 待查单词 */

    printf ("输入待查单词: ");
    gets(word);        /* 输入待查单词 */

    index=search(english,word,5);                    /* 函数调用: 查找英文单词 */

    if(index==-1) printf ("Not Found.\n");  /* 输出结果*/
    else printf ("单词%s 的中文含义是: %s\n",word,chinese[index]);
    return 0;
}
int search(char *english[],char *word,int n)    /* 函数定义 */
{
    int i,index=-1;                              /* 设置 index 初值为-1 */

    for(i=0;i<n;i++)                             /* 循环查找含 n 个单词的单词库 */
        if(strcmp(english[i],word)==0){/* 查找成功: 标记位置并跳出循环 */
            index=i;
            break;
        }

    return index;                                /* 返回结果 */
}
```

知识小结:
字符指针数组用来存放单词库, 数组中的每个元素可以指向一个字符串。

8.5.3 二级指针

1. 二级指针的概念

在 C 语言中, 指向指针的指针称为二级指针。它的一般定义形式为:

```
类型名 ** 变量名;
```

例如, 下列程序段:

```
int a=10;
int *p=&a;          /* p: 一级指针, 指向普通变量 a */
int **pp=&p;        /* pp: 二级指针, 指向一级指针变量 p */
```

定义三个变量 a、p 和 pp 并初始化。其中, 一级指针 p 指向整型变量 a, 二级指针 pp 指向一级指针变量 p, 三者之间的关系图如图 8-24 所示。

由于 p 指向 a, 所以 p 和&a 的值一样, 表示 a 的地址, a 和*p 代表同一个存储单元, 存储 a 的值; 由于 pp 指向 p, 所以 pp 和&p 的值一样, 表示 p 的地址, p 和*pp 代表同一个存储单元, 存储 p 的值(a 的地址)。

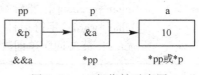

图 8-24 二级指针示意图

这样, 存在下面的等价关系:

① &&a、&p 和 pp 等价: 二级指针, 表示 p 的地址。

② &a、p 和*pp 等价: 一级指针, 表示 a 的地址。

③ a、*p 和**pp 等价: 表示变量 a 的存储单元, 表示 a 的值。

从理论上说，可以定义任意多级指针，如三级指针、四级指针等，但实际应用中很少会超过二级。级数过多的指针容易造成理解错误，使程序可读性差。

2. 二级指针的应用

【例 8-19】单词查找问题。使用二级指针方式改写例 8-18，请分析二级指针与指针数组的关系。

问题分析与算法设计：请参考例 8-18，在此不再详述，但数据结构有变化，定义如下：

```
char *english[5];          /* 英文词库，假设最多 5 个单词 */
char *chinese[5];          /* 中文词库，对应英文词库中每个单词的中文含义 */
char **pe=english;         /* 二级指针：指向英文词库 */
```

程序清单：

```
#include <stdio.h>
#include <string.h>
int search(char **pe,char *word,int n);        /* 函数声明 */
int main()
{
    int index;                                 /* 下标位置 */
    char *english[5]={"red","blue","yellow","green","black"};/* 英文词库 */
    char *chinese[5]={"红色","蓝色","黄色","绿色","黑色"}; /* 中文词库 */
    char **pe=english;         /* pe：二级指针，初始化指向 english 数组 */
    char word[20];             /* 待查单词 */

    printf ("输入待查单词：");
    gets(word);        /* 输入待查单词 */

    index=search(pe,word,5);                   /* 函数调用：查找单词 */

    if(index==-1) printf ("Not Found.\n");   /* 输出结果*/
    else printf ("单词%s 的中文含义是：%s\n",word,chinese[index]);
}
int search(char **pe,char *word,int n)  /* 函数定义 */
{
    int i,index=-1;                            /* 设置 index 初值为-1 */

    for(i=0;i<n;i++)                     /* 循环查找含n个单词的单词库 */
        if(strcmp(*(pe+i),word)==0){      /* 查找成功：标记位置并跳出循环 */
            index=i;
            break;
        }

    return index;                             /* 返回结果 */
}
```

程序解析： 在主函数中，语句 char **pe=english;定义二级字符指针 pe，并初始化指向 english 数组(也可用&english[0]初始化)，二级指针 pe 和指针数组 english 之间的关系如图 8-25 所示。函数调用语句 index=search(pe,word,5);用二级指针 pe 作实参，传递指针数组 english 的首地址。在 search()函数中，形参 char **pe 也用二级指针作参数，*(pe+i)即为 english[i]，指向第 i 个单词字符串。

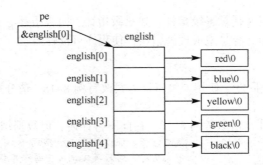

图 8-25   指针数组和二级指针示意图

8.5.4   模仿练习

练习 8-13：分析用指针数组处理多个字符串有何优势？可以直接输入多个字符串给未初始化的指针数组吗？为什么？

练习 8-14：模仿例 8-18，编程实现从多个字符串中查找最小字符串。要求使用字符指针数组来实现。

练习 8-15：模仿例 8-19，编程实现从多个字符串中查找最小字符串。要求使用二级字符指针来实现。

习   题

一、选择题

1. 若有如下定义，则以下正确的赋值表达式是_____。

```
int x,*pb;
```

    A. pb=&x   B. pb=x   C. *pb=&x   D. *pb=*x

2. 若有如下定义，则不能表示a[1]地址的表达式是_____。

```
int a[10],*pp=a;
```

    A. a+1   B. ++pp   C. pp+1   D. ++a

3. 下面程序的输出结果是_____。

```
#include <stdio.h>
void main()
{
    char *p[]={"mop","book","w","op"};
    int i;
    for(i=3;i>=0;i--,i--) printf("%c",*p[i]);
}
```

    A. ob   B. opbook   C. op   D. owb

4. 若有如下定义，以下调用正确的是_____。

```
int a,*p=&a;
```

    A. scanf("%d",a)   B. scanf("%d",p)   C. scanf("%f",&a)   D. scanf("%f",&p)

5. 下面各语句行中，能正确进行赋字符串操作的语句行是_____。

    A. char s[4][5]={"abcd"};   B. char s[5]={'a', 'b', 'c', 'e', 'f'};

    C. char *s; *s="abcd";   D. char *s; scanf("%s",s);

6. 若有以下说明和语句,对 c 数组元素的正确引用是_____。
```
int c[4][5],(*cp)[5];
cp=c;
```
    A. cp+1   B. *(cp+3)   C. *(cp+1)+3   D. *(*cp+2)

7. 若有以下定义,则值为 6 的表达式是_____。
```
int a[10]={1,2,3,4,5,6,7,8,9,10},*p=a;
```
    A. *p+6   B. *(p+6)   C. *p+=5   D. p+5

8. 若有以下定义,则与赋值语句 n2=n1 等价的语句是_____。
```
int n1=0,n2,*p=&n2,*q=&n1;
```
    A. *p=*q;   B. p=q;   C. *p=&n1;   D. p=*q;

9. 若有以下定义,并在以后的语句中未改变 p 的值,则不能表示 a[1]地址的表达式是_____。
```
int a[9],*p=a;
```
    A. p+1   B. a+1   C. a++   D. ++p

10. 若有以下定义,则合法的赋值语句是_____。
```
int i,a[10],*p;
```
    A. p=100;   B. p=a[5];   C. p=a[2]+2;   D. p=a+2

11. 执行如下的程序段后,*(ptr+5)的值为_____。
```
char str[]="Hello";
char *ptr;
ptr=str;
```
    A. 'o'   B. '\0'   C. 不确定的值   D. 'o'的地址

12. 下面函数的功能是_____。
```
int sss(char *s,char *t)
{
    while((*s)&&(*t)&&(*t==*s))
    {
        t++;
        s++;
    }
    return(*s-*t);
}
```
    A. 求字符串的长度   B. 比较两个字符串的大小
    C. 将字符串 s 复制到字符串 t 中   D. 将字符串 s 接续到字符串 t 后面

13. 下面函数的功能是_____。
```
int fun1(char *x)
{
    char *y=x;
    while(*y++);
    return(y-x-1);
}
```
    A. 求字符串的长度   B. 比较两个字符串的大小
    C. 将字符串 x 复制到字符串 y   D. 将字符串 x 连接到字符串 y 后面

14. 函数功能是交换 x 和 y 的值,且通过正确调用返回交换结果。能正确实现此功能的函数是_____。

```
A.  funa(int *x,int *y)
    {
        int p;
        p=*x;*x=*y;*y=p;
    }
```

```
B.  funb(int x,int y)
    {
        int t;
        t=x;x=y;y=t;
    }
```

```
C.  func(int *x,int *y)
    {
        *x=*y;*y=*x;
    }
```

```
D.  fund(int x,int y)
    {
        *x=*x+*y;*y=*x-*y;*x=*x-*y;
    }
```

15. 以下程序的输出结果是_____。

```c
#include <stdio.h>
void fun(int *x,int *y)
{
    printf("%d%d",*x,*y);
    *x=3;*y=4;
}
int main()
{
    int x=1,y=2;
    fun(&y,&x);
    printf(" %d%d",x,y);
    return 0;
}
```

   A. 21 43   B. 12 12   C. 12 34   D. 21 12

16. 以下程序的输出结果是_____。

```c
#include <stdio.h>
void sub(int x,int y,int *z)
{
    *z=y-x;
}
int main()
{
    int a,b,c;
    sub(10,5,&a);
    sub(7,a,&b);
    sub(a,b,&c);
    printf("%d,%d,%d\n",a,b,c);
    return 0;
}
```

   A. 5,2,3   B. −5,−12,−7   C. −5,−12,−17   D. 5,−2,−7

二、填空题

1. 在指针的概念中，*的含义是_____，&的含义是_____。如果 p 是一个指针，那么*&p 的含义是_____，而&*p 的含义是_____。

2. 以下程序的运行结果是_____。

```c
#include <stdio.h>
int main()
{
    int a[]={2,4,6,8},*p=a,i;

    for(i=0;i<4;i++) a[i]=*p++;

    printf("%d,%d\n",a[2],*(--p));
    return 0;
}
```

3. 以下程序的运行结果是_____。

```c
#include <stdio.h>
int main()
{
    int a,b,c;
    int x=4,y=6,z=8;
    int *p1=&x,*p2=&y,*p3;

    a=p1==&x;
    b=3*(-*p1)/(*p2)+7;
    c=*(p3=&z)=*p1*(*p2);

    printf("%d,%d,%d\n",a,b,c);
    return 0;
}
```

4. 以下程序的运行结果是_____。

```c
#include <stdio.h>
int main()
{
    int a[]={2,4,6,8,10},*p,**k;

    p=a;
    k=&p;

    printf("%d  ",*(p++));
    printf("%d \n",**k);
    return 0;
}
```

5. 以下程序的运行结果是_____。

```c
#include <stdio.h>
int main()
{
    int a[3][4]={2,4,6,8,10,12,14,16,18,20,22,24};
    int (*p)[4]=a,i,j,k=0;

    for(i=0;i<3;i++)
        for(j=0;j<2;j++)
            k+=*(*(p+i)+j);

    printf("%d \n",k);
    return 0;
}
```

6. 以下程序的运行结果是_____。

```c
#include <stdio.h>
int main()
{
    int k=0,sign,m;
    char s[]="-12345";

    if(s[k]=='+'||s[k]=='-')
        sign=s[k++]=='+'?1:-1;
    for(m=0;s[k]>='0'&&s[k]<='9';k++)
        m=m*10+s[k]-'0';

    printf("Result=%d\n",sign*m);
    return 0;
}
```

7. 统计从终端输入的字符中每个大写字母的个数。用#号作为输入结束标志，请填空。

```c
#include <stdio.h>
#include <ctype.h>
int main()
{
    int num[26],i;
    char c,*p=&c;

    for(i=0;i<26;i++)  num[i]=0;
    while((____①____=getchar())!='#')      /* 统计从终端输入的大写字母个数 */
        if(isupper(*p))____②____;
    for(i=0;i<26;i++)                       /* 输出大写字母和该字母的个数 */
        if(num[i]) printf("%c: %d\n",i+'A',____③____);
    return 0;
}
```

8. 下列程序中 huiwen()函数的功能是检查一个字符串是否是回文。当字符串是回文时，函数返回"yes! "字符串，否则函数返回"no! "字符串，并在主函数中输出。所谓回文，即正向与反向的拼写一样，如 adgda。请填空。

```c
#include <stdio.h>
#include <ctype.h>
char * huiwen(char *str)
{
    char *p1,*p2;int i,t=0;

    p1=str;p2=____①____;
    for(i=0;i<=strlen(str)/2;i++)
        if(*p1++!=*p2--){
            t=1;
            break;
        }
    if(____②____) return("yes! ");
    else return("no! ");
}
int main()
{
    char str[50];
```

```
    printf("Input: ");scanf("%s",str);
    printf("%s\n",_____③_____);
    return 0;
}
```

9. 以下程序调用 findmax()函数求数组中值最大的元素在数组中的下标。请填空。

```
#include <stdio.h>
void findmax (int *s,int t,int *k )
{
    int p;
    for(p=0,*k=p;p<t;p++)
        if(s[p]>s[*k])_____①_____;
}
int main()
{
    int a[10],i,k;
    for(i=0;i<10;i++)scanf("%d",&a[i]);
    _____②_____;
    printf ("%d,%d\n",k,a[k]);
    return 0;
}
```

10. 在下列程序中，函数 fun()的功能是比较两个字符串的长度，函数返回较长的字符串的地址。若两个字符串长度相同，则返回第一个字符串的地址。

```
#include <stdio.h>
char * fun(char *s,char *t)
{
    char *ss=s,*tt=t;
    while((*ss)&&(*tt)){
        ss++;
        tt++;
    }
    if(*tt)_____①_____;
    else    _____②_____
}
int main()
{
    char a[10],b[10];
    gets(a);
    gets(b);
    printf("%s\n",_____③_____);
    return 0;
}
```

三、程序设计题

1. 程序功能：输入一个整数 n（1≤n≤10），然后输入 n 个整数存入数组 a 中，再输入一个整数 x，在数组 a 中查找 x，如果找到则输出相应的下标，否则输出 Not found。要求定义函数 search(int *list, int n, int x)，在指针 list 指向的数组中查找 x，若找到则返回相应下标，否则返回 -1，其中，n 为指针 list 所指向数组的元素个数。

2. 程序功能：输入一个整数 n（1≤n≤10），然后输入 n 个整数存入数组 a 中，再输入一个整数 x，查找并统计数组 a 中包含 x 的元素个数。要求定义函数 count(int *list，int n，int x)，查找并统计指针 list 指向的数组中包含 x 的元素个数。其中，n 为指针 list 所指向数组的元素个数。

3. 程序功能：输入一个整数 n（1≤n≤10），然后输入 n 个整数存入数组 a 中。要求定义一个函数 sort(int *list，int n)，用选择法对指针 list 所指数组进行升序排列。其中，n 为 list 所指数组的元素个数。

4. 程序功能：输入一个整数 n（1≤n≤10），然后输入 n 个整数存入数组 a 中。要求定义一个函数 sort(int *list，int n)，用冒泡法对指针 list 所指数组进行降序排列。其中，n 为 list 所指数组的元素个数。

5. 程序功能：连续输入 5 个以空格分隔的字符串（字符串的长度不超过 80），输出其中长度最长的字符串。例如，输入 li wang zhang jin xiao，输出 zhang。

6. 程序功能：连续输入 5 个以空格分隔的字符串（字符串的长度不超过 80），输出其中最大的字符串。例如，输入 li wang zha jin xiao，输出 zha。

7. 编写一个函数 countchar(s,c)，该函数统计字符串 s 中出现 c 字符的次数。在主程序中输入一个字符 c 和一个字符串 s，调用 countchar(s,c)函数统计字符串 s 中出现 c 字符的次数，然后输出统计结果。例如，输入字符 a 和字符串 liwangzhajinxiao，输出 3。

8. 编写一个函数 strmcpy(s,t,m)，该函数将字符串 t 从第 m 个字符开始的全部字符复制到字符串 s 中去。在主程序中输入一个字符串 t 和一个开始位置 m，然后调用 strmcpy(s,t,m)函数，最后输出字符串 s 的结果。例如，输入字符串 liwangzhajinxiao 和开始位置 2，输出 wangzhajinxiao。

9. 判断输入的一串字符是否是"回文"。所谓"回文"，是指顺读和倒读都一样的字符串。例如，"XYZYX"、"xyzzyx"都是回文，而"abcdef"则不是回文。

第9章

结 构 体

本章要点

◎ 结构相关概念：结构类型、结构变量、结构成员等。

◎ 结构类型定义：一般定义形式、嵌套结构及定义形式。

◎ 结构变量定义与使用：3 种定义形式及不同，结构变量初始化，引用结构成员，结构变量整体赋值，结构变量作函数参数。

◎ 结构数组定义与使用：定义和使用结构数组，结构数组作函数参数。

◎ 结构指针定义与使用：定义结构指针，通过指针操作结构分量，结构指针作函数参数。

实际问题中，经常需要对一些类型不同但又相互关联的数据进行处理。例如，描述一个学生的数据实体，包括学号、姓名、性别、年龄、成绩、家庭住址等数据项，它们之间的类型不同但相互联系，应该组成一个有机的整体，如果将它们分别定义成相互独立的简单变量，则无法反映它们之间的内在联系；又因为这些数据彼此类型不同，而数组只能对同种类型的成批数据进行处理，所以，此时也无法使用数组。这就需要有一种新的数据类型，能够将具有内在联系的不同类型的数据组合成一个整体，在 C 语言中，这种数据类型就是结构体。

本章先通过一个引例，介绍结构体的基本概念、定义方法与结构体变量的定义与使用；然后介绍结构数组、结构指针的定义与编程应用。

9.1 结构体类型与结构体类型变量

9.1.1 引例

【例 9-1】输入两位学生三门课程（语文、数学、英语）的学生基本信息，计算每位学生的总成绩，最后按总成绩由高到低输出学生信息表。学生信息表包括学号、姓名、语文、数学、英语、总成绩。

在学习结构体表示多维信息之前，只能使用多个数组来存储同一个学生的各维度的信息。为此，需要设计 xm[2][10]存储姓名，xh[2]存储学号，chinese[2]存储语文成绩，math[2]存储数学成绩，english[2]存储英语成绩，total[2]存储总成绩。

> **问题分析：**
> **求解目标：** 输入两位学生三门课程成绩，按总成绩降序输出学生信息表。
> **约束条件：** 多维学生信息关联。
> **解决方法：** 使用相互关联的多个数组保存学生多维信息，多个数组下标相同，标识同一位学生信息。

算法设计：流程图描述如图 9–1 所示。变量设置如下：

xm[2][10]:存储姓名；   xh[2]:存储学号；

chinese[2]:存储语文成绩；   math[2]:存储数学成绩；

english[2]:存储英语成绩；   total[2]:存储总成绩。

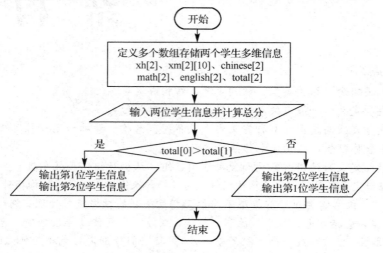

图 9–1　算法流程图

程序清单：

```
#include <stdio.h>
int main()
{
    char xm[2][10];
    int xh[2],chinese[2],math[2],english[2],total[2];

    /* 依次输入两位学生基本信息并计算总成绩 */
    printf("请输入第 1 位学生基本信息:\n");
    scanf("%d%s%d%d%d",&xh[0],xm[0],&chinese[0],&math[0],&english[0]);
    total[0]=chinese[0]+math[0]+english[0];
    printf("请输入第 2 位学生基本信息:\n");
    scanf("%d%s%d%d%d",&xh[1],xm[1],&chinese[1],&math[1],&english[1]);
    total[1]=chinese[1]+math[1]+english[1];

    /* 按总成绩由高到低输出学生信息表 */
    printf("\n 学号      姓名    语文  数学  英语 总成绩\n");
    if(total[0]<total[1]){
        printf("%-10d%-10s%-6d%-6d%-6d%-6d\n",xh[1],xm[1],chinese[1],
               math[1],english[1],total[1]);
        printf("%-10d%-10s%-6d%-6d%-6d%-6d\n",xh[0],xm[0],chinese[0],
               math[0],english[0],total[0]);
    }else{
```

```
        printf("%-10d%-10s%-6d%-6d%-6d%-6d\n",xh[0],xm[0],chinese[0],
                math[0],english[0],total[0]);
        printf("%-10d%-10s%-6d%-6d%-6d%-6d\n",xh[1],xm[1],chinese[1],
                math[1],english[1],total[1]);
    }
    return 0;
}
```

知识小结：

多个数组表示学生多维信息，数组下标相同的元素代表同一位学生不同信息。

显然，程序中同一位学生信息被分散存储在不同的数组中，保持各个数组间的关联关系相当烦琐。如此设计的程序，虽然能完成规定的功能，但同一学生信息没有组成一个有机的整体。若引入结构体来表示和存储学生信息，将使得学生信息成为相互关联的整体，使得问题的求解变得非常方便、简单。

下面使用结构体来求解本题。

程序清单：

```
#include <stdio.h>
struct student{                          /* 定义学生结构体类型 */
    int num;                             /* 学号 */
    char name[10];                       /* 姓名 */
    int chinese,math,english,total;      /* 三门课程成绩、总成绩 */
};
int main()
{
    int i;
    struct student s,s1,s2;              /* 结构变量定义 */

    /* 依次输入两个学生基本信息并计算总成绩 */
    printf("请输入第 1 位学生基本信息:\n");
    scanf("%d%s%d%d%d",&s.num,s.name,&s.chinese,&s.math,&s.english);
    s.total=s.chinese+s.math+s.english;
    s1=s;
    printf("请输入第 2 位学生基本信息:\n");
    scanf("%d%s%d%d%d",&s.num,s.name,&s.chinese,&s.math,&s.english);
    s.total=s.chinese+s.math+s.english;
    s2=s;

    /* 按总成绩由高到低输出学生信息表 */
    if(s1.total<s2.total){s=s1;s1=s2;s2=s1;}
    printf("\n 学号      姓名      语文 数学 英语 总成绩\n");
    printf("%-10d%-10s%-6d%-6d%-6d%-6d\n",s1.num,s1.name,s1.chinese,
                                    s1.math,s1.english,s1.total);
    printf("%-10d%-10s%-6d%-6d%-6d%-6d\n",s2.num,s2.name,s2.chinese,
                                    s2.math,s2.english,s2.total);

    return 0;
}
```

知识小结：

① struct student{…}：定义学生结构类型 struct student。

② struct student s,s1,s2：定义 struct student 类型变量 s、s1 和 s2。

9.1.2　结构体的概念与定义

在 C 语言中，结构体属于构造数据类型，它由若干成员组成，成员的类型既可以是基本数据类型，也可以是构造数据类型，而且可以互不相同。编程人员可以根据实际需要定义各种不同的结构体类型。

1. 结构体类型的定义

结构体类型属于构造数据类型，必须"先定义，后使用"，其定义的一般格式如下：

```
struct   结构体类型名{
    类型 1   成员名 1;
    类型 2   成员名 2;
         ⋮
    类型 n   成员名 n;
};
```

作用：定义一种结构体类型。其中，struct 是定义结构体类型的关键字；结构体类型名必须是合法的 C 标识符，与其前面的 struct 一起共同构成结构体类型名；花括号内的内容是结构体类型所包括的结构体成员，又称结构体分量，结构体成员可以有多个。

例如，例 9-1 就定义了一个学生结构体类型。

```
struct student{                        /* 定义学生结构体类型 */
    int num;                           /* 学号 */
    char name[10];                     /* 姓名 */
    int chinese,math,english,total;    /* 三门课程成绩、总成绩 */
};
```

该结构体包括 num、name、chinese、math、english、total 共 6 个成员，分别代表学号、姓名、语文、数学、英语和总成绩 6 个数据项，它们共同构成一个名称为 struct student 的学生结构体类型。

又如，任何日期数据都可以用年、月、日来共同确定，因此可以定义成如下的日期结构体类型。

```
struct date{                 /* 定义日期结构体类型 */
    int year,month,day;      /* 年、月、日 */
};
```

该结构体包括 year、month、day 共三个成员，分别代表日期的年、月、日三个数据项，它们共同构成一个名称为 struct date 的日期结构体类型。

对于现实世界中的时间、平面上的点、空间上的点、数学中的复数等，都可以根据需要定义成结构体类型。

☞说明：

① 结构体类型定义的末尾必须有分号。

② 成员类型可以是除本身所属结构体类型外的任何已有数据类型。

③ 在同一作用域内，结构体类型名不能与其他变量名或结构体类型名重名。

④ 同一个结构体各成员不能重名，但允许成员名与程序中的变量名、函数名相同。

⑤ 结构体类型的作用域与普通变量的作用域相同：在函数内定义，则仅在函数内部起作用；在函数外定义，则有全局作用域。

2. 结构体类型的嵌套定义

在实际工作中，一个较复杂的实体往往由多个成员构成，每个成员可以是 C 语言的基本数据类型，也可以是构造类型，当结构成员的数据类型又是结构类型时，就形成了结构类型的嵌套。

例如，在例 9-1 中，学生信息项中还可以增加一项"出生日期"，它又包含年、月和日，这样就形成了嵌套结构，如表 9-1 所示。

表 9-1 学生信息的嵌套结构

学号	姓名	出生日期			数学	英语	总成绩
		年	月	日			

为此，需要重新定义学生结构体类型，先定义日期结构体，再定义学生结构体：

```
struct date                  /* 定义日期结构体类型 */
{
    int year,month,day;      /* 年、月、日 */
};
struct nest_student{         /* 定义嵌套的学生结构体类型 */
    int num;                             /* 学号 */
    char name[10];                       /* 姓名 */
    struct date birthday;                /* 出生日期: 类型为 struct date */
    int chinese,math,english,total;      /* 三门课程成绩、总成绩 */
};
```

结构体类型 struct nest_student 的成员变量 birthday 被定义成结构体类型 struct date，而 struct date 又包含了三个成员，即一个结构体的成员被定义成另一个结构体类型。结构体类型的嵌套定义使成员数据被进一步细分，有利于对数据的深入分析与处理。

☞说明：定义嵌套结构，必须先定义成员结构，再定义主结构体。

9.1.3 结构体变量

1. 结构体变量的定义和初始化

C 语言规定，变量必须"先定义，后使用"。例 9-1 的语句"struct student s1,s2;"就是结构体变量定义语句，定义结构体变量 s1 和 s2，其数据类型为 struct student。

在 C 语言中定义结构体变量有三种方式。

（1）单独定义

单独定义是指先定义结构体类型，再定义结构体类型的变量。也就是说，结构体类型的定义与结构体变量的定义分开。

例如，在例 9-1 中，先定义 struct student 结构体类型，再定义该类型的三个变量 s、s1 和 s2。

```
struct student{                 /* 定义学生结构体类型 */
    int num;                    /* 学号 */
    char name[10];              /* 姓名 */
    int chinese,math,english,total; /* 三门课程成绩、总成绩 */
};
struct student s,s1,s2;         /* 定义 struct student 结构体变量 s、s1 和 s2 */
```

☞说明：关键字 struct 和结构名 student 必须联合使用，二者合起来表示数据类型名。

（2）混合定义

混合定义是指在定义结构体类型的同时定义结构体变量。其定义方式的一般形式为：

```
struct  结构体类型名{
```

```
        类型 1   成员名 1;
        类型 2   成员名 2;
            ⋮
        类型 n   成员名 n;
}结构体变量名表;
```

例如，下面的定义就是混合定义方式。

```
struct student{                          /* 结构体类型与结构体变量一起定义 */
    int num;                             /* 学号 */
    char name[10];                       /* 姓名 */
    int chinese,math,english,total;      /* 三门课程成绩、总成绩 */
}s,s1,s2;                                /*定义 struct student 结构体变量 s、s1、s2*/
```

☞说明：该方式与单独定义实质一样，都是既定义了结构体类型 struct student，又定义了该类型的变量 s、s1 和 s2。

（3）无类型名定义

无类型名定义是指在定义结构体变量时省略结构体名称。其定义方式的一般形式为：

```
struct{
        类型 1   成员名 1;
        类型 2   成员名 2;
            ⋮
        类型 n   成员名 n;
}结构体变量名表;
```

例如，下面的定义就是无类型名定义方式，定义了三个结构体变量 s、s1 和 s2。

```
struct{                                  /* 定义学生结构体类型 */
    int num;                             /* 学号 */
    char name[10];                       /* 姓名 */
    int chinese,math,english,total;      /* 三门课程成绩、总成绩 */
}s,s1,s2;                                /* 定义结构体类型变量 s、s1 和 s2 */
```

☞说明：无类型名方式只定义结构体变量 s、s1 和 s2，不定义结构体类型，若需要定义其他结构体变量，必须把定义过程重写一遍。

结构体变量的初始化是指在定义结构体变量时对其赋初值。例如：

```
struct student stu1={101,"Li Si",100,90,80};
struct nest_student stu2={102,"Xi San",{1989,1,1},100,90,80};
```

结构体变量的初始化方法：采用初始化表的方式，即用一对花括号将各数据项括起来，各数据项间用逗号隔开，花括号内的数据项按顺序对应地赋给结构体变量的各个成员，且要求数据类型一致。对于嵌套结构，嵌套成员的初始化表还必须再用一对花括号括起来。

结构体变量的存储形式：按结构体类型定义中成员的先后顺序排列。图 9-2 给出了结构体变量 stu1 初始化后在内存中的存储布局。

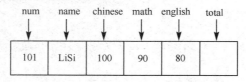

图 9-2   结构体变量的存储布局

结构体变量所占内存空间等于各成员所占内存空间之和。可以用长度运算符 sizeof 计算其所占空间，计算结果以字节为单位。sizeof 运算符的使用格式为：

```
sizeof(类型名)
```

或者
```
sizeof(变量名)
```
例如，求例 9-1 定义的结构体类型 struct student 所占字节数，可以用下面两种表示形式：
```
sizeof(struct student)
```
或
```
sizeof(s1)
```
☞说明：

① 结构体类型与结构体变量概念不同。前者只声明结构体的组织形式，不占存储空间；后者是结构体类型的具体实例，在定义结构体变量时，编译系统为其分配内存空间。

② 结构体变量各成员存储在一片连续的内存单元中。

2. 结构体变量的引用

（1）结构体变量成员的引用

使用结构体变量主要是引用其结构成员，可以使用成员运算符（ . ）来引用结构成员。

格式：结构体变量名.成员名

功能：引用结构体变量中指定名称的成员变量。

例如：引用结构体变量 stu1 的结构成员。
```
struct nest_student stu1;
stu1.num=1001;
strcpy(stu1.name,"zhangming");
scanf("%d",&stu1.birthday.year);
printf("name: %s",stu1.name);
```
☞说明：

① 在嵌套定义的结构中，每个成员按从左到右、从外到内的方式引用。与 Web 地址方式类似，例如，stu1.birthday.year、stu1.birthday.month 等。

② 结构体的成员运算符优先级最高，一般情况下都是优先执行。

（2）结构体变量的整体赋值

在 C 语言中，可以对两个相同类型的结构体变量进行整体赋值。赋值时，将赋值符右边结构体变量的每个成员值都赋值给左边结构体变量中相应的成员。

例如，假定 stu1 和 stu2 都是 struct student 类型的结构体变量，则语句
```
stu2=stu1;          /* 结构体变量的整体赋值 */
```
等效于下列语句段：
```
stu2.num=stu1.num;
strcpy(stu2.name,stu1.name);
stu2.chinese=stu1.chinese;
stu2.math=stu1.math;
stu2.english=stu1.english;
stu2.total=stu1.total;
```
☞说明：只有相同结构体类型的变量之间才能进行整体赋值（直接赋值）。

（3）结构体变量作为函数参数

在多函数组成的 C 程序中，用结构体变量作为函数参数，或者用结构体类型作为函数返回值类型，以便在函数间传递复杂数据。

【例 9-2】输入 *n* 个学生三门课程（语文、数学、英语）的学生基本信息，计算并输出每个学生的总成绩。学生信息表包括学号、姓名、语文、数学、英语、总成绩。

问题分析：

求解目标： 输入 n 个学生信息，计算总成绩并输出学生信息表。

约束条件： 结构体数组、多函数结构。

解决方法： 采用多函数结构，设计输入、计算输出两个函数供主函数调用。

      ① 输入模块：定义 inputStudent()函数，输入一个学生的基本信息。

      ② 计算输出模块：定义 computeOutputTotal()函数，计算并输出个人总成绩。

      ③ 主控模块：定义 main()函数，循环 n 次，每次循环依次调用 inputStudent()
      函数和 computeOutputTotal()函数。

算法设计： 三个模块的算法简单，在此不再设计算法流程图，主要设计函数原型。

      输入模块：struct student inputStudent();

      计算输出模块：void computeOutputTotal(struct student s)。

程序清单：

```c
#include <stdio.h>
struct student{                /* 定义学生结构体类型 */
    int num;                   /* 学号 */
    char name[10];             /* 姓名 */
    int chinese,math,english,total;                    /* 三门课程成绩 */
};
int main()
{
    int i,n;
    struct student s;     /* 定义结构体类型变量s */
    void compute_output_total(struct student s);      /* 函数声明 */
    struct student input_student();                   /* 函数声明 */

    printf("请输入学生人数: ");
    scanf("%d",&n);

    /* 输入n个学生基本信息、计算个人总成绩并输出总成绩 */
    for(i=1;i<=n;i++){
        printf("\n请输入第%d个学生基本信息: \n",i);
        s=inputStudent();
        computeOutputTotal(s);   /*结构体变量作为实参进行函数调用 */
    }
    return 0;
}
/* 基本信息输入函数定义 */
struct student inputStudent()
{
    struct student s;
    printf("学号 姓名 语文 数学 英语: ");
    scanf("%d%s%d%d%d",&s.num,s.name,&s.chinese,&s.math,&s.english);
    return s;                /* 返回结构体变量s */
}
/* 计算并输出个人总成绩函数定义 */
void computeOutputTotal(struct student s)
{
    s.total=s.chinese+s.math+s.english;
```

```
    printf("总成绩=%d\n",s.total);
}
```

知识小结：

① 结构体变量作函数参数，等同基本类型变量的"值传递"方式，传递"复杂"数据。

② 结构体类型作函数返回值，等同基本类型，返回"复杂"数据。

【例9-3】编写程序，输入一个日期（年、月、日），输出该日期是该年中的第几天。

问题分析：

求解目标：输入日期，输出该日期是该年中的第几天。

约束条件：结构体与多函数结构。

解决方法：采用多函数结构，设计日期计算函数供主函数调用。

① 日期计算模块：定义 dayofYear()函数，计算返回日期 d 对应该年第几天。
函数原型设计如下：

```
    int dayofyear(struct date d)
```

② 主控模块：定义 main()函数，输入日期 d、调用 dayofYear()函数计算返回日期 d 对应该年第几天，输出返回结果。

算法设计：日期计算模块的流程图描述如图 9-3 所示。变量设置如下：

struct date d：日期结构变量形参，接收输入的日期数据；

int tab[2][13]：分行存放闰年、非闰年各月份的天数；

int i,leap,days：循环变量、闰年标志变量、天数变量。

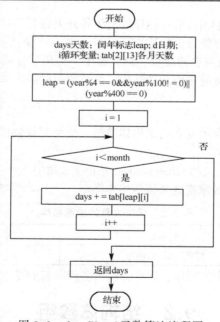

图 9-3　dayofYear()函数算法流程图

程序清单：

```
#include <stdio.h>
struct date{                              /* 定义日期结构体类型 */
    int year,month,day;                   /* 年、月、日 */
};
```

```
int main()
{
    int days;                         /* 定义天数变量days */
    struct date d;                    /* 定义日期结构体类型变量d */
    int dayofYear(struct date d);     /* 函数声明 */
    printf("请输入一个日期(如: 2019 2 5): ");
    scanf("%d%d%d",&d.year,&d.month,&d.day);
    days=dayofYear(d);      /* 函数调用: 计算并返回d对应的天数 */
    printf("\n%d 年%d 月%d 日对应第%d 天\n",d.year,d.month,d.day,days);
    return 0;
}
int dayofYear(struct date d)           /* 函数定义: 计算并返回d对应的天数 */
{
    int i,leap,days=d.day;             /* 赋初值: days 初值为d.days 的值 */
    int tab[2][13]={                   /* 数组初始化,分闰年、非闰年存放各月份天数 */
        {0,31,28,31,30,31,30,31,31,30,31,30,31},
        {0,31,29,31,30,31,30,31,31,30,31,30,31}
    };

    /* 计算闰年标志leap: leap=1-闰年, leap=0-非闰年 */
    leap=(d.year%4==0 && d.year%100!=0) || (d.year%400==0);

    /* 循环累加d.month 之前各月份的天数 */
    for(i=1;i<d.month;i++) days+=tab[leap][i];

    return days;                       /* 返回计算结果 */
}
```

知识小结:

① 定义二维数组 tab[2][13]: 第一行存放闰年各月天数,第二行存放非闰年各月天数,每行第一个元素为 0 是为了方便月份和数组下标相一致。

② 结构变量作函数参数与普通变量一样,属于"传值"方式,可以传递多个数据且参数形式简单。但是,对于成员较多的大型结构,参数传递时结构体数据的复制效率较低。

9.1.4 模仿练习

练习 9-1: 定义一个能表示复数的结构体类型,一个复数包括实部与虚部两部分。再定义两个结构体变量 a 和 b。

练习 9-2: 在例 9-1 中定义的 struct student 基础上,增加一个成员: 通信地址,如表 9-2 所示。请用结构体嵌套的方式重新定义该结构体类型。

表 9-2 学生信息的嵌套结构

学号	姓名	通信地址				语文	数学	英语	总成绩
		城市	街道	门牌号	邮编				

练习 9-3: 修改例 9-2 中的程序,计算并输出各门课程的平均成绩。

9.2 结构体数组

一个结构体变量只能表示一个实体的信息,在例 9-2 中,结构体变量 s 只能存放一个学生实体。如果有许多相同类型的实体,就需要使用结构体数组。结构体数组是结构体类型与数组的结合,它能将多个具有相同类型的实体组织起来。

9.2.1 引例

【例 9-4】输入 n 个学生语、数、英三门课程基本信息，按总分降序输出学生信息表。

问题分析：
求解目标：输入 n 个学生三门课程的基本信息，按总分降序输出学生信息表。
约束条件：结构体数组与多函数结构。
解决方法：采用多函数结构，设计输入、排序、输出三个函数供主函数调用。
    ① 输入模块：定义 inputStudent()函数，输入 n 个学生成绩并计算总分。
    ② 排序模块：定义 sortStudent()函数，选择法对 n 个学生按总分降序排序。
    ③ 输出模块：定义 outputStudent()函数，输出 n 个学生全部信息表。
算法设计：排序模块的流程图描述如图 9-4 所示。变量设置如下：
    struct student s[ ]：数组形参，接收实参数组地址；
    int n：数组长度形参。

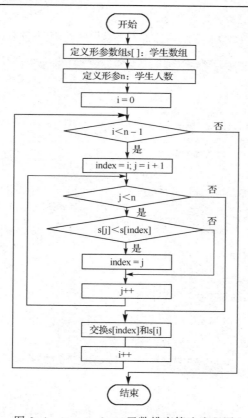

图 9-4 sort_student()函数排序算法流程图

程序清单：
```
#include <stdio.h>
struct student{                          /* 定义学生结构体类型 */
    int num;                             /* 学号 */
    char name[10];                       /* 姓名 */
    int chinese,math,english,total;      /* 三门课程成绩、总成绩 */
```

```
};
int main()
{
    int i,n;        /* i: 循环变量，n: 总人数 */
    struct student s[50];                        /* 结构体数组 s */
    struct student inputStudent();               /* 输入函数声明 */
    void sortStudent(struct student s[],int n);  /* 排序函数声明 */
    void outputStudent(struct student s[],int n); /* 输出函数声明 */

    printf("请输入学生总人数: ");
    scanf("%d",&n);

    /* 输入 n 个学生基本信息，计算个人总成绩 */
    for(i=0;i<n;i++){
        printf("\n请输入第%d 学生基本信息: \n",i+1);
        s[i]=inputStudent();      /* 函数调用：输入一个学生基本信息 */
    }

    sortStudent(s,n);                /* 函数调用：按总成绩由高到低排序 */

    printf("\n 输出学生信息表\n");
    outputStudent(s,n);          /* 函数调用：输出排序后的学生信息记录 */
}
struct student inputStudent()     /* 输入函数：输入并返回一个学生信息 */
{
    struct student s;

    /* 输入学生基本信息，计算总成绩 */
    printf("学号 姓名 语文 数学 英语: ");
    scanf("%d%s%d%d%d",&s.num,s.name,&s.chinese,&s.math,&s.english);
    s.total=s.chinese+s.math+s.english;
    return s;
}
void sortStudent(struct student s[],int n)           /* 排序函数：选择法排序 */
{
    int i,j,index;
    struct student temp;

    for(i=0;i<n-1;i++){
        index=i;
        for(j=i;j<n;j++)
            if(s[j].total>s[index].total)
                index=j;
        temp=s[i];s[i]=s[index];s[index]=temp;/* 交换 s[i]与 s[index] */
    }
}
void outputStudent(struct student s[],int n)/* 输出函数：输出学生信息表 */
{
    int i;

    printf("学号      姓名      语文 数学 英语 总成绩\n");  /* 输出表头 */
    for(i=0;i<n;i++)       /* 逐行输出表体 */
        printf("%-10d%-10s%-6d%-6d%-6d%-6d\n",s[i].num,s[i].name,
                s[i].chinese,s[i].math,s[i].english,s[i].total);
}
```

知识小结：

    sort_student()和 output_student()两个函数都用 struct student s[]结构体数组作函数形参，传递 "数组地址"，也可用结构体指针 struct student *s 作函数形参。

9.2.2　结构体数组的操作

结构体数组是结构体与数组的结合，与普通数组的不同之处在于每个数组元素都是一个结构体类型的数据，包括多个成员项。下面介绍结构体数组的定义、初始化和引用。

1. 结构体数组的定义

结构体数组的定义方法与结构体变量类似，在结构体变量名后指定元素个数，就能定义结构体数组。例如，在例 9-4 中，数组语句：

```
struct student s[50];
```

就是一个结构体数组定义语句，定义了一个结构数组 s，包含 50 个数组元素，从 s[0]到 s[49]，每个数组元素的类型是 struct student 结构类型，可存储 50 个学生信息记录。

结构体数组定义的一般格式为：

```
结构体类型　数组名[长度];
```

与普通数组一样，编译系统会为所有结构体数组元素分配足够的存储单元，且结构体数组各元素在内存中按顺序连续存放，即在内存中依次存放 s[0]、s[1]、s[2]……

2. 结构体数组的初始化

与普通数组一样，结构体数组也可以初始化，在对结构体数组初始化时，需要将初始化数组元素的数据用花括号括起来，其形式类似于普通二维数组的初始化。例如，

```
struct student s[5]={
    {101,"Zhang Min",100,90,100},{102,"Xiao Jie",100,100,100},
    {103,"Xie Min",90,90,90},{104,"Li Wei",100,80,70},
    {105,"Xu Qing",80,80,60}
}
```

这样，编译程序会将一对花括号中的数据组赋给一个元素，即将第一个花括号中的数据组赋给 s[0]，第二个花括号内的数据组赋给 s[1]，依此类推。

☞说明：

① 若初始化数据的个数与所定义的数组元素个数相等，则可以省略数组长度，系统会根据初始化数据组的个数自动确定数组的大小。

② 若初始化数据的个数少于数组元素个数，则不能省略数组长度，且未给初值的数组元素的值是不确定的。如下语句只对前 3 个元素赋初值，其他元素未赋初值，其值是不确定的：

```
struct student s[5]={
    {101,"Zhang Min",100,90,100},{102,"Xiao Jie",100,100,100},
    {103,"Xie Min",90,90,90}
}
```

3. 结构体数组的引用

结构体数组的引用方法类似于普通数组。使用结构体数组有如下规则：

（1）引用结构体数组元素的成员

对结构体数组元素成员的引用，通过使用数组下标与成员运算符（.）相结合的方式来实现。

格式：`结构体数组名[下标].结构体成员名`

例如，在例 9-4 中，下列语句就是引用结构体数组元素 s[i]的成员。

```
printf("%-10d%-10s%-6d%-6d%-6d%-6d\n",s[i].num,s[i].name,s[i].chinese,
                        s[i].math,s[i].english,s[i].total);
```

（2）整体引用结构体数组元素

一般通过赋值语句，将同类型的一个结构体数组元素赋给另一个元素，或赋给同类型的结构体变量。

例如，在例 9-4 中，下列语句就是整体引用结构体数组元素。

```
s[i]=inputStudent();          /* 将 inputSstudent()函数的返回值赋给 s[i] */
temp=s[i];s[i]=s[index];s[index]=temp;      /* 交换 s[i]与 s[index] */
```

（3）结构体数组元素作函数参数

结构体数组元素作函数参数与结构体变量作函数参数一样，属于"传值"方式。要求形参必须是同类型的结构体变量。

（4）结构体数组名作函数参数

与普通数组名作函数参数一样，结构体数组名作函数参数，属于"传址"方式。要求形参必须是地址参数，即必须是同类型的结构体数组或结构体指针。

例如，在例 9-4 中，下列语句就是结构体数组名作函数参数。

```
sortStudent(s,n);    /* 结构体数组名 s 作实参，传递数组 s 的首地址，"传址"方式 */
outputStudent(s,n);  /* 结构体数组名 s 作实参，传递数组 s 的首地址，"传址"方式 */
```

ⓘ 注意

void sortStudent(struct student s[],int n)函数：第 1 个形参为结构体数组，地址参数。

void outputStudent(struct student s[],int n)函数：第 1 个形参为结构体数组，地址参数。

9.2.3　模仿练习

练习 9-4：定义日期结构体类型 struct date，包括年、月、日三个成员。再定义一个包含 12 个元素的日期结构体数组 d，并用 2000 年各月份的第 1 天进行初始化。

练习 9-5：参考例 9-4，输入并保存 n 个学生的基本信息。编程实现如下功能：

① 输出总成绩最高与最低的学生信息。

② 统计输出超过总成绩平均值的学生人数。

9.3　结构体指针

第 8 章已经学习过指针的知识，指针就是变量地址，指针变量就是存放变量地址的一种特殊变量，它可以指向任何一种类型的变量，当指针变量指向结构体变量时，称为结构体指针。当然，指针变量也可以用来指向结构体数组中的元素。

9.3.1　指向结构体变量的指针

指向结构体变量的指针称为结构体指针，它必须先定义，后使用。其定义的一般形式为：

```
struct 结构体类型名称 * 指针变量名;
```

例如，下面程序段包含三条语句：

```
struct student s={101,"XiaoJie",100,90,100};
struct student * p=&s;    /* 定义 struct student 指针变量 p 并使 p 指向变量 s*/
```

其中，第一条语句定义 struct student 类型的结构体变量 s 并初始化，第二条语句定义 struct student 类型的指针变量 p 并初始化使 p 指向 s，指向关系如图 9-5 所示。

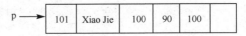

图 9-5　结构体指针指向结构类型变量

由于结构体类型的数据通常由多个成员组成，因此，结构体指针的值实际上是结构体变量的首地址，即第一个成员的地址。

有了结构体指针的定义，既可以通过结构体变量 s 直接访问结构成员，也可以通过结构体指针变量 p 间接访问它所指向的结构体变量 s 的各个成员。其具有三种等价访问形式。

方式 1：用成员运算符（.）直接访问结构成员

形式：结构变量.结构体成员

说明："."称为成员运算符。

例如：

```
s.num=101;
strcpy(s.name,"XiaoJie");
```

方式 2：用间接访问运算符（*）访问结构成员

形式：(*指针变量).结构体成员

说明：必须加圆括号，因为间接访问运算符"*"的优先级低于成员运算符"."。

例如：

```
(*p).num=101;
strcpy((*p).name,"XiaoJie");
```

方式 3：用指向运算符（->）访问结构成员

形式：指针变量->结构体成员

说明：->称为指向运算符。

例如：

```
p->num=101;
strcpy(p->name,"XiaoJie");
```

☞说明：当结构体指针 p 指向结构体变量 s 时，下列三种访问方式等价。

① s.num=101。

② (*p).num=101。

③ p->num=101。

【例 9-5】阅读下列程序，写出程序的执行结果。

程序清单：

```
#include <stdio.h>
struct student{
    int num;                         /* 学号 */
    char name[10];                   /* 姓名 */
    int chinese,math,english,total; /* 语文、数学、英语、总成绩 */
};
int main()
{
    struct student s={101,"XiaoJie",100,100,100,300},*p=&s;/* p指向 s */
    printf("%4d %10s %4d %4d %4d %4d\n",s.num,s.name,        /* 方式 1 */
            s.chinese,s.math,s.english,s.total);
    printf("%4d %10s %4d %4d %4d %4d\n",(*p).num,(*p).name,  /* 方式 2 */
            (*p).chinese,(*p).math,(*p).english,(*p).total);
    printf("%4d %10s %4d %4d %4d %4d\n",p->num,p->name,      /* 方式 3 */
            p->chinese,p->math,p->english,p->total);
    return 0;
}
```

程序解析：程序中定义 struct student 类型的变量 s 和指针 p，并且使 p 指向 s，通过 printf() 函数按三种等价访问方式输出 s 的值。

运行结果：

```
101    Xiao Jie    100    100    100    300
101    Xiao Jie    100    100    100    300
101    Xiao Jie    100    100    100    300
```

9.3.2 指向结构体数组元素的指针

指针变量也可以指向结构体数组元素，也就是将结构体数组的数组元素地址赋给指针变量。例如，下面程序段包含的两条语句：

```
struct student s[3]={
        {101,"ZhangMin",100,90,100},{102,"XiaoJie",100,100,100},
        {103,"XieMin",90,90,90}
},*p;
p=s;        /* p 指向 s */
```

语句 p=s 使结构体指针 p 指向结构体数组 s 的第一个元素 s[0]，该语句等价于 p=&s[0];，指向关系如图 9-6 所示。若执行 p++，则 p 指向下一个数组元素；若执行 p--，则 p 指向上一个数组元素。

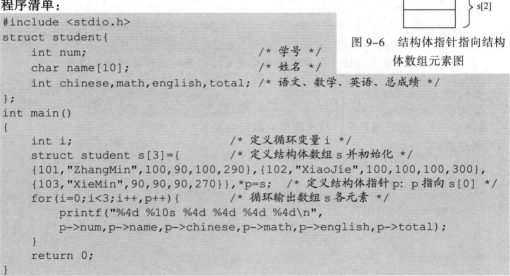

图 9-6 结构体指针指向结构体数组元素图

【例 9-6】阅读下列程序，写出程序的执行结果。

程序清单：

```
#include <stdio.h>
struct student{
    int num;                          /* 学号 */
    char name[10];                    /* 姓名 */
    int chinese,math,english,total;   /* 语文、数学、英语、总成绩 */
};
int main()
{
    int i;                            /* 定义循环变量 i */
    struct student s[3]={             /* 定义结构体数组 s 并初始化 */
    {101,"ZhangMin",100,90,100,290},{102,"XiaoJie",100,100,100,300},
    {103,"XieMin",90,90,90,270}},*p=s;  /* 定义结构体指针 p: p 指向 s[0] */
    for(i=0;i<3;i++,p++){             /* 循环输出数组 s 各元素 */
        printf("%4d %10s %4d %4d %4d %4d\n",
        p->num,p->name,p->chinese,p->math,p->english,p->total);
    }
    return 0;
}
```

程序解析：程序中定义 struct student 类型结构数组 s 并初值化和结构指针变量 p，使 p 指向 s，再循环输出结构体数组 s 各元素。语句 p++;使得 p 后移指向下个数组元素。

运行结果：

```
101    ZhangMin    100    90     100    290
102    Xiao Jie    100    100    100    300
103    XieMin      90     90     90     270
```

9.3.3 结构体指针作函数参数

结构体变量作函数参数，在函数间传递复杂数据，属于"单向传值"方式，对于大型结构，参数传递效率低。结构体数组作函数参数，属于"单向传址"方式，要求形参必须是地址参数，参数传递效率高。下面进一步讨论用结构体指针作函数参数。

【例 9-7】程序功能：输入 n（n≤10）个学生的学号、姓名和成绩，设置成绩等级并统计不及格人数，输出学生成绩表和不及格人数。学生信息包含学号、姓名、成绩和等级。要求定义 setGrade()函数，设置 n 个学生成绩等级并统计不及格人数，供主函数调用。成绩等级标准为 A—[85，100]，B—[70，84]，C—[60，69]，D—[0，59]。

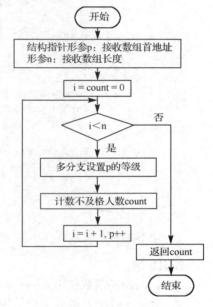

问题分析：

求解目标：输入 *n* 个学生信息，设置成绩等级并统计不及格人数，输出学生成绩表和不及格人数。

约束条件：结构体数组、结构体指针、多函数结构。

解决方法：采用多函数结构，设计 setGrade()函数设置成绩等级并统计不及格人数，供主函数调用。

算法设计：setGrade()函数算法流程图描述如图 9-7 所示。变量设置如下：
struct student *p：结构指针形参；
int n：数组长度形参；
int count：不及格人数计数器。

图 9-7　setGrade()函数算法流程图

程序清单：

```
#include <stdio.h>
#include <stdlib.h>
#include <ctype.h>
struct student{          /* 定义学生结构体类型 */
    int num;             /* 学号 */
    char name[10];       /* 姓名 */
    int score;           /* 成绩 */
    char grade;          /* 等级 */
};
int main()
{
    int i,n,count;                   /* n: 学生人数，count: 不及格人数 */
    struct student s[10],*p=s;  /* 结构数组 s 和结构指针 p，p 指向 s 首元素 */
    int setGrade(struct student *p,int n);   /* 函数声明 */

    printf("请输入学生总人数 n（n≤10）: ");
    scanf("%d",&n);

    printf("请输入%d 个学生基本信息: \n",n);
    printf("学号      姓名      成绩\n");
    for(i=0;i<n;i++)
        scanf("%d%s%d",&s[i].num,s[i].name,&s[i].score);
```

```
        count=setGrade(p,n);              /* 调用 setGrade()函数 */
        printf("学生全部信息和不及格人数\n*/
        printf("学号     姓名    成绩    等级\n");
        for(i=0;i<n;i++)
            printf("%6d%10s%4d%10c\n",s[i].num,s[i].name,
                                         s[i].score,s[i].grade);
        printf("\n 不及格人数=%d\n",count);
        return 0;
}
int setGrade(struct student *p,int n)/* 函数定义: 设置等级和计数不及格人数 */
{
    int i,count=0;                    /* count: 不及格人数计数器 */

    /* 设置 n 个学生等级并统计不及格人数 */
    for(i=0;i<n;i++,p++){
        if(p->score>=85) p->grade='A';
        else if(p->score>=70) p->grade='B';
        else if(p->score>=60) p->grade='C';
        else{
            p->grade='D';
            count++;                  /* count: 计数不及格人数 */
        }
    }
    return count;                     /* 返回不及格人数 */
}
```

知识小结:
① setGrade()函数使用 struct student *p 结构指针作函数形参,传递"数组地址"。
② 指针 p 指向主函数中的结构数组 s,通过 p 遍历数组 s 实现等级设置与计数功能。

9.3.4 模仿练习

练习 9-6: 定义日期结构体类型 struct date,包括年、月、日三个成员。再定义一个 struct date 类型的结构体指针 p,用 p 实现一个日期信息的输入和输出。

练习 9-7: 参考例 9-7,用结构体指针的方法,输入并保存 n 个学生的基本信息,然后输出超过总成绩平均值的学生信息及人数。

9.4 结构体综合程序设计

前面已经对结构体的相关概念、基本操作等做了较全面的介绍。本节使用结构化程序设计方法,以结构体数组和结构体指针作为主要数据结构,开发一个简易的学生成绩管理系统,对学生成绩进行有效管理。

【例 9-8】简易学生成绩管理系统。

1. 问题分析

下面从数据需求和功能需求两个方面,对问题进行详细分析。

(1) 数据分析

学生是系统管理的数据对象,由基本资料数据、基本成绩数据和计算汇总数据三部分组成,其中:

基本资料数据：包括学号、姓名、性别、专业和班级，都是输入项。学号为正整数。

基本成绩数据：包括高数、英语、C 语言三门课程成绩，都是输入项。

计算汇总数据：包括总成绩、总成绩班级排名，总成绩校级排名，通过对基本成绩数据计算汇总得到的数据，都是计算项。

（2）功能分析

① 添加：

a．添加学生基本资料数据；

b．批量输入学生基本成绩数据，并自动计算学生的总成绩。

② 修改：

a．根据学号修改学生基本资料数据；

b．根据学号修改学生基本成绩数据并自动更新学生的总成绩。

③ 删除：

根据学号删除学生数据。

④ 查询：

a．查询全部学生的全部数据；

b．按班级查询学生的全部数据；

c．按学号查询学生的全部数据；

d．按姓名查询学生的全部数据；

e．查询某班级某课程不及格学生。

⑤ 排序：

a．对所有学生按总成绩从高到低排序；

b．对某个班级学生按总成绩从高到低排序。

⑥ 统计：

a．统计某班级某课程的平均成绩、最高成绩、最低成绩；

b．统计某班级某课程超过课程平均成绩的学生名单及人数；

c．统计某班级某课程不及格的学生名单及人数；

d．统计某班级某课程不同等级的学生数及所占百分比。

等级定义如下：

不及格：小于 60 分；

及格：大于等于 60 分且小于 70 分；

中等：大于等于 70 分且小于 80 分；

良好：大于等于 80 分且小于 90 分；

优秀：大于等于 90 分。

⑦ 其他：

自动计算所有学生的班级排名和全校排名。

2．系统设计

经过问题分析，就进入系统设计阶段，包括数据结构设计和模块化设计两方面。

（1）数据结构设计

系统管理对象是学生，学生信息是由多项数据构成的相互关联的整体，需要定义学生结构体类型来描述。根据数据分析的结果，系统主要数据结构设计成结构体数组，表示全体学生，每个数组元素表示一名学生。学生结构体类型定义如下：

```
struct Student{
    int id;                                      /* 学号 */
    char name[20];                               /* 姓名 */
    char sex[3];                                 /* 性别：男或女 */
    char specialty[20];                          /* 专业 */
    char classes[20];                            /* 班级 */
    int math;                                    /* 数学 */
    int english;                                 /* 英语 */
    int cLanguage;                               /* C 语言 */
    int totalScore;                              /* 总成绩 */
    int classRank;                               /* 班级排名 */
    int schoolRank;                              /* 校级排名 */
};
struct Student students[MAXSTUDENTNUMBER];       /* 全体学生 */
```

（2）模块化设计

模块化设计主要针对系统的功能需求进行设计，包括功能模块结构设计、模块调用关系设计和函数设计三个方面。

① 功能模块结构设计。将功能组织成良好的层次系统，顶层模块调用下层模块实现程序的完整功能，每个下层模块再调用更下层的模块，从而完成程序的一个子功能，最下层模块完成最具体的功能。根据功能分析的结果，简易学生成绩管理系统的功能模块结构设计成如图 9-8 所示。

② 模块调用关系设计。在 C 语言中，模块通过函数来实现，一般是一个模块对应一个函数。根据图 9-8 所示的功能模块结构图，设计图 9-9 所示的模块调用关系图。

③ 函数设计。设计 C 语言函数，应从函数首部和函数体着手，设计函数首部，主要设计函数返回值类型、函数名和函数形参表；设计函数体，主要设计函数功能的实现算法。根据图 9-9 所示的模块调用关系图，设计相应的函数，并分类列表（见表 9-3 ~ 表 9-8）。由于篇幅关系，只设计函数首部，不再讨论函数体的实现算法。

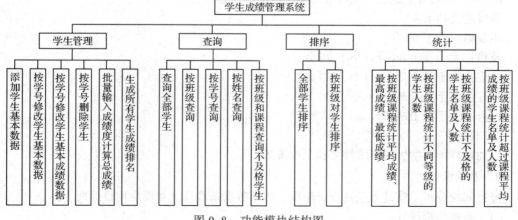

图 9-8　功能模块结构图

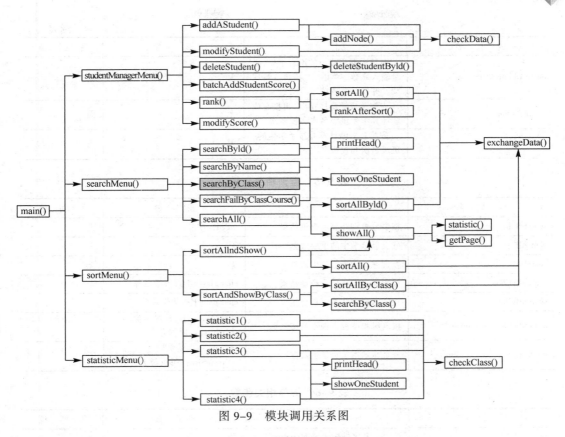

图 9-9　模块调用关系图

表 9-3　菜单相关函数

函　数　名	功　　能	形　　参	返　回　值
studentManagerMenu	学生数据增删改菜单	无	无
searchMenu	查询菜单	无	无
sortMenu	排序菜单	无	无
statisticMenu	统计菜单	无	无

表 9-4　学生数据增删改相关函数

函　数　名	功　　能	形　　参	返　回　值
addAStudent	增加一名学生，添加学生基本数据	无	无
exchangeData	交换下标为 i、j 的两名学生	int i int j	无
modifyStudent	修改一名学生基本数据	无	无
modifyScore	修改一名学生成绩数据	无	无
deleteStudentById	删除指定学号（id）的学生	int id：学号	int 0：删除失败 1：删除成功
deleteStudent	删除一名学生	无	无

续表

函 数 名	功 能	形 参	返 回 值
batchAddStudentScore	对缺少课程成绩的所有学生，批量输入高数、英语、C 语言 3 科成绩，并计算总成绩	无	无
rankAfterSort	先按总成绩降序排序，再按总成绩计算学生班级名次和校名次	无	无
rank()	按照总成绩计算并显示学生的班级名次和校名次	无	无

表 9-5 查询相关函数

函 数 名	功 能	形 参	返 回 值
searchById	按学号查询并显示查询结果	int id：学号	无
showAll	分页显示学生的重要数据	无	无
searchAll	查询并显示全部学生信息	无	无
searchByClass	按班级查询并显示查询结果	char classes[]：班级名称	无
searchByName	按姓名查询并显示查询结果	char name[]：学生姓名	无
searchFailByClassCourse	按班级和课程查询不及格名单	char classes[]：班级名称 int course：课程号	无
getPage	分页显示指定页学生数据	int page：指定页码 int pageSize：每页最大行数	无

表 9-6 排序相关函数

函 数 名	功 能	形 参	返 回 值
sortAllById	按学号升序排序（冒泡法）	无	无
sortAll	按总成绩降序排序（交换法）	无	无
sortAllAndShow	按总成绩降序排序并显示	无	无
sortAllByClass	某班级按总成绩降序排序（选择法）	char classes[]：班级名称	无
sortAndShowByClass	某班级按总成绩降序并显示	char classes[]：班级名称	无

表 9-7 统计相关函数

函 数 名	功 能	形 参	返 回 值
statistic	统计最低总分、最高总分、平均总分、总学生数	无	无
statistic1	统计某班某课程的平均成绩、最高成绩、最低成绩	无	无
函 数 名	功 能	形 参	返 回 值

statistic2	统计某班某课程不同等级的学生人数。等级标准：
	  优：大于等于 90；
	  良：大于等于 80 且小于 90；
	  中：大于等于 70 且小于 80；
	  及格：大于等于 60 且小于 70；
	  不及格：小于 60
		无	无

statistic3	统计某班某课程不及格学生名单及人数	无	无
statistic4	统计某班某课程超课程平均成绩的学生名单及人数	无	无

表 9-8 其他函数

函 数 名	功 能	形 参	返 回 值
checkData	检查学生数据是否正确	int studnentId：学号	int 0：错误 1：正确
checkClass	判断课程代号的一致性	char classes[]：班级	int 0：无该课程 >0：有该课程
printHead	显示一名学生的相关属性名	无	无
showOneStudent	显示一名学生的相关数据	int index：学生数组下标	无

3. 结构化编程

经过模块化设计后，每一个模块（函数）都可以独立编码。由于篇幅关系，对每个一级功能只挑选一个函数，列出规范代码。系统的程序代码可通过附录 D 提供的方式获取。

```c
#include "stdio.h"
#include "stdlib.h"
#include "string.h"
#include "student.h"              /* 结构操作：函数原型声明 */
#include "tools.h"               /* 辅助工具：函数原型声明 */
#include "studentManage.h"       /* 学生管理：函数原型声明 */
#include "studentSearch.h"       /* 查询管理：函数原型声明 */
#include "sort.h"                /* 排序管理：函数原型声明 */
#include "statistic.h"           /* 统计管理：函数原型声明 */

#define MAXSTUDENTNUMBER 100     /* 系统管理的最大学生人数 */
#define PAGESIZE 2               /* 每屏显示记录数 */

struct Student{                  /* 学生结构体类型 */
    int id;                      /* 学号 */
    char name[20];               /* 姓名 */
    char sex[3];                 /* 性别：男或女 */
    char specialty[20];          /* 专业 */
    char classes[20];            /* 班级 */
    int math;                    /* 数学 */
    int english;                 /* 英语 */
    int cLanguage;               /* C 语言 */
    int  totalScore;             /* 总成绩 */
    int  classRank;              /* 班级排名 */
    int  schoolRank;             /* 校级排名 */
};
struct Student students[MAXSTUDENTNUMBER];   /* 学生结构体数组 */
int maxId=0;                                 /* 最大学号 */
int change=0;                                /* 修改标志 */
int peopleNumber=0;                          /* 学生总人数 */
int minTotalscore,maxTotalscore,avgTotalscore;  /* 最低、最高、平均总分 */

/* 主函数 */
int main(void)
{
    int menuItem;
```

```
        /* 主菜单: 一级菜单 */
    while(1){
        do{
            fflush(stdin);    /* 清空键盘缓冲区 */
            printf("\n                     主菜单\n");
            printf("==========================================\n");
            printf("|    1—学生管理                    2—查询管理    |\n");
            printf("|    3—排序管理                    4—统计管理    |\n");
            printf("|                     5—退出                    |\n");
            printf("==========================================\n");
            printf("          请输入菜单编号（1-5）: ");
            scanf("%d",&menuItem);

            if(menuItem<1||menuItem>5)
                printf("菜单编号输入错误，请输入菜单编号（1-5）: \n\n");
            else
                break;
        }while(1);

        switch(menuItem){
            case 1: studentManagerMenu();    break;
            case 2: searchMenu();            break;
            case 3: sortMenu();              break;
            case 4: statisticMenu();         break;
            case 5: printf("谢谢使用! \n\n");return 0;
        }
    }
}

/* 函数功能: 增加一名学生，添加学生基本数据 */
void addAStudent()
{
    /* 1.输入并检查数据，不合法则重新输入 */
    do{
        fflush(stdin);    /* 清空键盘缓冲区 */
        printf("添加本科学生提示: 姓名不能为空; 性别为男或女; 专业不能为空; \n");
        printf("              班级不能为空\n");
        printf("请依次输入学生的姓名、性别、专业、班级: \n");
        scanf("%s%s%s%s",students[peopleNumber].name,
                         students[peopleNumber].sex,
                         students[peopleNumber].specialty,
                         students[peopleNumber].classes);
    }while(checkData(peopleNumber)==0);

    /* 2.设置学生其他项的初值 */
    students[peopleNumber].math=-1;
    students[peopleNumber].english=-1;
    students[peopleNumber].cLanguage=-1;
    students[peopleNumber].totalScore=-1;
    students[peopleNumber].classRank=-1;
    students[peopleNumber].schoolRank=-1;
```

```
        maxId++;                    /* 最大学号全局变量自动增 1 */
        students[peopleNumber].id=maxId;
        peopleNumber++;          /* 学生总数加 1 */
        change=1;                /* 已修改           */
        printf("添加学生成功! \n");
}

/* 函数功能: 显示一名员工的相关属性名 (不相关的不显示)     */
/* 参数说明: category—学生类别                        */
void printHead(enum studentcategory category)
{
        printf("%10s%10s%6s%20s%20s","id","姓名","性别","专业","班级");
        printf("%6s%6s%6s%6s%8s%8s\n","高数","英语","C 语言","总分",
                                        "班排名","校排名");
}

/* 函数功能: 显示一个学生的相关数据                  */
/* 参数说明: index—待检查的学生在数组中的下标 */
void showOneStudent(int index)
{
        printf("%10d%10s%6s%20s%20s",students[index].id,
                    students[index].name,students[index].sex,
                    students[index].specialty,students[index].classes);
        printf("%6d%6d%6d%6d%8d%8d\n",students[index].math,
                    students[index].english,students[index].cLanguage,
                    students[index].totalScore,students[index].classRank,
                    students[index].schoolRank);
}

/* 函数功能: 按学号查询并显示查询结果 */
/* 参数说明: int id, 学号           */
void searchById(int id)
{
        int find=0,i;                       /* find: 查找标志, 0—失败, 1—成功 */

        for(i=0;i<peopleNumber;i++){
            if(students[i].id==id){
                printHead();                /* 函数调用: 输出相关表头 (相关属性)  */
                showOneStudent(i);          /* 函数调用: 输出相关表体 (相关属性)  */
                find=1;                     /* 设置查找成功标志 */
                break;
            }
        }

        if(find==0)                         /* 查找失败 */
            printf("没有查询到相关数据! \n");
}

/* 函数功能: 统计最低总分、最高总分、平均总分 */
void statistic()
{
        /* 1.统计变量初始化 */
        double sumTotalscore=0;             /* 总分和      */
```

```
        minTotalscore=101;                      /* 最低总分 */
        maxTotalscore=0;                        /* 最高总分 */
        int i;

        /* 2.按类别统计所有学生的最低总分、最高总分、总分和、总学生数 */
        for(i=0;i<peopleNumber;i++){
            sumTotalscore+=students[i].totalScore;          /* 总分和    */
            if(maxTotalscore<students[i].totalScore)
                maxTotalscore=students[i].totalScore;        /* 最高总分 */
            if(minTotalscore>students[i].totalScore)
                minTotalscore=students[i].totalScore;        /* 最低总分 */
        }

        /* 3.求平均总分 */
        avgTotalscore=sumTotalscore / peopleNumber;     /* 平均总分 */
        change=0;                                        /* 表示已重新统计 */
}
/* 函数功能: 交换下标为 i、j 的两名学生的数据              */
/* 参数说明: i—学生在数组中的下标,j—学生在数组中的下标      */
void exchangeData(int i,int j)
{
        struct Student temp;
        temp=students[i];
        students[i]=students[j];
        students[j]=temp;
}

/* 函数功能: 按学号 id 从小到大排序, 使用冒泡排序算法 */
void sortAllById()
{
        int i,j;

        /* 冒泡排序算法 */
        for(i=0;i<peopleNumber-1;i++){
            for(j=0;j<peopleNumber-1-i;j++){
                if(students[j].id>students[j+1].id){
                    exchangeData(j,j+1);
                }
            }
        }
}
```

习   题

一、选择题

1. 以下选项中，不能定义 s 为合法的结构变量的是_____。

A. struct abc   B. struct
   {   {
       double a;   double a;
       char b[10];   char b[10];

                }s;   }s;
    C. struct abc   D. struct s
        {   {
            double a;   double a;
            char b[10];   char b[10];
        };   };
        struct abc s;

2. 有以下定义，则下面叙述中不正确的是_____。

```
struct ex
{
    int x;
    float y;
    char z;
}example;
```

    A. struct 是定义结构类型的关键字   B. example 是结构类型名
    C. x、y、z 都是结构成员名   D. struct ex 是结构类型名

3. 设有如下定义，则对 data 中的 a 域的正确引用是_____。

```
struct sk{
    int a;
    float b;
}data,*p;
p=&data;
```

    A. (*p).data.a   B. (*p).a   C. p->data.a   D. p.data.a

4. 有以下说明和定义语句，以下选项中引用结构变量成员的表达式错误的是_____。

```
struct student{int age;char num[8];};
struct student stu[3]={{20,"200401"},{21,"200402"},{19,"200403"}};
struct student *p=stu;
```

    A. (p++)->num   B. p->num   C. (*p).num   D. stu[3].age

5. 有如下说明语句，则下面叙述不正确的是_____。

```
struct stu
{
    int a;
    float b;
}stutype;
```

    A. struct 是结构体类型的关键字   B. struct stu 是用户定义的结构体类型
    C. stutype 是用户定义的结构体类型名   D. a 和 b 都是结构体成员名

6. 以下对结构类型变量的定义中不正确的是_____。

    A. #define STUDENT struct student   B. struct student{
        STUDENT {   int num;
            int num; float age;   float age;
        }std1;   }std1;
    C. struct{   D. struct{
            int num;   int num;
            float age;   float age;
        } std1;   }student;

struct student std1 ;

7. 当定义一个结构体变量时，系统分配给它的内存是_____。

    A. 各成员所需内存量的总和　　　　B. 结构中第一个成员所需内存量

    C. 成员中占内存量最大的容量　　　　D. 结构中最后一个成员所需内存量

8. 已知学生信息用以下两个嵌套的结构来描述，设置结构变量 s 中的 birth 域为"1985 年 10 月 1 日"，则下面正确的赋值方式是_____。

```
struct date{                    struct student{
    int year;                       int no;
    int month;                      char name[20];
    int day;                        char sex;
};                              struct date birth;
                                }s;
```

    A.　year=1985;　　　　　　　　　B.　birth.year=1985;

        month=10;　　　　　　　　　　　　birth.month=10;

        day=1;　　　　　　　　　　　　　birth.day=1;

    C.　s.year=1985;　　　　　　　　D.　s.birth.year=1985;

        s.month=10;　　　　　　　　　　s.birth.month=10;

        s.day=1;　　　　　　　　　　　s.birth.day=1;

9. 下面程序的运行结果是_____。

```
main()
{
    struct complx{
        int x;
        int y;
    }cnum[2]={1,3,2,7};
    printf("%d\n",cnum[0].y/cnum[0].x*cnum[1].x);
}
```

    A.　0　　　　　　　　B.　1　　　　　　　　C.　2　　　　　　　　D.　6

10. 以下对结构体变量成员不正确的引用是_____。

```
struct pupil
{
    char name[20];
    int age;
    int sex;
} pup[5],*p=pup;
```

    A.　scanf("%s",pup[0].name);　　　　B.　scanf("%d",&pup[0].age);

    C.　scanf("%d",&(p->sex));　　　　　D.　scanf("%d",p->age);

二、填空题

1. C 语言允许定义由不同数据项组合的数据类型，称为_____，它是 C 语言的构造类型。结构体变量成员的引用方式是使用_____运算符，结构体指针变量成员的引用方式是使用_____运算符。

2. 若有如下定义，则表达式 pn->b/n.a*(++pn->b)的值是_____，表达式 (*pn).a+pn->f 的值是_____。

struct num

```
{
    int a,b;
    float f;
}n={1,3,5.0};
struct num *pn=&n;
```

3. 下列程序的运行结果是_____。

```
struct s1{
    char c1,c2;
    int n;
};
struct s2{
    int n;
    struct s1 m;
}m={1,{'A','B',2}};
int main()
{
    printf("%d\t%d\t%c\t%c\n",m.n,m.m.n,m.m.c1,m.m.c2);
    return 0;
}
```

4. 下列程序的运行结果是_____。

```
struct abc
{
    int a;
    float b;
    char *c;
};
int main()
{
    struct abc x={23,98.5,"wang"};
    struct abc *p=&x;
    printf("%d,%s,%.1f,%s\n",x.a,x.c,(*p).b,p->c);
    return 0;
}
```

5. 下列程序输入某班学生的姓名及数学、英语成绩，计算每位学生的平均分，然后输出平均分最高的学生的姓名及数学、英语成绩。请填空。

```
struct student{
    char name[10];
    int math,eng;
    float aver;
};
int fun(struct student s[],int n)
{
    int k,maxsub=0;
    for(k=0;k<n;k++){
        ____①____ =(s[k].math+s[k].eng)/2.0;  /*计算平均值*/
        if(____②____)  maxsub=k;
    }
    return maxsub;
```

```
}
int main()
{
    int i,n,maxn;
    struct student s[50];

    scanf("%d",&n);
    for(i=0;i<n;i++)
        scanf("%s%d%d",s[i].name,&s[i].math,&s[i].eng);
        ___③___;

    printf("%10s%3d%3d\n",s[maxn].name,s[maxn].math,s[maxn].eng);
    return 0;
}
```

6. 下列程序读入时间数值，将其加 1 s 后输出，时间格式为 hh:mm:ss，若小时等于 24 小时，则置为 0。请填空。

```
struct {
    int hh,mm,ss;
}time;
int main()
{
    scanf("%d:%d:%d",&time.hh,&time.mm,&time.ss);

    time.ss++;
    if(___①___==60){
        ___②___;
        time.ss=0;
        if(time.mm==60){
            time.hh++;
            time.mm=0;
            if(___③___) time.hh=0;
        }
    }

    printf("%d:%d:%d",time.hh,time.mm,time.ss);
    return 0;
}
```

7. 下列程序的功能是输出一组（最多 10 个）学生中年龄最大者的姓名和年龄。请填空。

```
#include <stdio.h>
struct student
{
    char name[10];
    int age;
};
int main()
{
    int i,old=0,n;
    struct student st[10],*p;

    printf("请输入学生人数（n<=10): ");
    scanf("%d",&n);
```

```
        printf("请输入%d个学生姓名和年龄: ",n);
        for(i=0;i<n;i++){
            scanf("%s%d",_____①_____);
            if(old<stu[i].age){
                _____②_____;
                old=stu[i].age;
            }
        }
        printf("%s,%d\n",_____③_____);
        return 0;
}
```

8. 下列程序的功能是输入 *n* 名学生的信息，计算并输出超出平均年龄的人数。请填空。

```
#include <stdio.h>
struct student
{
    char name[10];
    int age;
};
int main()
{
    int i,count=0,avg=0,n;
    struct student st[10];

    printf("请输入学生人数（n<=10）: ");
    scanf("%d",&n);
    printf("请输入%d个学生姓名和年龄: ",n);
    for(i=0;i<n;i++){
        scanf("%s%d",_____①_____);
        avg=avg+stu[i].age;
    }
    _____②_____;

    for(i=0;i<n;i++)
        if(avg<stu[i].age)
            _____③_____;
    printf("count=%d\n",count);
    return 0;
}
```

9. 下列程序的功能是统计各性别学生的人数和超出平均年龄的总人数。请填空。

```
#include <stdio.h>
#include <string.h>
struct student
{
    char name[10];
    char sex[2];
    int age;
};
int analysis(struct student *p,int n,int *sex,int avg)
{
    int i,count0;
```

```
    for(i=0;i<n;i++){
        if(strcmp(p[i].sex,"M")=0)sex[0]++;
        else sex[1]++;
        if(avg<stu[i].age)_____①_____;
    }

    return count;
}
int main()
{
    int i,sex[2]={0,0},avg=0,count=0,n;
    struct student stu[10];

    printf("请输入学生人数（n<=10）: ");
    scanf("%d",&n);
    printf("请输入%d个学生姓名、性别（M-男，F-女）和年龄: ",n);
    for(i=0;i<n;i++){
        scanf("%s%c%d",_____②_____);
        avg=avg+stu[i].age;
    }
    _____③_____;

    printf("男性人数=%d,女性人数=%d\n",sex[0],sex[1]);
    printf("超出平均年龄的总人数=%d\n",count);
    return 0;
}
```

三、程序设计题

1. 定义结构体变量（成员包括年、月、日），输入一个日期并计算该日是当年中第几天。

2. 学生信息包括学号、姓名及入学成绩。输入一组学生的信息，按姓名字典序排序。

3. 学生信息包括 num、name 和 score[3]，编写函数 output()，输出学生的成绩数组，该数组中有 5 个学生的数据记录，在 main()函数输入这些记录，调用 output()函数输出学生的成绩数组。

4. 输入 10 位学生的姓名、数学成绩、英语成绩和物理成绩，确定总分最高的学生，并输出其姓名及其三门课程的成绩。

5. 建立一个职工情况统计表（最多 10 个职工），包括职工的工号、姓名、年龄、工资等内容。输入职工基本信息、计算并输出职工平均年龄和平均工资、统计并输出 20～40、41～50、51～60 三个年龄段的职工人数。

6. 编写程序具有如下功能：

（1）输入若干学生的学号、姓名和 4 门课程的成绩。

（2）计算每个学生的平均成绩，统计平均成绩各分数段的人数。分数段设置如下：90～100、80～89、70～79、60～69、60 以下。

（3）计算并输出各门课程的平均成绩及总的平均成绩。

（4）统计平均成绩高于总的平均成绩的学生人数，输出他们的学号、姓名、各科成绩及人数。

（5）根据学生平均成绩从高到低计算名次，名次计算规则：从第 1 名开始依次排名，若出现并列名次，则名次需要叠加。例如，若出现 5 个并列第 1 名，则没有第 2 名，下一个名次是第 6 名，依此类推。

第 10 章

链　　表

本章要点

◎ 链表的相关概念：链表、链表结构、链表结点、链表头结点、链表尾结点。

◎ 静态链表，静态链表的建立与输出。

◎ 动态链表，动态存储分配函数，创建单向动态链表，插入单向链表结点，查找单向链表结点，删除单向链表结点，输出单向链表。

到目前为止，程序中的变量都是通过定义引入的，这类变量固有的数据结构是不能改变的。本章将引入系统程序中经常使用的动态数据结构，它由一组数据对象组成，数据对象之间具有某种特定的关系，动态数据结构最显著的特点是它包含的数据对象个数及其相互关系可以按需改变，动态申请。经常使用的动态数据结构有链表、树、图等。

本章引入最基本的动态数据结构——链表。首先介绍链表的相关概念，接着介绍静态链表和动态链表的基本知识，重点讲解动态链表的基本操作，最后给出动态链表的综合编程。

10.1　链表概述

学生班级人数有多有少，有的班级 50 人，有的班级 30 人，如果用同一个数组先后存放不同班级的学生数据，则必须定义长度为 50 的数组，如果事先难以确定一个班级的人数，则必须把数组定义得足够大，以便存放任何班级的学生数据。显然，将造成内存空间的浪费。

实际上，用数组处理数据存在两方面的问题：其一，如果数据个数不确定，则数组长度必须是可能的最大长度，造成内存空间上的浪费；其二，当需要向数组增加或删除一个数据时，可能需要移动大量的数组元素，造成时间上的浪费。

为解决上述问题，引入一种新的动态数据结构——链表。链表是一种动态分配存储单元的数据结构，不需要事先确定最大长度，在插入或者删除一个元素时也不会引起数据的大量移动。

1. 链表的结构

链表有一个"头"，一个"尾"，中间有若干元素，每个元素称为一个结点。每个结点包括两部分：数据域和指针域。数据域存放用户关心的实际数据，指针域存放下一个结点的地址，如图 10-1 所示。

图 10-1　链表结构示意图

head 称为头指针("表头"),它指向链表的第一个结点,第一个结点又指向第二个结点,直到最后;最后一个结点称为"表尾",该结点的指针域值为 NULL(0),指向内存中编号为零的地址(常用符号常量 NULL 表示,称为空地址),表尾不再有后继结点,链表到此结束。

链表一般分单向链表和双向链表两种。单向链表,即每个结点只有一个指向后继结点的指针域,只知道它的后继结点位置,而不知道其前驱结点。图 10-1 就是一种单向链表。在单向链表中寻找某结点,必须从链表头指针所指的第一个结点开始,顺序查找。双向链表,即每个结点有两个指针域,一个指向"前驱结点",另一个指向"后继结点"。在双向链表中寻找某个结点,可以按两个方向顺序查找。下面只介绍单向链表。

☞说明:关于单向链表的几点说明。

① 链表中各元素在内存中可以不连续存放。

② 查找链表某个结点,必须从头指针开始顺序查找,直至找到或到达表尾为止。

③ 头指针至关重要,若没有头指针则整个链表无法访问。

2. 链表的定义

在单向链表中,结点数据域中的数据与指针域中的数据通常具有不同的类型,数据域本身还可以包含类型不同的多个成员,因此,一般用结构体变量表示链表的一个结点。该结构体变量不仅要有成员表示数据域中的数据,还要有一个指针类型的成员表示指针域中的数据。例如,对图 10-2 所示的链表,可以定义如下结构体类型:

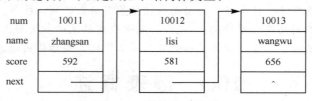

图 10-2 单向链表示例

```
struct student{
    int num;
    char name[10];
    int score;
    struct student *next;
};
```

显然,通过使用结构嵌套来定义单向链表结点的数据类型。其中,数据成员 num、name 和 score 存放结点中用户关心的数据,分别表示学生的学号、姓名和成绩,next 是递归定义的结构类型指针,它指向链表中的下一个结点,基类型是结构体类型本身。

创建链表的结点有两种方式:其一,在程序中定义相应数量的结构体变量来充当结点;其二,在程序执行过程中动态开辟结点。第一种方式创建的链表称为静态链表,第二种方式创建的链表称为动态链表。静态链表各结点所占用的存储空间在程序执行完毕后由系统释放;动态链表可在程序执行过程中调用动态存储分配函数释放。

10.2 静 态 链 表

链表长度固定且结点个数较少时通常使用"静态链表",在程序中,通过定义相应数量的结构体变量或结构体数组来充当结点。

10.2.1　静态链表的建立与输出

【例 10-1】建立图 10-2 所示的单向静态链表，输出链表各结点数据域中的数据。程序具有如下两项功能：

① 建立静态链表：建立图 10-2 所示的静态单向链表，存储学生数据。

② 输出静态链表：输出静态单向链表中的学生数据。

问题分析：

　求解目标：建立静态单向链表并输出链表结点数据。

　约束条件：p!=NULL。

　解决方法：先用结构变量 a、b、c 建立静态单向链表；再从链表头开始，依次输出链表结点，直到链表尾。

　算法设计：流程图描述如图 10-3 所示。变量设置如下：

　　　　struct student a,b,c：链表结点；

　　　　struct student head：链表头指针；

　　　　struct student p：结构体指针变量。

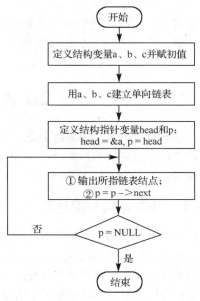

图 10-3　算法流程图

程序清单：

```c
#include <stdio.h>
struct student{                    /* 定义学生结构体类型 */
    int num;                       /* 学号 */
    char name[10];                 /* 姓名 */
    int score;                     /* 成绩 */
    struct student * next;    /* 指针域：指向下一个结点 */
};
int main()
{
    struct student a={10011,"zhangsan",592},b={10012,"lisi",581},
            c={10013,"wangwu",656};       /* 定义结构变量a、b、c并赋初值 */
    struct student * head,* p;             /* head：头指针变量，p：循环变量 */
    head=&a;a.next=&b;b.next=&c;c.next=NULL;            /* 建立单向链表 */

    /* 输出单向链表 */
    printf("%-5s%-10s%-5s\n","学号","    姓名    ","成绩");
    for(p=head;p!=NULL;p=p->next)
```

```
        printf("%-5d  %-10s  %-5d\n",p->num,p->name,p->score);
    return 0;
}
```

☞小提示：静态链表长度固定且结点个数较少，链表结点通过定义相应数量的结构变量或数组来充当。

10.2.2 模仿练习

练习 10-1：参考例 10-1，使用结构体数组建立含 n（n≤10）个结点的静态单向链表，存储 n 个学生信息，并输出静态单向链表中的学生信息。学生信息包括学号、姓名、成绩。

10.3 动 态 链 表

与静态链表不同，动态链表是一种动态分配存储单元的数据结构，即在程序运行过程中根据需要动态地申请和释放结点。C 语言的函数库中提供了动态申请和释放内存块的库函数，包括 malloc()、calloc()、realloc() 和 free() 函数，它们包含在头文件 stdlib.h 或 malloc.h 中。

10.3.1 动态存储分配函数

1. malloc()函数

函数原型：void * malloc(unsigned size)

函数功能：在内存的动态存储区中分配 size 字节的连续空间。若分配成功，则返回指向所分配存储区的起始地址的指针，否则返回 NULL。注意：返回值为（void *）类型，在具体使用时，应将返回值强制转换为特定指针类型，赋给一个指针变量。

例如，下面程序段利用动态内存分配函数，分配 8 个字节的存储块，并将返回值强制转换为 char 类型的指针赋值给指针变量 p：

```
char *p;
p=(char *)malloc(8);
```

例如，下面程序段利用动态内存分配函数，建立一个长度事先不确定（n 个元素）的 int 类型数组 a，并输入 n 个整数到数组 a：

```
int n,i,*a;
scanf("%d",&n);                          /* 输入数组长度 */
if((a=(int *)malloc(n*sizeof(int)))==NULL){/* 分配 n 个整型存储块返回首地址 */
    printf("不能成功分配存储块!\n");
    exit(0);
}
for(i=0;i<n;i++) scanf("%d",a[i]);
```

☞说明：关于 malloc()函数的使用说明。

① 函数返回值为 void 指针类型，使用时应根据需要强制转换为所需类型的指针。

② 尽量使用长度运算符 sizeof 计算存储块的大小，不用常量，以增强程序的可移植性。

③ 在调用 malloc()函数时，必须用 if 语句检查是否成功分配，考虑到意外情况的处理。后续介绍的 calloc()、realloc()函数也是如此。

2. calloc()函数

函数原型：void *calloc(unsigned n,unsigned size)

函数功能：在内存的动态存储区中分配 n 个长度为 size 字节的连续存储块。若分配成功，则返回指向所分配存储块的起始地址的指针并初始化存储块为 0，否则返回 NULL。

例如，下面程序段利用动态内存分配函数，分配 2 块 20 个字节的存储块，并将返回值强制转换为 char 类型的指针赋值给指针变量 p：

```
char *p;
p=(char *)calloc(2,20);
```

☞说明：关于 calloc()函数的使用说明。

① 函数返回值为 void 指针类型，使用时应根据需要强制转换为所需类型的指针。

② 与 malloc()函数相比，calloc()函数可以一次分配 n 块区域，且初始化整个区域为 0。但 malloc()函数不初始化所分配的存储块。

3. free()函数

函数原型：void free(void *p)

功函数能：释放 p 所指内存空间，交还给系统，系统可以另行分配。该函数无返回值。

例如，下面程序段利用动态内存分配函数，建立一个长度事先不确定的 int 类型数组 p，再释放 p 数组占用的内存空间：

```
int n,*p;
scanf("%d",&n);
if((p=(int *)malloc(n*sizeof(int)))==NULL){/* 分配 n 个整型存储块返回首地址 */
    printf("不能成功分配存储块!\n");
    exit(0);
}
free(p);
```

☞说明：关于 free()函数的使用说明。

① 调用 free()函数时，系统自动将 p 指针类型转化为 void 型指针。

② free()函数所释放的内存空间必须是由 malloc()函数或 calloc()函数分配的。

4. realloc()函数

函数原型：void *realloc(void * ptr,unsigned size)

函数功能：将 ptr 指向的存储块（原先用 malloc()函数分配的）的大小改为 size 个字节。若分配成功，则返回所分配到的新存储区的起始地址，否则返回 NULL。

例如，下面程序段先为 p 分配 8 字节的存储块，再使 p 指向 20 字节的存储块。

```
char *p=(char *)malloc(8);
p=(char *)realloc(p,20);
```

☞说明：关于 realloc()函数的使用说明。

① 与 malloc()、calloc()函数一样，返回值为 void 指针类型，应根据需要强制转换。

② 利用 realloc()函数，可以使原先分配的存储块扩大也可以缩小。

③ 新存储块首址不一定与原首址相同，因为当增加空间时，存储块可能需要进行移动。

下面举例介绍动态存储分配函数的简单应用。

【例 10-2】输入正整数 n，再输入 n 个任意整数，统计并输出 n 个整数中的奇数个数。

问题分析：

求解目标：输入 n 个整数，统计并输出 n 个整数中的奇数个数。

约束条件：用动态内存分配函数为 n 个整数分配空间。

解决方法：先用动态内存分配函数分配 n 个整数空间，再用循环结构控制输入 n 个整数，并计数其中奇数的个数。

算法设计：流程图描述如图 10-4 所示。变量设置如下：

    p：指针变量，指向 n 个动态内容；

    n：整数个数；

    count：奇数个数的计数器；

    i：循环变量。

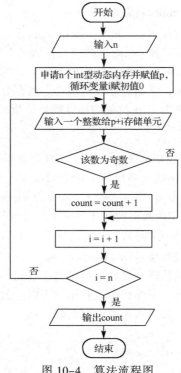

图 10-4　算法流程图

程序清单：

```c
#include <stdio.h>
#include <stdlib.h>
#include <malloc.h>
int main()
{
    int i,n,count=0,*p; /*n:整数个数, count:奇数个数, 初值为 0, p:指针变量 */
    printf("请输入 1 个正整数 n: ");
    scanf("%d",&n);
    if((p=(int *)calloc(n,sizeof(int)))==NULL){ /* 申请 n 个动态存储块 */
        printf("不能成功分配存储块!\n");
        exit(0);
    }
    printf("输入%d 个任意整数: ",n);/*为数组 p 输入 n 个任意整数，并统计奇数个数 */
    for(i=0;i<n;i++){
        scanf("%d",p+i);
        if(p[i]%2==1)count++;
    }
    printf("%d 个任意整数中的奇数个数=%d\n",n,count);    /* 输出 count 的值*/
    free(p);      /* 释放 p 数组占用的存储块 */
    return 0;
}
```

☞小提示：语句 p=(int *)calloc(n,sizeof(int)) 动态申请内存，得到一个没有名字、只有首地址的连续存储块，相当于无名一维数组，p 指向首元素。p+i 表示第 i 个元素地址，p[i]表示第 i 个元素，也可用*(p+i)表示 p[i]。

10.3.2　动态链表的基本操作

与静态链表不同，动态链表是一种动态分配存储单元的数据结构，即在程序运行过程中根据需要动态地申请和释放结点。假设链表的结点类型定义如下：

```
struct student{
    int num;
    int score;
    struct student *next;
};
```

动态链表的基本操作包括链表的建立、插入、删除、输出和查找等。

1．建立链表

建立链表就是指在程序执行过程中从无到有，逐个创建结点并建立起各结点前后相连的关系。通常有两种建立链表的方法：插表头方法和链表尾方法。插表头方法是指将新结点作为新的表头插入链表。链表尾方法是指将新结点作为新的表尾接入链表。

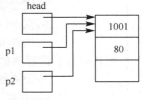

下面以创建含有三个结点的单向动态链表为例，说明链表尾方法的创建过程。

① 开辟首结点，并令指针 head、p1 与 p2 都指向该结点，如图 10-5 所示。

图 10-5　开辟首结点

② 开辟第二个结点，令指针 p1 指向该结点，如图 10-6（a）所示。然后，令前一个结点指针域指向该结点，如图 10-6（b）所示；最后，令指针 p2 后移一个位置，以指向新的尾结点，如图 10-6（c）所示。

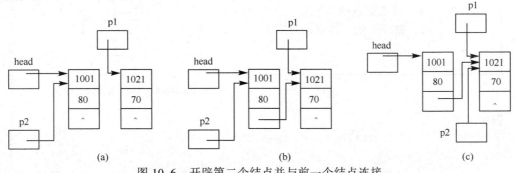

图 10-6　开辟第二个结点并与前一个结点连接

③ 开辟第三个结点，令指针 p1 指向该结点，如图 10-7（a）所示。然后，令前一个结点指针域指向该结点，并令指针 p2 后移一个位置，以指向新的尾结点，如图 10-7（b）所示。

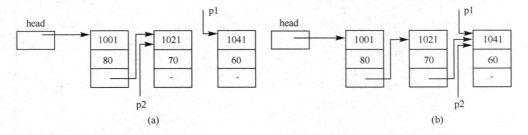

图 10-7　开辟第三个结点并与前一个结点连接

【例 10-3】 编写函数，实现用链表尾方法创建含 *n* 个结点的单向动态链表。

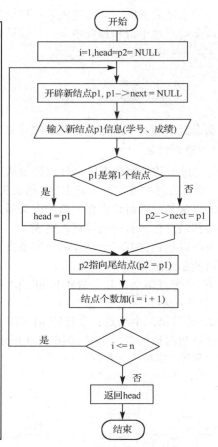

图 10-8　算法流程图

问题分析：

求解目标： 用链表尾方法创建含 n 个学生结点的单向动态链表。

约束条件： 结点个数 n；链表尾方法。

解决方法： 循环 n 次，每次开辟一个新结点 p1（申请结点空间、输入结点信息、令其 next 为 NULL），若 p1 为首结点，则令 head=p1；否则令链表尾结点 p2 指向新增结点 p1。循环结束，返回链表头指针 head。

算法设计： 流程图描述如图 10-8 所示。变量设置如下：

head：链表头指针，初值为 NULL；

p1：指向新增结点的指针变量；

p2：指向链表尾结点的指针变量，初值为 NULL；

n：链表结点的个数；

i：循环变量，控制循环次数。

程序清单：

```c
struct student * create_link_table(int n)
{
    int i;
    struct student *head=NULL,*p1,*p2=NULL; /* head: 头指针, p2: 尾指针 */

    for(i=1;i<=n;i++){              /* 建立含 n 个结点的链表 */
        /* 开辟一个新结点 */
        if((p1=(struct student *)malloc(sizeof(struct student)))==NULL){
            printf("不能成功分配存储块!\n");
            exit(0);
        }                          /* 令新结点指针域为 NULL */
        p1->next=NULL;             /* 令新结点指针域为 NULL */
        printf("请输入第%d个学生的学号及成绩: ",i);
        scanf("%d%d",&p1->num,&p1->score);
        if(i==1) head=p1;else p2->next=p1;  /* 表尾链入新结点 */
        p2=p1;                              /* p2 指向新的表尾结点 */
    }
```

```
        return head;                                      /* 返回链表头指针 */
}
```

☞小提示：

函数首部：`struct student * create_link_table(int n)`

返回值类型：struct student *，结构体指针，返回链表头指针。

参数说明：形参 n 表示结点个数。

2．插入链表结点

任务：将结点插入链表的指定位置，比如将图 10-9 中的结点 b 插入到结点 a 与结点 c 之间。完成任务可以分成两个步骤来实现。

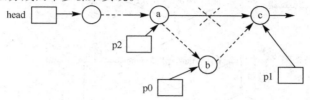

图 10-9　插入结点示意图

步骤 1：找插入点位置，从链表头开始查找插入点位置。

步骤 2：插入结点，修改结点 b 指针域的值，使其指向结点 c；然后令结点 a 的指针指向结点 b。这样原链表中由结点 a 到结点 c 的连接被断开，结点 b 被插入链表中。

☞说明：在图 10-9 中，p0 指向待插入结点 b，p1 指向结点 c，p2 指向结点 a。

【例 10-4】编写函数，在有序学生链表中插入一个新结点，使链表仍按学号升序排列。

问题分析：

求解目标：在有序学生链表中插入一个新结点，使链表仍按学号升序排列。

约束条件：有序链表。

解决方法：完成任务需要分两步来实现。

　　　　① 找插入点位置。从链表头开始顺序查找插入点位置。

　　　　② 插入结点。根据插入点的位置情况，多分支插入新结点。具体包括空链表、尾结点、首结点和非首尾结点 4 种插入情况。

算法设计：流程图描述如图 10-10 所示。变量设置如下：

　　　　head：链表头指针；　　　　　p0：指向新增结点的指针变量；

　　　　p1：指向当前结点的指针变量；p2：指向当前结点的上一结点的指针变量；

　　　　i：循环变量。

☞小提示：

函数首部：

`struct student * insert_node(struct student * head,struct student * stud)`

返回值类型：struct student *，结构体指针，返回链表头指针。

参数说明：

● struct student * head：结构体指针，链表头指针。

● struct student * stud：结构体指针，待插结点指针。

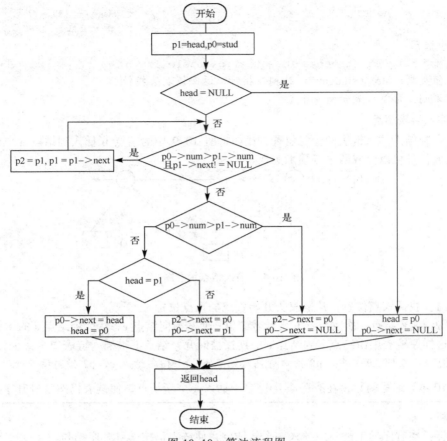

图 10-10　算法流程图

程序清单：

```
struct student * insert_node (struct student * head,struct student * stud)
{
    struct student *p0,*p1,*p2; /* p1、p2:确定插入位置 */
    p1=head;p0=stud;                    /* p0:待插结点, p1:初值为 haed */

    if(head==NULL){                     /* 空链表:待插结点作为头结点 */
        head=p0;p0->next=NULL;
    }
    else{
        while((p0->num>p1->num) && (p1->next!=NULL)){/* 找插入结点位置 */
            p2=p1;p1=p1->next;
        }
        if(p0->num>p1->num){
            /* 插入结点是尾结点, 则将 p0 作为尾结点 */
            p1->next=p0;p0->next=NULL;
        }
        else if(head==p1){
            /* 插入结点是首结点, 将 p0 作为头结点 */
            p0->next=head;head=p0;
        }else{
```

```
            /* 插入结点非首、尾结点，将p0插入在p2和p1之间 */
            p2->next=p0;p0->next=p1;
        }
    }
    return head;
}
```

3. 查找链表结点

任务：根据查询条件，查找满足条件的结点。图 10-11（a）所示为查找成功的情况，p 指向满足条件的结点；图 10-11（b）所示为查找失败的情况，p 值为 NULL。

基本思想：从链表头开始，在链表中顺序查找，若查找成功，则返回 p 指向的结点地址；否则，返回空指针 NULL。

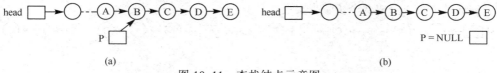

(a)   (b)

图 10-11　查找结点示意图

【例 10-5】编写函数，在学生链表中查找指定学号的学生结点。若查找成功，则返回指向结点的指针；否则，返回 NULL。

问题分析：

求解目标：在学生链表中查找指定学号的学生结点。

约束条件：待查学号与链表某结点学号相同。

解决方法：从链表头开始遍历链表，逐个比较当前结点 p 的学号，若学号相等或链表结束，则结束遍历。若无待查结点，则令 p 等于 NULL。最后返回查找结果 p。

算法设计：流程图描述如图 10-12 所示。变量设置如下：

　　struct student * head：链表头指针；

　　struct student * p：指向当前结点的指针变量；

　　int num：待查学号。

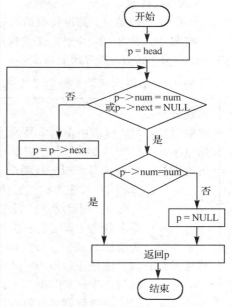

图 10-12　算法流程图

☞小提示：

函数首部：
```
struct student * query_node(struct student * head,int num)
```
返回值类型：struct student *，结构体指针，返回查找结果，NULL 表示未找到。

参数说明：

● struct student * head：结构体指针，链表头指针。

● int num：待查找学生学号。

程序清单：

```
struct student * query_node(struct student * head,int num)
{
    struct student * p=head;        /* 设置 p 初值为 head */

    /* 查找结点 */
    while((p->num!=num)&&(p->next!=NULL)) p=p->next;
    if(p->num!=num) p=NULL;

    return p;                        /* 返回结果 */
}
```

4. 删除链表结点

任务：删除链表指定位置上的结点，如将图 10-13（a）中的结点 C 删除，如图 10-13（b）所示。完成任务可以分成两个步骤来实现。

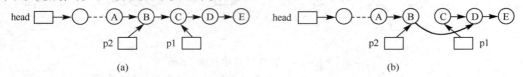

图 10-13　删除结点 C 示意图

步骤 1：找删除结点，从链表头开始查找删除结点位置。

步骤 2：删除结点，修改待删结点的前驱结点的指针域，使其指向待删结点的后继结点。

☞说明：在图 10-13 中，p1 指向结点 C，p2 指向结点 B（结点 C 的前驱结点）。只需做 p2->next=p1->next，即可删除结点 C。

【例 10-6】编写函数，删除学生链表中指定学号的结点。

问题分析：

求解目标： 删除链表中指定学号的结点。

约束条件： 待删结点学号与指定学号相同。

解决方法： 完成任务可以分成两个步骤来实现。

步骤 1：找删除结点，从链表头开始查找删除结点位置。

步骤 2：删除结点。根据查找结果，若没有匹配的结点，则给出提示；否则多分支（首结点、非首结点两种情况）删除待删除结点。最后返回链表头指针 head。

算法设计： 流程图描述如图 10-14 所示。变量设置如下：

head：链表头指针；　　　　　　　　p1：指向待删结点前驱的指针变量；

p2：指向待删结点的指针变量；　　　num：待删学号。

☞小提示：

函数首部：

```
struct student *  delete_node(struct student * head,int num)
```

返回值类型：struct student *，结构体指针，返回链表头指针。

参数说明：

● struct student * head：结构体指针，链表头指针。

● int num：待删除学生学号。

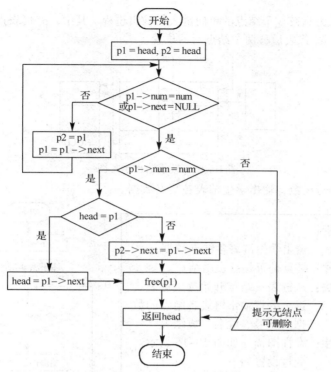

图 10-14 算法流程图

程序清单:

```
struct student * delete_node(struct student * head,int num)
{
    struct student * p1=head,* p2=head;        /* 设置 p1、p2 初值为 head */
    /* 查找删除结点 */
    while((p1->num!=num)&&(p1->next!=NULL)){
        p2=p1;p1=p1->next;
    }
    /* 删除结点: 若找到, 则删除; 否则, 显示 "无删除结点!" */
    if(p1->num==num){
        if(head==p1) head=p1->next; /* 首结点  */
        else p2->next=p1->next;        /* 非首结点 */
        free(p1);                      /* 释放 p1 结点内存 */
    }
    else  printf("无删除结点! \n");

    return head;                       /* 返回链表头指针 */
}
```

5. 输出链表

任务: 从链表头开始, 逐个输出每个结点的数据。

基本思想: 设置指针变量 p 并初始化为链表头指针 head, 让 p 指向第一个结点, 输出 p 所指结点, 然后使 p 后移一个结点, 再输出, 如此重复, 直到链表尾结点。

图 10-15 所示为具有 3 个结点的单向链表的输出过程。其中，p′代表指针 p 后移一个结点后指向的位置，p″代表后移两个结点后的位置。

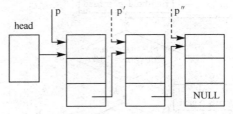

图 10-15　链表输出示意图

【例 10-7】编写函数，输出学生链表各结点数据。

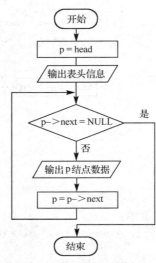

图 10-16　算法流程图

问题分析：
求解目标： 输出学生链表各结点数据。
约束条件： 结点是否是链表尾结点。
解决方法： 从链表头结点开始遍历链表，逐个分行输出链表各结点的数据（学号、姓名、成绩）。
算法设计： 流程图描述如图 10-16 所示。
　　　　　　变量设置如下：
　　　　　head：链表头指针；
　　　　　p：指向当前结点的指针变量。

☞小提示：

函数首部

```
void print_link_table(struct student * head)
```

返回值类型：void，无返回值。

参数说明：

● struct student * head：结构体指针，链表头指针。

程序清单：

```
void print_link_table(struct student * head)
{
    struct student * p=head;      /* 指针变量p: 初值为 head，指向链表头结点 */
    /* 从链表头开始，逐个输出链表各结点的数据，直到链表尾 */
    printf(" 学生成绩表\n");
    printf("==========\n");
    printf("%-5s%-5s\n","学号 "," 成绩 ");
    while(p!=NULL){
        printf("%-5d  %-5d\n",p->num,p->score);
        p=p->next;  /* 使p指向下一个结点 */
    }
}
```

10.3.3　模仿练习

练习 10-2：参考例 10-2，先输入一个正整数 n，再输入 n 个任意整数，统计并输出 n 个整数中超出平均数的整数个数。要求使用动态内存分配函数为这 n 个整数分配空间。

练习 10-3：参考例 10-3，编写函数用插表头方法创建含 n 个学生结点的单向动态链表。函数原型如下。

```
struct student * insert_link_table(int n)
```

其中：

- 函数形参：int n，结点个数。
- 函数返回值：struct student *，结构体指针，返回链表头指针。

练习 10-4：参考例 10-6，编写函数修改单向动态链表中指定学号的学生信息。函数原型如下：

```
void edit_link_table(struct student * head,int num)
```

其中：

- 第 1 个形参：struct student * head，结构体指针，链表头指针。
- 第 2 个形参：int num，结点个数。
- 函数返回值：void，无返回值。

练习 10-5：编写一个 mian()函数，调用例 10-3、例 10-4、例 10-6、例 10-7 中编写的各子函数，实现单向动态链表的建立、插入、删除、输出等综合操作。

10.4　链表综合程序设计

前面已经对链表的相关概念、基本操作等做了较全面的介绍。本节使用结构化程序设计方法，在第 9 章中以结构体数组作为主要数据结构开发简易学生成绩管理系统的基础上，改用以结构体和链表作为主要数据结构，进一步完善学生成绩管理系统。

【例 10-8】开发简易学生成绩管理系统。

1. 问题分析

同例 9-8 问题分析，可参见例 9-8 的问题分析部分。

2. 系统设计

经过问题分析，就进入系统设计阶段，包括数据结构设计和模块化设计两方面。

（1）数据结构设计

系统管理对象是学生，学生信息是由多项数据构成的相互关联的整体，需要定义学生结构体类型来描述。根据数据分析的结果，系统主要数据结构设计成单向链表，表示全体学生，链表结点表示一名学生。链表结点类型定义如下：

```
typedef struct node{
    int  id;                  /* 学号 */
    char name[10];            /* 姓名 */
    char sex[3];              /* 性别: 男或女 */
    char specialty[20];       /* 专业 */
    char classes[20];         /* 班级 */
    int  math;                /* 高数 */
    int  english;             /* 英语 */
```

```
        int  cLanguage;           /* C 语言 */
        int  totalScore;          /* 总成绩 */
        int  classRank;           /* 班级排名 */
        int  schoolRank;          /* 校级排名 */
        struct node * next;       /* 指向下一个结点的指针
}Student;
```

（2）模块化设计

模块化设计主要针对系统的功能需求进行设计，包括功能模块结构设计、模块调用关系设计和函数设计三个方面。

① 功能模块结构设计。将功能组织成良好的层次系统，顶层模块调用下层模块实现程序的完整功能，每个下层模块再调用更下层的模块，从而完成程序的一个子功能，最下层模块完成最具体的功能。根据功能分析的结果，简易学生成绩管理系统的功能模块结构设计成如图 9-8 所示。

② 模块调用关系设计。在 C 语言中，模块通过函数来实现，一般是一个模块对应一个函数。根据图 9-8 所示的功能模块结构图，设计图 9-9 所示的模块调用关系图。

③ 函数设计。

设计 C 语言函数，应从函数首部和函数体着手，设计函数首部，主要设计函数返回值类型、函数名和函数形参表；设计函数体，主要设计函数功能的实现算法。根据模块调用关系图，设计相应的函数，并分类列表（见表 10-1 ~ 表 10-6）。由于篇幅关系，只设计函数首部，不再讨论函数体的实现算法。

表 10-1　菜单相关函数

函　数　名	功　　能	形　　参	返　回　值
studentManagerMenu	学生数据增删改菜单	无	无
searchMenu	查询菜单	无	无
sortMenu	排序菜单	无	无
statisticMenu	统计菜单	无	无

表 10-2　学生数据增删改相关函数

函　数　名	功　　能	形　　参	返　回　值
addNode	添加一个结点到链表末尾	① 链表头指针的地址 Student ** headp ② 需添加的结点指针 Student * newStudent	无
exchangeData	交换两名学生	Student * p Student * q	无
addAStudent	增加一名学生，添加学生基本数据	无	无
modifyStudent	修改一名学生基本数据	无	无
modifyScore	修改一名学生基本成绩数据	无	无
deleteStudentById	根据学生 id 删除一名学生	① 链表头指针的地址 Student ** headp ② 需删除学生的 id int id	int:0 表示删除失败，1 表示删除成功
deleteStudent	删除一名学生	无	无

续表

函 数 名	功 能	形 参	返 回 值
batchAddStudentScore	对缺少课程成绩的所有学生，批量输入高数、英语、C 语言三科成绩，并计算总成绩	无	无
rankAfterSort	根据总成绩批量计算所有学生的班级名次和校级名次	无	无
rank	根据总成绩计算并显示所有学生的班级名次和校级名次	无	无

表 10-3　查询相关函数

函 数 名	功 能	形 参	返 回 值
searchById	按学号查询并显示查询结果	int id，学生 id	无
getPage	分页显示指定页学生数据	① 链表头指针 Student *head ② 指定页号 int page ③ 每页最大学生数 int pageSize	无
showAll	分页显示指定页学生数据	无	无
searchAll	查询全部学生并显示查询结果	无	无
searchByClass	按班级查询并显示查询结果	char *classes，班级名称	无
searchByName	按姓名查询并显示查询结果	char *name，学生姓名	无
searchFailByClassCourse	按班级和课程查询不及格学生	char *classes，班级名称 int course，课程号	无

表 10-4　排序相关函数

函 数 名	功 能	形 参	返 回 值
sortAllById	按学号 id 从小到大排序，使用选择排序算法	无	无
sortAll	所有学生按总成绩从高到低排序，使用交换排序算法	无	无
sortAllAndShow	所有学生按总成绩从高到低排序并显示	无	无
sortAllByClass	某班级学生数据按总成绩从高到低排序，使用选择排序算法	char *classes，班级名称	无
sortAndShowByClass	某班级学生按总成绩从高到低排序并显示	char *classes，班级名称	无

表 10-5　统计相关函数

函 数 名	功 能	形 参	返 回 值
statistic	统计最低总分、最高总分、平均总分、总学生数	无	无
statistic1	统计某班级某课程的平均成绩、最高成绩、最低成绩	无	无
statistic2	统计某班级某课程不同等级的学生人数	无	无

续表

函 数 名	功 能	形 参	返 回 值
statistic3	统计某班级某课程不及格学生名单及人数	无	无
statistic4	统计某班级某课程超过课程平均成绩的学生名单及人数	无	无

表 10-6　其他函数

函 数 名	功 能	形 参	返 回 值
checkData	检查学生数据是否正确	待检查的学生结点指针 Student * nowStudent	int 0-错误；1-正确
checkClass	判断是否存在班级相关数据	int * course，课程编号 char * classes，班级名称	int 0-无 1-有
printHead	显示一名学生的相关属性名	无	无
showOneStudent	显示一名学生的相关数据	待显示的学生结点指针 Student * nowStudent	无

（3）结构化编程

经过模块化设计后，每一个模块（函数）都可以独立编码。由于篇幅关系，对每个一级功能只挑选一个函数，列出规范代码。系统的程序代码可通过附录 D 提供的方式获取。

```c
#include "stdio.h"
#include "stdlib.h"
#include "string.h"
#include "student.h"            /* 链表操作：函数原型声明 */
#include "tools.h"              /* 辅助工具：函数原型声明 */
#include "studentManage.h"      /* 学生管理：函数原型声明 */
#include "studentSearch.h"      /* 查询管理：函数原型声明 */
#include "sort.h"               /* 排序管理：函数原型声明 */
#include "statistic.h"          /* 统计管理：函数原型声明 */

int maxId=0;                    /* 当前最大学生学号 */
int change=1;                   /* 修改标志 */
Student * head=NULL;            /* 学生链表头指针 */

/* 主函数 */
int main(void)
{
    int menuItem;               /* 菜单选项   */

    initStudents();             /* 初始化链表 */

    /* 主菜单：一级菜单 */
    while(1){
        do{
            fflush(stdin);   /* 清空键盘缓冲区 */
            printf("\n            主菜单\n");
            printf("=====================================\n");
            printf("|    1—学生管理              2—查询管理    |\n");
            printf("|    3—排序管理              4—统计管理    |\n");
```

```
            printf("|                        5—退出                        |\n");
            printf("=========================================\n");
            printf("        请输入菜单编号（1-5）: ");
            scanf("%d",&menuItem);

            if(menuItem<1||menuItem>5)
                printf("菜单编号输入错误，请输入菜单编号（1-5）: \n\n");
            else
                break;
        }while(1);

        switch(menuItem){
            case 1: studentManagerMenu();    break;
            case 2: searchMenu();            break;
            case 3: sortMenu();              break;
            case 4: statisticMenu();         break;
            case 5: printf("谢谢使用! \n\n");return 0;
        }
    }
}
/* 函数功能: 添加一个结点（newStudent 指向的结点）到链表末尾 */
/* 参数说明: headp—二级指针（指向链表头指针的指针）,newStudent—新结点 */
void addNode(Student ** headp,Student * newStudent)
{
    Student *p=*headp;

    if(*headp==NULL){                /* 空链表 */
        *headp=newStudent;           /* 链入表头 */
    }else{                           /* 非空链表: 先找到尾结点，再插入新结点 */
        p=*headp;
        while(p->next!=NULL)         /* 找到尾结点 */
            p=p->next;
        p->next=newStudent;          /* 插入新结点 */
    }
}
/* 函数功能: 输入一名学生基本数据，并添加到链表 */
void addAStudent()
{
    Student * newStudent=(Student *)malloc(sizeof(Student));

    printf("添加学生提示: 姓名不能为空; 性别为男或女; 专业不能为空; \n");
    printf("            班级不能为空\n");

    /* 1.输入并检查数据，不合法则重新输入 */
    do{
        fflush(stdin);   /* 清空键盘缓冲区 */
        printf("请依次输入员工的姓名、性别、专业、班级: \n");
        scanf("%s%s%s%s",newStudent->name,newStudent->sex,
                        newStudent->specialty,newStudent->classes);
    } while(checkData(newStudent)==0);

    /* 2.设置学生其他项的初值 */
```

```
    newStudent->math=-1;
    newStudent->english=-1;
    newStudent->math=-1;
    newStudent->english=-1;
    newStudent->cLanguage=-1;
    newStudent->totalScore=-1;
    newStudent->cLanguage=-1;
    newStudent->schoolRank=-1;
    newStudent->next=NULL;
    maxId++;                        /* 最大学号全局变量自动增 1 */
    newStudent->id=maxId;

    /* 3.添加新学生到链表 */
    addNode(&head,newStudent);      /* 调用函数: 链尾添加新结点 */
    peopleNumber++;                 /* 学生总数加 1 */
    change=1;                       /* 改变修改标记: 已修改 */
    printf("添加学生成功! \n");
}

/* 函数功能: 显示一名员工的相关属性名(不相关的不显示)    */
/* 参数说明: category—学生类别                        */
void printHead(enum studentcategory category)
{
    printf("%10s%10s%6s%20s%20s","id","姓名","性别","专业","班级");
    printf("%6s%6s%6s%6s%8s%8s\n","高数","英语","C 语言","总分",
                                  "班排名","校排名");

}

/* 函数功能: 显示一名员工的相关数据(不相关的不显示)  */
/* 参数说明: nowStudent—待显示的学生指针           */
void showOneStudent(Student * nowStudent)
{
    printf("%10d%10s%6s%20s%20s",nowStudent->id,nowStudent->name,
        nowStudent->sex,nowStudent->specialty,nowStudent->classes);
    printf("%6d%6d%6d%6d%8d%8d\n",nowStudent->math,
        nowStudent->english,nowStudent->cLanguage,
        nowStudent->totalScore,nowStudent->classRank,
        nowStudent->schoolRank);
}

/* 函数功能: 按班级查询并显示查询结果 */
/* 参数说明: classes—班级            */
void searchByClass(char *classes)
{
    int find=0;                     /* 查找标志: 0-失败, 1-成功 */
    Student *p=head;

    /* 查找该班级对应的学生类别 */
    while(p!=NULL){
        if(strcmp(p->classes,classes)==0){
            find=1;                 /* 查找成功: 设置查找标志为 1 */
            break;
```

```
        }
        p=p->next;
    }

    if(find==0)printf("没有查询到相关数据！相关数据！\n");
    else{
        p=head;
        printHead();                        /* 函数调用：输出相关表头 */
        while(p!=NULL){
            if(strcmp(p->classes,classes)==0){
                showOneStudent(p);    /* 函数调用：输出相关表体 */
            }
            p=p->next;
        }
    }
}
/* 函数功能：统计某班级某课程不同等级的学生人数 */
void statistic2()
{
    char classes[10];    /* 班级 */
    int course;          /* 课程：1-高数，2-英语，3-C 语言 */
    int find=0;          /* 查找标志：0-失败，1-成功 */
    Student *p;

    /* 1.定义数组计算器并初始化为 0 */
    int peopleNumber[5]={0,0,0,0,0};

    /* 2.函数调用：输入课程代号与班级，判断是否存在班级相关数据？ */
    /*   返回值：返回 1—有，返回 0—无。其中，参数返回： */
    /*        classes—返回班级 */
    /*        course—返回课程代号 */
    find=checkClass(classes,&course);

    /* 3.判断是否有该班级的数据存在？ */
    if(find==0){
        printf("没有该班级的任何数据！\n");
        return; /* 返回 */
    }

    /* 4.统计某班级某课程不同等级的学生人数 */
    p=head;
    while(p!=NULL){
        if(strcmp(p->classes,classes)==0){
            switch(course){
                case 1:
                    if(p->math==-1)
                        continue;
                    else if(p->math <60)
                        peopleNumber[0]++;
                    else if(p->math==100)
                        peopleNumber[4]++;
                    else
```

```
                                peopleNumber[(p->math-50)/10]++;
                            break;
                    case 2:
                        if(p->english==-1)
                            continue;
                        else if(p->english<60)
                            peopleNumber[0]++;
                        else if(p->english==100)
                            peopleNumber[4]++;
                        else
                            peopleNumber[(p->english-50)/10]++;
                        break;
                    case 3:
                        if(p->cLanguage==-1)
                            continue;
                        else if(p->cLanguage<60)
                            peopleNumber[0]++;
                        else if(p->cLanguage==100)
                            peopleNumber[4]++;
                        else
                            peopleNumber[(p->cLanguage-50)/10]++;
                        break;
                }
            }
        p=p->next;
    }
    /* 5.输出统计结果 */
    printf("\n 统计结果—班级: %s, 课程: ",classes);
    switch(course){
        case 1:printf("高数\n");break;
        case 2:printf("英语\n");break;
        case 3:printf("C 语言\n");break;
    }
    printf("不同等级的学生人数: \n");
    if(peopleNumber[0]!=0) printf("不及格: %6d 人。\n",peopleNumber[0]);
    if(peopleNumber[1]!=0) printf("  及格: %6d 人。\n",peopleNumber[1]);
    if(peopleNumber[2]!=0) printf("  中等: %6d 人。\n",peopleNumber[2]);
    if(peopleNumber[3]!=0) printf("  良好: %6d 人。\n",peopleNumber[3]);
    if(peopleNumber[4]!=0) printf("  优秀: %6d 人。\n",peopleNumber[4]);
}

/* 函数功能: 交换 p、q 所指的两名结点的值, 但不交换 p 和 q */
/* 参数说明: p—指向链表结点的指针,q—指向链表结点的指针 */
void exchangeData(Student * p,Student * q)
{
    Student temp,*pNext,*qNext;

    /* 记录交换之前结点的指针域 */
    pNext=p->next;
    qNext=q->next;
```

```
    /* 交换结点的数据域与指针域 */
    temp=*p;
    *p=*q;
    *q=temp;

    /* 恢复指针域（不改变链表结点顺序） */
    p->next=pNext;
    q->next=qNext;
}

/*函数功能: 按学号 id 从小到大排序, 使用选择排序算法 */
void sortAllById()
{
    Student *p,*q,*small;

    for(p=head;p!=NULL;p=p->next){
        /* 1 从 p 结点开始, 找最小学号 id 结点 */
        small=p;

        for(q=p->next;q!=NULL;q=q->next)
            if(q->id<small->id)
                small=q;                /* 比较学号 id, 标记小者 */

        /* 2 交换 p 和 big 位置的结点内容 */
        exchangeData(p,small);
    }
}
```

习　　题

一、选择题

1. 若要使指针变量 P 指向一个存储整型变量的存储单元, 在下画线处应填入_____。

```
int *p ;
p=_____malloc(sizeof(int));
```

  A. int   B. int *   C. (* int)   D. (int *)

2. 若已建立图 10-17 所示的链表结构, 指针 p、s 分别指向图中所示结点, 则不能将 s
所指的结点插入到链表末尾的语句是_____。

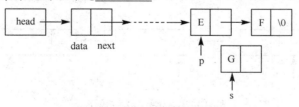

图 10-17　选择题第 2 题图

  A. s->next=NULL; p=p->next; p->next=s;

  B. p=p->next;s->next=p->next;p->next=s;

  C. p=p->next; s->next=p; p->next=s;

  D. p=(*p).next; (*s).next=NULL; (*p).next=s;

3. 设有如下定义的链表，则值为 7 的表达式是_____。

```
struct st{
    int n;
    struct st *next;
}a[3]={5,&a[1],7,&a[2],9,NULL},*p=&a;
```

    A. p->n   B. (p->n)++   C. (++p)->n   D. p->n->next

4. 有如图 10-18 所示的链表，则下面选项中不能将 q 所指的结点插入到链表末尾的是_____。

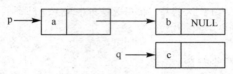

图 10-18　选择题第 4 题图

    A. q->next=NULL;p=p->next;p->next=q;

    B. p=p->next;q->next=p->next;p->next=q;

    C. p=p->next;q->next=p;p->next=q;

    D. p=(*p).next;(*q).next=(*p).next;(*p).next=q;

5. 设有定义："struct node{int data;struct node *next}*p,*q,*r;"，指针 p、q、r 分别指向链表中的三个连续结点，如图 10-19 所示。若要将 q 和 r 所指结点的先后位置交换，并仍保持链表的连续，下面选项中错误的是_____。

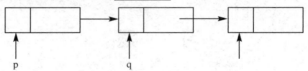

图 10-19　选择题第 5 题图

    A. r->next=q;q->next=r->next;p->next=r;

    B. q->next=r->next;p->next=r;r->next=q;

    C. p->next=r;q->next=r->next;r->next=q;

    D. q->next=r->next;r->next=q;p->next=r;

6. 设有图 10-20 所示链表，下面选项中可将 q 所指结点从链表中删除并释放结点的是_____。

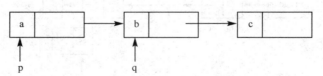

图 10-20　选择题第 6 题图

    A. (*p).next=(*q).next;free(p);   B. p=q->next;free(q);

    C. p=q;free(q);   D. p->next=q->next;free(q);

7. 设有图 10-21 所示链表，下面选项中，不能把结点 q 连接到结点 p 之后的语句是_____。

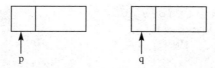

图 10-21 选择题第 7 题图

A. (*p).next=q;　　　B. p.next=q;　　　C. p->next=q;　　　D. p->next=&(*q);

8. 设有如图 10-22 所示的不带头结点的单向链表,指针变量 s、p、q 已正确定义,并用于指向链表结点,指针 s 总是作为头指针指向链表的第一个节点。下面程序段完成的功能是_____。

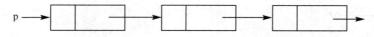

图 10-22 选择题第 8 题图

```
q=s;s=s->next;p=s;
while(p->next)p=p->next;
P->next=q;q->next=NULL;
```

A. 首结点成为尾结点　　　　　　　B. 尾结点成为首结点
C. 删除首结点　　　　　　　　　　D. 删除尾结点

二、填空题

1. 链表中,每个结点包括两部分:一是存储数据元素的_____,二是存储下一个结点地址的_____。相对于线性表的顺序结构,链表比较方便_____和_____操作。

2. 常用的内存管理函数有_____、_____、_____和_____。

3. 为建立下面的结构(每个结点有两个域:data 是数据域,next 是指针域)。请填空。

```
struct link{
    char    data ;
    _____①_____ ;
}node;
```

4. min()函数的功能:在带有头结点(头指针 first)的单向链表(见图 10-23)中,查找结点数据域的最小值并作为函数值返回。请填空。

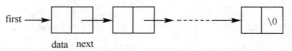

图 10-23 填空题第 4 题图

```
struct node{
    int data;
    struct node *next;
};
int min(struct node *first)
{
    struct node *p;
    int m;

    p=first->next;
    m=p->data;
```

```
    for(p=p->next;p!='\0';p=_____①_____)
        if(_____②_____) m=p->data;

    return m;
    }
```

5. 下面程序调用 getone()函数开辟一个动态存储单元，调用 assone()函数把数据输入此动态存储单元，调用 outone()函数输出此动态存储单元中的数据。请填空。

```
#include <stdio.h>
#include <stdlib.h>
getone(int **s)
{
    *s=_____①_____malloc(sizeof(int));
}
assone(int *s)
{
    scanf("%d",_____②_____);
}
outone(int *b)
{
    printf("%d\n",_____③_____);
}
int main()
{
    int *p;

    getone(&p);
    assone(p);
    outone(p);
    return 0;
}
```

6. 以下函数 creat()用来建立一个带头结点的单向链表，新产生的结点总是插在链表的末尾，单向链表的头指针作为函数值返回。请填空。

```
#include <stdio.h>
struct list{
    char data;
    struct list *next;
};
struct list *creat()
{
    struct list *h,*p,*q;
    char ch;

    h=_____①_____malloc(sizeof(_____②_____));
    p=q=h;
    ch=getchar();
    while(ch!='?'){
        p=_____③_____malloc(sizeof(_____④_____));
        p->data=ch;
        q->next=p;
        q=p;
```

```
            ch=getchar();
        }
        p->next='\0';
            ⑤     ;
    }
```

7. 下面程序段的功能是统计出链表中结点个数（存入变量 c 中）。链表不带头结点，其中 first 为指向第一个结点的指针。请填空。

```
struct list{
    char data;
    struct list *next;
};
struct list *p,*first;
int c=0;
p=first;
while(____①____)
{
        ____②____
    p=____③____;
}
```

8. 设有一个单向链表，每个结点包含数据域 data 和指针域 next，head 指向头结点。函数 sum 计算并返回所有结点数据域的和。请填空。

```
struct list{
    int data;
    struct list *next;
};
int sum(____①____)
{
    struct list *p;
    int s=0;
    p=head->next;
    while(p){
        s+=____②____
        p=____③____;
    }
        ____④____
}
```

9. 设有一个单向链表，链表结点包含数据域 data 和指针域 next，head 指向头结点。函数 max 返回所有结点数据域最大的结点，由指针变量 s 传回调用程序。请填空。

```
struct list{
    int data;
    struct list *next;
};
max(struct list *head,____①____)
{
    struct list *p;
    int s=0;
    p=head->next;*s=p;
    while(p!=NULL){
```

```
        p=_____②_____
        if(p->data>_____③_____)*s=p;
    }
}
int main()
{
    struct list *head,*q;
    ...
    Max(head,_____④_____);
    ...
    return 0;
}
```

10. 设有一个单向链表，链表结点包含数据域 data 和指针域 next，head 指向头结点。链表按数据域递增有序排列，函数 delete()删除链表中数据域相同的结点。请填空。

```
typedef int datatype;
type struct node{
    datatype data;
    struct node *next;
}linklist;
delete(linklist *head)
{
    linklist *p,*q;
    q=head->next;
    if(q==NULL)return;
    p=q->next;
    while(p!=NULL){
        if(p->data==q->data){
            _____①_____;
            free(p);
            p=q->next;
        }
        else{
            q=q->next;
            _____②_____;
        }
    }
}
```

三、程序设计题

1. 编写程序，使用 malloc()函数开辟动态存储单元，存放输入的 3 个整数，然后按从小到大的顺序输出。

2. 编写函数，统计链表中结点的个数。

3. 编写函数，删除链表中指定位置的结点。

4. 将两个链表头尾相连，合并为一个链表。

5. 将链表中各个结点逆置。

6. 编写函数，查找指定学号的结点在链表中第一次出现的位置，未找到则返回 0。

7. 创建含 n 个结点的学生链表（学生信息：学号、姓名、语文、数学），输出平均分在 85 以上的学生信息。

第11章
共用体与枚举

本章要点

◎ 共用体相关概念：共用体类型、共用体变量、共用体成员等。

◎ 共用体类型定义：定义形式、共用体与结构体嵌套结构及定义形式。

◎ 共用体变量定义与使用：三种定义形式，共用体变量初始化，共用体成员引用。

◎ 枚举相关概念：枚举类型、枚举变量、枚举类型的定义。

◎ 枚举变量的定义与使用：三种定义形式，枚举变量的使用（赋值、比较和输出）。

共用体与枚举是 C 语言的两种由用户定义的数据类型。定义的共用体变量中，可以存放不同类型的数据，即不同类型的数据可以共用一个共用体空间，这些不同类型的数据项在内存中所占用的起始单元相同。枚举类型是用标识符表示的整数常量集合，枚举常量是自动设置值的符号常量，从其作用上看，一方面可以限制枚举变量的取值范围；另一方面可以提高程序描述问题的直观性。

本章首先介绍共用体和枚举的基本概念、定义方法，再介绍共用体变量与枚举变量的定义与使用，最后通过案例介绍共用体与枚举的具体应用。

11.1 共 用 体

在 C 语言中，共用体可以使若干类型相同或不同的成员变量占用同一段内存空间。它与结构体类似，都属于构造数据类型，都由若干类型可以互不相同的成员组成。不同的是，结构体各成员拥有自己独立的存储单元，而共用体各成员"共用"一段内存，允许各成员在不同的时间使用该内存段。结构体存储区域大小是各成员所占存储空间之和，而共用体存储区域大小是最大成员所占存储空间量。

如图 11-1 所示，利用共用体可以把字符型变量 c、短整型变量 i 及浮点型变量 f 当作成员放在同一个地址开始的内存单元中。尽管三者在内存中占用的字节数不同，但都可以通过共用体变量来访问。相比结构体类型，可以更有效地利用内存。

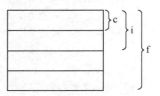

图 11-1　共用体空间示意图

11.1.1 共用体类型的定义

共用体类型属于构造数据类型，必须"先定义，后使用"，其一般定义格式如下：

```
union 共用体类型名{
    类型1 成员名1;
    类型2 成员名2;
```

```
        ⋮
    类型 n    成员名 n;
};
```

作用：定义一种共用体类型。其中，union 是定义共用体类型的关键字；共用体类型名必须是合法 C 标识符，与其前面的 union 一起共同构成共用体类型名；花括号内的内容是共用体类型所包括的**共用体成员**，又称为共用体分量，共用体成员可以有多个。注意：共用体类型定义的末尾必须有分号。

例如，定义图 11-1 所示的共用体类型，其定义形式如下：

```
union data{
    char c;
    short i;
    float f;
};
```

☞**说明**：共用体类型是 union data，包括 c、i、f 三个共用体成员，三个成员共占同一段内存，所占空间大小为最大成员 f 占用空间的大小。

11.1.2 共用体变量的定义

在 C 语言中，定义共用体变量有三种方式。

1. 单独定义

单独定义是指先定义一个共用体类型，再定义这种共用体类型的变量。也就是说，共用体类型的定义与共用体变量的定义分开。

例如，先定义 union data 共用体类型，再定义该类型的两个变量 a 和 b。

```
union data{
    char c;
    int i;
    float f;
};                /* 定义共用体类型 */
union data a,b; /* 定义两个union data共用体类型的变量a和b */
```

☞**说明**：关键字 union 和共用体类型名 data 必须联合使用，合起来表示一个共用体类型。

2. 混合定义

混合定义是指在定义共用体类型的同时定义共用体变量。一般定义形式为：

```
union 共用体类型名{
    类型 1    成员名 1;
    类型 2    成员名 2;
        ⋮
    类型 n    成员名 n;
}共用体变量名表;
```

例如，下面的定义就是混合定义方式。

```
union data{
    char c;
    int i;
    float f;
}a,b;          /* 共用体类型与公用体变量一起定义 */
```

☞说明：该方式与单独定义实质一样，都是既定义了共用体类型 union data，又定义了该类型的变量a和b。

3. 无类型名定义

无类型名定义是指在定义共用体变量时省略共用体类型名。一般定义形式为：

```
union{
    类型1  成员名1;
    类型2  成员名2;
         ⋮
    类型n   成员名n;
}结构体变量名表;
```

例如，下面的定义就是无类型名定义方式，定义了两个共用体变量a和b。

```
union{
    char c;
    int i;
    float f;
}a,b;        /* 省略类型名，只定义公用体变量 */
```

☞说明：无类型名方式只定义共用体变量a和b，不定义共用体类型，若需要定义其他共用体变量，必须把定义过程重写一遍。一般采用单独定义和混合定义两种方式。

11.1.3 共用体变量的引用

在定义共用体变量之后，就可以引用该共用体变量的成员，引用方式与结构体变量相似。

格式：共用体变量名.成员名

功能：引用共用体变量中指定名称的成员。其中，"."称为成员运算符。

例如，下列程序段就是通过成员运算符（.）在不同时间引用共用体变量a的不同成员。

```
union data a;
a.c='A';
a.i=66;
printf("%c",a.c);
scanf("%f",&a.f);
```

也可使用共用体指针方式，通过指向运算符（->）在不同时间引用共用体变量的成员。

例如，下列程序段通过共用体指针方式，在不同时间引用共用体变量a的不同成员。

```
union data a,* pt;
pt=&a;
pt->i=278;
pt->c='D';
scanf("%f",&pt->f);
```

【例11-1】分析下列程序代码，写出程序的运行结果。

```
#include <stdio.h>
int main()
{
    union data{        /* 定义共用体类型 union data */
        int a,b;
        struct cd{
            int c;
```

```
            int d;
    }x;             /* 成员 x: 结构体类型 */
}e={10};            /* 定义共用体变量 e, 并初始化为 10, 使得第 1 个成员 a 为 10 */
e.b=e.a+20;         /* 置 e 的成员 b 为 10+20, 即 30, 使得成员 a 变为 30 */
e.x.c=e.a+e.b;      /* 置 e 的成员 x 的成员 c 值为 30+30, 即 60, 使得成员 a、b 变为 60 */
e.x.d=e.a*e.b;      /* 置 e 的成员 x 的成员 d 值为 60×60, 即 3600 */
printf("%d,%d\n",e.x.c,e.x.d);  /* 输出 e 的成员 x 的成员 c 和 d 的值 */
return 0;
}
```

运行结果:

```
60,3600
```

程序解析: 程序中定义结构体类型 struct cd 和共用体类型 union data。结构体类型包括 c、d 两个成员, 共用体类型包括 a、b、x 三个成员, 其中成员 x 的类型又是结构体类型 struct cd。属于共用体与结构体的嵌套定义, 这种嵌套结构的内存结构图如图 11-2 所示。

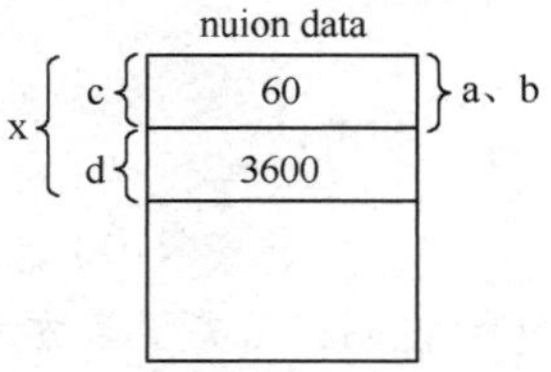

图 11-2　嵌套结构的内存结构图

☞**说明:**

① 共用体变量的地址和其各成员的地址相同。

② 共用体各成员的存储空间相互覆盖, 一个成员值的改变会影响其他成员。每改变一个成员值, 其他成员的值都可能改变, 共用体变量中起作用的是最后一次改写的成员。

③ 共用体变量可以进行初始化, 但在花括号中只能给出第一个成员的初值。例如, 以下两条语句中, 第一条是正确的, 第二条是错误的:

```
union data a={'A'};
union data b={'A',5,2.3};
```

④ 共用体变量不能进行整体赋值。例如, 下列语句中第二条是错误的:

```
union data a={'A'},b;
b=a;
```

⑤ 共用体变量不能作函数参数或函数返回值。

举例, 分析下列函数 xyz() 的定义的正确性。

```
union data xyz(union data a,int n)
{
    ...
}
```

分析: 两处错误, 第 1 处为用 union data 作函数返回值, 第 2 处为用 union data a 作函数参数。

11.1.4　共用体应用举例

【例 11-2】某门课程, 部分学生选修, 部分学生必修。选修成绩为五级制 (A、B、C、D、E), 必修成绩为百分制。定义表 11-1 所示结构体, 输入 n 个学生成绩, 输出学生成绩表。

表 11-1　学生成绩表

num	name	optional	score
1001	zhang	F	83.5
1002	wang	T	B

问题分析：

求解目标： 输出具有不同计分制的学生成绩表。

约束条件： 分数因修课性质不同（选修、必修）计分制不同。

解决方法： 成绩表中的分数项因修课性质不同（选修、必修）计分制不同，可以使用共用体来记分，学生信息可以使用结构体类型，但其分数成员又是共用体类型。多个学生成绩可以定义结构体数组。

算法设计： 流程图描述如图 11-3 所示。变量设置如下：

    struct student stu[50]：结构体数组；

    int n：学生人数；

    int i：循环变量。

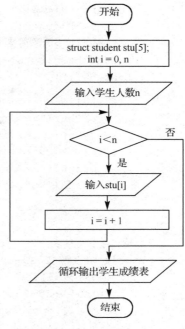

图 11-3　算法流程图

程序清单：

```c
#include <stdio.h>
struct student{/* 学生结构体 */
    int num;
    char name[20];
    char optional;
    union{
        int mark;    /* 百分制分数成员 mark */
        char grade; /* 五级制等级成员 grade */
    }score;          /* 成绩共用体 */
};
int main()
{
    struct student stu[50]; /* stu: 结构体数组，成绩表 */
    int i,n;                     /* n: 学生人数 */

    /* 输入 n 及 n 个学生成绩记录 */
    printf("请输入学生人数: ");
    scanf("%d",&n);
    for(i=0;i<n;i++)
    {
        printf("请输入第%d 个学生成绩记录: \n",i+1);
        printf(">>学号: ");
        scanf("%d",&stu[i].num);
```

```
        printf(">>姓名: ");
        scanf("%s",stu[i].name);
        printf(">>选课类型（T-选修，F-必修): ");
        scanf("%s",&stu[i].optional);
        getchar();                          /* 读回车符 */

        if(stu[i].optional=='T'){
            printf(">>成绩等级: ");
            scanf("%c",&stu[i].score.grade);
        }else{
            printf(">>成绩分数: ");
            scanf("%d",&stu[i].score.mark);
        }
    }

    /* 输出学生成绩表 */
    printf("%-5s%-20s%-10s%-4s\n","学号 ","姓名","选课类别","成绩");
    for(i=0;i<n;i++){
        printf("%-5d%20s",stu[i].num,stu[i].name);
        if(stu[i].optional=='T')
            printf("%-10s%-4c\n","选修",stu[i].score.grade);
        else
            printf("%-10s%-4d\n","必修",stu[i].score.mark);
    }
    return 0;
}
```

知识小结：

结构体与共用体嵌套定义：学生结构体 struct student 内部分数分量 score 是共用体类型，记录不同计分制的分数（包含百分制分数成员 mark、五级制等级成员 grade）。

11.1.5　模仿练习

练习 11-1：定义一个教师和学生共用的结构体 person。教师和学生相同部分的数据项有编号、姓名、性别、身份类别。教师和学生不同部分的数据项有学生成绩（用整数表示）和教师工资（用浮点数表示）。教师和学生的不同部分定义成共用体 condition。请在结构体 person 中嵌套共用体 condition，共同描述教师和学生情况。

练习 11-2：分析以下程序的执行结果。

```
#include <stdio.h>
void main()
{
    union{
        char c[2];
        short i;
    }data;
    data.i=0x4241;
    printf("%c%c\n",data.c[0],data.c[1]);
}
```

练习 11-3：参考例 11-2，在练习 11-1 定义的教师与学生共用的结构体 person 基础上，编程实现输入一批（n 个）教师和学生数据记录，输出教师和学生信息表。

11.2 枚 举 类 型

在实际的编程应用中，有些变量只有几种可能的取值，它们的取值被限定在一个有限的范围内。例如，表示性别的变量只有"男"或"女"两种取值，表示月份的变量只有 12 个不同的取值，等等。把这些变量定义为字符型、整型或其他类型都不是很合理。为此，C 语言引入枚举类型，用枚举方法列举一组标识符作为枚举类型的值的集合。当定义变量为该枚举类型时，它就只能取枚举类型列举的标识符值。

11.2.1 枚举类型的定义

在 C 语言中，枚举类型必须"先定义，后使用"。枚举类型定义的一般形式如下：
`enum 枚举类型名{标识符 1,标识符 2,标识符 3,…,标识符 n };`
作用：定义一种枚举类型。
例如，定义周工作日为枚举类型。定义形式如下：
`enum workday { mon,tue,wed,thr,fri };`
又如，定义颜色为枚举类型。定义形式如下：
`enum colorname { red,orange,yellow,green,blue,white,black };`
☞说明：
① enum 是关键字，enum 与其后的枚举类型名一起表示一种枚举类型。
② 花括号中的名字称为枚举元素或枚举常量。由程序员命名，遵循标识符命名规则。
③ 枚举元素是常量，不是变量，不能改变其值。例如，下面赋值语句是错误的：
`mon=1;red=8;`
④ 枚举元素的值：每个枚举元素都有值，从花括号的第一个元素开始，系统自动赋整数值 0、1、2、…，依次递增 1，且可以输出。例如，语句 printf("%d",blue);输出 4。但是在定义枚举类型时，必须用标识符 red、orange、yellow、…，或其他合法标识符，不能写成如下形式：
`enum colorname={0,1,2,3,4,5,6};`
⑤ 也可以在定义时显式地指定各枚举常量的取值，具体形式如下：
`enum 枚举类型名{`
`    标识符 1[=整型常数 1],标识符 2[=整型常数 2],…,标识符 n[=整型常数 n]`
`};`
⑥ 当某个枚举常量被显式赋值后，其后未显式赋值的枚举常量将根据出现的先后顺序依次加 1 的规则确定其值。
例如，下列定义中，orange 的值为-4，blue 的值为 6，green 的值为 10。
`enum colorname{ red=-5,orange,yellow=0,green=5,blue,white=9,green };`
⑦ 枚举常量既非字符常量，也非字符串常量，使用时不可加单引号或双引号。

11.2.2 枚举变量的定义

在 C 语言中，定义枚举类型变量有三种方式。

1．单独定义

单独定义是指先定义一个枚举类型，再定义这种枚举类型的变量。也就是说，枚举类型的定义与枚举变量的定义分开。

例如，先定义 enum workday 枚举类型，再定义该类型的两个变量 d1 和 d2。

```
enum workday { mon,tue,wed,thr,fri } ;
enum workday d1,d2;
```

☞说明：关键字 enum 和枚举类型名 workday 必须联合使用，合起来表示枚举类型名。

2．混合定义

混合定义是指在定义枚举类型的同时定义枚举变量。这种定义方式的一般形式为：

```
enum 枚举类型名{ 标识符1,标识符2,标识符3,…,标识符n}枚举类型变量名表;
```

例如，下面的定义就是混合定义方式。既定义枚举类型 enum workday，又定义该类型变量 d1 和 d2。

```
enum workday { mon,tue,wed,thr,fri }d1,d2;
```

☞说明：该方式与单独定义实质一样，都是既定义了枚举类型 enum workday，又定义了该类型的变量 d1 和 d2。

3．无类型名定义

无类型名定义是指在定义枚举变量时省略枚举类型名称。这种定义方式的一般形式为：

```
enum  {标识符1,标识符2,标识符3,…,标识符n}枚举类型变量名表;
```

例如，下面的定义就是无类型名定义方式，只定义了两个枚举变量 d1 和 d2。

```
enum { mon,tue,wed,thr,fri }d1,d2;
```

☞说明：无类型名方式只定义枚举变量 d1 和 d2，不定义枚举类型，若需要定义其他枚举变量，必须把定义过程重写一遍。一般采用前两种定义方式。

11.2.3　枚举变量的引用

在定义枚举变量之后，就可以引用该枚举变量。

1．枚举变量的赋值运算

（1）使用枚举常量为枚举变量赋值

例如，下列语句定义 enum workday 类型变量 d，并用枚举常量 mon 初始化：

```
enum workday d=mon;
```

（2）允许将整数强制类型转换后赋值给枚举变量，但不许直接将整数赋值给枚举变量

例如：

```
enum colorname d1=(enum colorname)0;      （正确）
enum colorname d2=0;                       （错误）
```

☞说明：枚举常量是一个标识符，只能在定义枚举类型时为其赋值，不能在程序中为其赋值。例如：

```
enum workday{ mon=1,tue,wed,thr,fri }d; （正确）
mon=1;                                   （错误）
```

2．枚举变量关系运算

使用关系运算，可以进行枚举变量与枚举常量的比较运算。下列程序片段就是枚举变量的关系运算。

```
enum colorname { red,orange,yellow,green,blue,white,black }color;
if(color==red)printf("It is red.");
if(color!=black)printf("It is not black.");
```

```
if(color>white)printf("It is black.");
```

☞说明：枚举量的关系运算，实际上就是用枚举量所代表的整数进行比较。

3. 枚举变量的输出

通常使用 switch 或 if 语句输出枚举变量的值。下列程序段输出枚举变量的值。

```
enum workday{ mon,tue,wed,thr,fri } d=mon;
switch(d){
    case mon: printf("%-6s","mon");break;
    case tue: printf("%-6s","tue");break;
    case wed: printf("%-6s","wed");break;
    case thr: printf("%-6s","thr");break;
    case fri: printf("%-6s","fri");break;
    default:  printf("%-6s","error!");"break;
}
```

☞说明：枚举常量不是字符串，不能用%s格式输出。如下程序片段不会输出 mon。

```
enum{ mon,tue,wed,thr,fri }d=mon;
printf("%s",d);          （错误）
```

【例 11-3】分析下列程序代码，写出程序的运行结果。

```
#include <stdio.h>
int main()
{
    enum colorname{red,orange,yellow,green,blue,white,black} color;

    for(color=red;color<=black;color=(enum colorname)(color+1)){
        switch(color){
            case red: printf("red  ");break;
            case orange: printf("orange  ");break;
            case yellow: printf("yellow  ");break;
            case green: printf("green  ");break;
            case blue: printf("blue  ");break;
            case white: printf("white  ");break;
            case black: printf("black");break;
            default: break;
        }
    }
    return 0;
}
```

运行结果：

```
red orange yellow green blue white black
```

☞说明：枚举类型变量常用于循环控制变量，也可用于多路选择控制。

11.2.4　枚举应用举例

【例 11-4】放假期间，周一到周五由 zhangsan、lisi、wangwu 轮流值班，每人一天。输入天数 n，输出第 n 天对应星期几、何人值班。假设第一天为周二，由 zhangsan 值班。

问题分析：

求解目标：求第 n 天对应的星期名与值班人。

约束条件：星期名和值班人相关联。

解决方法：星期名、值班人的推算和闹钟时针一样，周而复始，具有周期性。将星期名、值班人定义成枚举类型，采用循环结构，按照星期名和值班人两套递推规则来推算。

- 星期名递推规则：(enum weekday)(week+1)%7
- 值班人递推规则：(enum worker)(duty+1)%3

算法设计：流程图描述如图 11-4 所示。变量设置如下：

int i：循环变量；

int n：天数变量；

enum weekday week=tue：星期名枚举类型变量，初值为 tue；

enum worker duty=zhangsan：值班人枚举类型变量，初值为 zhangsan。

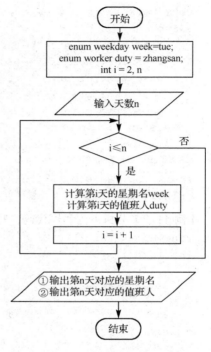

图 11-4　算法流程图

程序清单：

```c
#include <stdio.h>
enum weekday{mon,tue,wed,thu,fri,sat,sun} weekday;  /* 星期名枚举类型 */
enum worker{zhangsan,lisi,wangwu} worker;            /* 值班人枚举类型 */

int main()
{
    int i,n;                        /* i: 循环变量, n: 天数变量 */
    enum weekday week=tue;          /* week: 星期名枚举变量, 初值 tue */
    enum worker duty=zhangsan;      /* duty: 值班人枚举变量, 初值 zhangsan */

    /* 输入一个正整数天数 n */
    printf("input n:\n");
    scanf("%d",&n);

    /* 计算第 n 天对应的星期名 week 和值班人 duty */
    for(i=2;i<=n;i++) {
        /* 计算第 i 天星期名 week */
        if(week!=sun) week=(enum weekday) (week+1);
        else week=mon;

        /* 计算第 i 天值班人 duty */
```

```
        if(week<sat){
            if(duty!=wangwu) duty=(enum worker) (duty+1);
            else duty=zhangsan;
        }
    }

    /* 输出第 n 天对应的星期名信息 */
    switch(week){
        case mon: printf("%-6s\n","mon");break;
        case tue: printf("%-6s\n","tue");break;
        case wed: printf("%-6s\n","wed");break;
        case thu: printf("%-6s\n","thu");break;
        case fri: printf("%-6s\n","fri");break;
        case sat: printf("%-6s\n","sat");break;
        case sun: printf("%-6s\n","sun");break;
        default: break;
    }

    /* 输出第 n 天对应的值班人安排信息 */
    if(week<sat) {
        switch(duty){ /* 非周末: 输出值班人 */
            case zhangsan: printf("onduty:%s\n","zhangsan");break;
            case lisi: printf("onduty:%s\n","lisi");break;
            case wangwu: printf("onduty:%s\n","wangwu");break;
            default: break;
        }
    }
    else printf("weekend!\n"); /* 周末: 输出周末信息 */
    return 0;
}
```

知识小结：

① 星期名枚举类型：enum weekday {mon,tue,wed,thu,fri,sat,sun}week;

② 值班人枚举类型：enum onduty {zhangsan,lisi,wangwu}duty;

③ 星期名递推规则：(enum weekday)(week+1)%7

④ 值班人递推规则：(enum worker)(duty+1)%3

11.2.5　模仿练习

练习 11-4：定义一个月名称枚举类型 monthname，枚举常量包括 12 个月的名称，用每个月的英文单词表示。

练习 11-5：分析以下程序的运行结果。

```
#include <stdio.h>
#include <stdio.h>
int main()
{
    enum weekday {mon,tue,wed,thu,fri,sat,sun} day;
    int count1=0,count2=0;

    for(day=mon;day<=sun;day++){
        switch(day){
```

```
        case mon: case tue: case wed: case thu: case fri:
            count1++;break;
        case sat: case sun:
            count2++;break;
        default: break;
        }
    }
    printf("A week includes %d workday,and %d weekend.\n",count1,count2);
    return 0;
}
```

练习 11-6：某渔夫一周的工作安排是 6 天打鱼 1 天晒网，请参考例 11-4，编写程序，输入正整数天数 n，计算并输出第 n 天对应打鱼还是晒网。假设第一天是晒网，要求定义如下枚举类型，表示渔夫的工作安排：

```
enum workday {Fish1,Fish2,Fish3,Fish4,Fish5,Fish6,Net};
```

习　题

一、选择题

1. 当定义一个共用体变量时，系统分配给它的内存是_____。
   A. 各成员所需内存量的总和　　　B. 结构中第一个成员所需内存量
   C. 成员中占内存量最大的容量　　D. 结构中最后一个成员所需内存量
2. 以下对 C 语言中共用体类型数据的叙述，正确的是_____。
   A. 可以对共用体变量直接赋值
   B. 一个共用体变量中可以同时存放其所有成员
   C. 一个共用体变量中不能同时存放其所有成员
   D. 共用体类型定义中不能出现结构体类型的成员
3. 下面对 typedef 的叙述中，不正确的是_____。
   A. 使用 typedef 可以定义多种类型名，但不能用来定义变量
   B. 使用 typedef 可以增加新类型
   C. 使用 typedef 只是将已存在的类型用一个新的标识符来代表
   D. 使用 typedef 有利于程序的通用性和移植性
4. 设有如下定义，则 sizeof(test)的值是_____。
```
union{
    short int i;char c;float f;
}test;
```
   A. 4　　　　　　　B. 5　　　　　　　C. 6　　　　　　　D. 7
5. 设有如下定义，则下列选项中错误的叙述是_____。
```
union{
    short int i;char c;float f;
}a;
```
   A. a 所占内存长度等于成员 f 的长度　B. a 的地址和各成员地址相同
   C. a 可以作为函数参数　　　　　　　D. 不能对 a 赋值
6. 设有如下定义，则下列选项中正确的是_____。

```
union{
    short int i;char c;float f;
}u;
int num;
```

    A. u=1　　　　　　　B. u.f=3.5　　　　　　C. printf("%d",u);　D. num=u

7. 设有如下定义，则下列选项中引用方式正确的是_____。

```
union{
    short int i;char c;float f;
}u;
int num;
```

    A. printf("%d",u.i);　　　　　　　　　　B. printf("%d",u);

    C. printf("%c",data.u.c);　　　　　　　　D. printf("%c",u);

8. 下面选项中，对 C 语言中共用体类型数据的正确描述是_____。

    A. 一旦定义了一个共用体变量，即可引用该变量或该变量中的任意成员

    B. 一个共用体变量中可以同时存放其所有成员

    C. 共用体中占内存最大的成员所需要内存量

    D. 共用体类型能定义在结构体类型中，结构体类型不能定义在共用体类型中

9. 下列选项中，对枚举类型名的正确定义是_____。

    A. enum a={one,two,three};　　　　　　B. enum a{one=9,tw=-1,three};

    C. enum a={"one","two","three"};　　　　D. enum a{"one","two","three"};

10. 字符'0'的 ASCII 码是十进制数 48，数组的第 0 个元素在低位，以下程序的输出结果是_____。

```
#include <stdio.h>
int main()
{
    union{
        int i[2];
        long k;
        char c[4];
    }r,*s=&r;
    s->i[0]=0x39;s->i[1]=0x38;
    printf("%x\n",s->c[0]);
    return 0;
}
```

    A. 39　　　　　　　B. 9　　　　　　　C. 38　　　　　　　D. 8

11. 以下程序的输出结果是_____。

```
typedef union{
    long x[2];
    int y[4];
    char z[8];
} MYTYPE;
MYTYPE them;
int main()
{
    printf("%d\n",sizeof(them));
    return 0;
```

```
}
```

    A. 32   B. 16   C. 8   D. 24

12. 以下程序的输出结果是_____。

```
typedef union{
    long i;
    int k[5];
    char c;
} DATE;
struct date{
    int cat;
    DATE cow;
    double dog;
} too;
DATE max;
int main()
{
    printf("%d\n",sizeof(struct date)+sizeof(max));
    return 0;
}
```

    A. 25   B. 30   C. 18   D. 8

二、填空题

1. C 语言可以定义共用体类型和枚举类型，其关键字分别是_____和_____。

2. C 语言允许用_____声明新的类型名来代替已有的类型名。

3. 以下程序的运行结果是_____。

```
#include <stdio.h>
int main()
{
    union{
        int a;
        int b;
    }s[3],*p;
    int n=1,k;

    for(k=0;k<3;k++){
        s[k].a=n;
        s[k].b=s[k].a*2;
        n+=2;
    }
    p=s;

    printf("%d,%d\n",p->a,++p->a);
    return 0;
}
```

4. 以下程序的运行结果是_____。

```
#include <stdio.h>
int main()
{
    enum workday{ mon,tue,wed,thr,fri };
    enum workday d=thr;
```

```
    printf("%d\n",d);
    return 0;
}
```

5. 以下程序的运行结果是＿＿＿＿＿＿＿。

```
#include <stdio.h>
int main()
{
    union{ int i;char c;}x={66};
    printf("%d,%d\n",x.c,x.i);
    return 0;
}
```

6. 以下程序的运行结果是＿＿＿＿＿＿＿。

```
#include <stdio.h>
int main()
{
    union{ char c;int i;}x;
    x.c='A';x.i=259;
    printf("%d,%d\n",x.c,x.i);
    return 0;
}
```

7. 以下程序的运行结果是＿＿＿＿＿＿＿。

```
#include <stdio.h>
int main()
{
    Struct{
        union{ int x;int y;} in;
        int a;
        int b;
    }e;
    e.a=1;e.b=2;
    e.in.x=e.a*e.b;
    e.in.y=e.a+e.b;
    printf("%d,%d",e.in.x,x.in.y);
    return 0;
}
```

8. 以下程序的运行结果是＿＿＿＿＿＿＿。

```
#include <stdio.h>
int main()
{
    union{ int x;int y;}z[3],*p;
    int i;
    for(i=0;i<3;i++){
        z[i].x=i;
        z[i].y=i+1;
    }
    p=z+1;
    printf("%d,",p->x);
    printf("%d,",p->y);
    printf("%d,",++p->x);
```

```
    printf("%d\n",p->x);
    return 0;
}
```

9. 以下程序的运行结果是_____。

```
#include <stdio.h>
int main()
{
    enum team{my,your=4,his,her=10};
    printf("%d,%d,%d,%d\n",my,your,his,her);
    return 0;
}
```

10. 以下程序的运行结果是_____。

```
#include <stdio.h>
int main()
{
    enum weekdays{Sun,Mon,Tue,Wed,Thu,Fri,Sat};
    enum weekdays workday=Mon,holiday=Sat;
    printf("%d,%d\n",workday,holiday);
    return 0;
}
```

三、程序设计题

1. 学生的数据中包括学号、姓名、性别、身份、班级；教师的数据包括编号、姓名、性别、身份、职称。定义表 11-2 所示的共用体存放学生和教师的信息，并进行输入/输出。

表 11-2　共用体

num	name	sex	job	position（职称） class（班）
101	Li	f	s	501
102	Wang	m	t	prof

2. 定义一周名称枚举类型 weekname，枚举常量包括一周 7 天的名称，用每天的英文单词表示。编写程序，输出每天对应的星期名称。

第 **12** 章

文　件

🎯 **本章要点**

◎ 文件，C 语言中数据文件的存储形式。

◎ 文本文件，二进制文件。

◎ 打开文件，关闭文件，读/写文件数据。

◎ 编写程序实现简单的数据处理。

前面的章节所编写的程序运行时所需的原始数据都是通过键盘输入内存变量，经程序处理后数据的运算结果输出到显示器，所有的这些数据都是保存在内存中，当程序执行完毕并关闭后或者在计算机关机或断电的情况下数据是会丢失的。显示器和键盘属输入/输出设备，输入/输出设备还包括硬盘、光盘和 U 盘等，程序运行所需的数据都可以来自这些设备，程序的输出结果也可以输出到这些设备保存。从这些设备获取数据或将数据存入这些设备，与键盘和显示器比起来显得更加安全。

本章主要讲解文件的概念、文件的分类，并通过程序实例讲解实现数据的存储（即读写）操作。

12.1　文　件　概　述

12.1.1　文件的基本概念

文件系统功能是操作系统的重要功能和组成部分，在操作系统中，文件是指存储在外部存储介质（如硬盘）上的有序数据集合。文件通常分为程序文件和数据文件两类，程序文件包括源程序文件、目标程序文件、可执行程序文件。数据文件有许多种，如文本文件、图像文件、声音文件等。每个文件都有一个名称，称为文件名。文件通常驻留在外部介质（如光盘或 U 盘等）上，使用时才调入内存。操作系统和程序设计语言都提供了对文件操作的方法，操作系统通常提供对整个文件的操作，如文件复制、删除、更名等。程序设计语言通常提供相应的文件操作函数，编程时利用这些函数对存储在介质上的文件中的数据进行各种输入和输出操作。在前面各章中我们已经多次接触文件这一概念，如源程序文件、目标文件、可执行文件、库文件（头文件）等。本章讨论的文件是指数据文件。

12.1.2　数据文件的存储形式

C 语言中，我们经常对数据文件进行处理，以期得到用户需要的结果。按照数据的组织形式（编码形式），数据文件可分为两类：文本文件和二进制文件。

1．文本文件

文本文件（Text File）又称 ASCII 文件，它是以字符的 ASCII 码值进行存储与编码的文件，文件内容就是字符序列，每个字符占用一个字节，存储该字符的 ASCII 码。

例如，整数 5678，如果存放到文本文件中，文件内容将包含 4 字节：53、54、55、56，分别代表数字字符'5'、'6'、'7'、'8'的 ASCII 码值。其存储形式为：

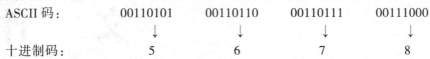

ASCII 码：　　　　00110101　　00110110　　00110111　　00111000

十进制码：　　　　　　5　　　　　6　　　　　7　　　　　8

文本文件（即 ASCII 码文件）可在屏幕上按字符显示，例如，C 语言的源程序文件就是文本文件，可以直接阅读，用 DOS 命令 TYPE 可显示文件的内容，也可使用 Word 或 Windows 的"记事本"程序查看文件的内容。

2．二进制文件

二进制文件（Binary File）就是存储二进制数据的文件，也就是将文件中的数据按照它的二进制编码的形式存储。

例如，整数 5678，如果存放到二进制文件中，其存储形式为 00010110 00101110，只占 2 字节。二进制文件虽然也可在屏幕上显示，但其内容人无法读懂。由于这类文件内容是二进制编码，因而它无法直接使用记事本或 Word 打开阅读，如果以记事本打开，只会看到一堆乱码。一般的可执行程序、图像文件和音视频文件等都为二进制文件，如扩展名为.exe、.com 或.jpg 的文件即为二进制文件。

C 系统在处理二进制文件时，并不区分类型，都看成字符流，按字节进行处理。输入/输出字符流的开始和结束只由程序控制而不受物理符号（如回车符）的控制。因此也把二进制文件称作"流式文件"。

不论是什么数据，计算机的存储在物理上都是二进制的，所以文本文件与二进制文件的区别并不是物理上的，而是逻辑上的，即两者只是在编码层次上有差异。从文件的逻辑结构上看，C 语言把文件看作数据流，并将数据按顺序以一维方式组织存储，它非常像录音磁带。因此，ASCII 文件便于对字符进行逐个处理，也便于输出字符，但一般占存储空间较多，而且要花费转换时间。而二进制文件可以节省存储空间和转换时间，但一个字节并不对应一个字符，不能直接输出字符形式。

12.1.3　标准文件与非标准文件

根据数据存取实现过程，磁盘文件系统分为缓冲文件系统与非缓冲文件系统。

1．缓冲文件系统

系统自动地在内存区为每一个正在使用的文件开辟一个缓冲区（内存单元）。当应用程序需要把数据存入磁盘文件时，首先把数据存入缓冲区，再由操作系统自动将缓冲区中的数据存入磁盘文件。从磁盘读入数据同样也要经过缓冲区。也就是说，程序与文件的数据交换通过"缓冲区"进行。这种使用"缓冲区"的磁盘文件系统称为缓冲文件系统，也称标准文件系统或高层文件系统。

缓冲文件系统的工作原理：在进行文件操作时，操作系统自动在内存为应用程序中每个使用的文件开辟一个"缓冲区"，当执行读文件操作时，先从磁盘文件将数据读入文件"缓冲区"，然后再从文件"缓冲区"依此读入程序中的接收变量。当执行写文件操作时，先将数据写入"缓冲区",然后再从"缓冲区"写入文件。其工作原理如图 12-1 所示。由此可见,"缓冲区"的大小,影响操作外存的次数,"缓冲区"越大,操作外存的次数就越少,执行速度就越快、效率越高。一般来说,"缓冲区"的大小由具体的 C 语言版本决定,一般微型计算机中 C 语言系统,缓冲区大小设定为 512 字节,恰恰与磁盘的一个扇区大小相同,从而保证磁盘操作的高效率。

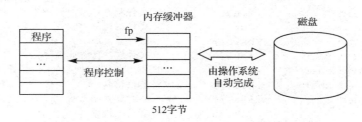

图 12-1 缓冲文件系统工作原理

2. 非缓冲文件系统

不使用"缓冲区"的磁盘文件系统称为非缓冲文件系统,又称非标准文件系统或低层文件系统。非缓冲文件系统直接依赖操作系统,通过操作系统的功能直接对文件进行操作。用 C 语言编程时,若使用非缓冲文件系统,要求编程者熟悉操作系统,善于利用系统的功能,编程难度相对较大,但程序的执行效率高,占用内存资源较少。

新的 ANSI C 标准推荐使用缓冲文件系统,而且,既可用缓冲文件系统处理文本文件,也可用来处理二进制文件。在 C 语言中,无论使用缓冲文件系统还是非缓冲文件系统,都没有输入/输出语句,对文件的读写操作都是用库函数来实现的。

12.1.4 文件存取方式

C 语言中,文件被看作字节序列(字节流),数据文件由顺序存放的一连串字节(字符)组成,没有记录的界限,因此,C 语言的文件称作流式文件,文件存取操作的数据单位是字节,允许存取一个和任意多个字节,这样有效地增加了文件操作的灵活性。标准 I/O 提供了 4 种文件存取方式,它们都对应相应的库函数:

① 字符读写:一次读写一个字节,使用 fgetc()、fputc()函数。
② 字符串读写:一次读写多个字节,使用 fgets()、fputs()函数。
③ 格式化读写:根据格式控制符指定的格式读写数据,使用 fscanf()、fprintf()函数。
④ 块读写:也称记录读写,将多字节当作一个数据块读写,使用 fread()、fwrite()函数。

12.2 标准文件操作

12.2.1 文件结构与文件类型指针

1. 文件结构

前面提到,C 语言中每个被使用的文件都在内存中开辟一个缓冲区,用来存放文件的有关信息,这些信息是保存在一个结构体类型的变量中,该结构体类型是由系统定义的,取名为 FILE,它是 C 语言为了具体实现对文件的操作而把与文件操作相关的信息定义成的结构类型。FILE 类型是用 typedef 重命名的，并在头文件 stdio.h 中定义，因此，凡使用文件的程序都需要包含编译预处理命令#include <stdio.h>。

在 stdio.h 文件中列出了所有 ANSI C 标准文件 I/O 库函数原型及其用到的数据结构的定义。其中，最重要的数据结构是 FILE 结构体，说明如下：

```
typedef struct{
    short              level;       /* 缓冲区"满"或"空"的程度 */
    unsigned           flags;       /* 文件状态标志 */
    char               fd;          /* 文件描述符 */
    short              bsize;       /* 缓冲区大小 */
    unsigned char      *buffer;     /* 文件缓冲区首地址 */
    unsigned char      *curp;       /* 指向文件缓冲区的工作指针 */
    unsigned char      hold;        /* 其他信息 */
    unsigned           istemp;      /* 临时文件指示*/
    short              token;       /* 有效性检查*/
} FILE;
```

上述定义中，文件结构本身用关键字 struct 进行定义，用 typedef 关键字把 struct 结构类型重新命名为 FILE。struct 内部定义的成员包含了文件缓冲区的信息，这里不做具体介绍，读者可查看有关参考书。

Typedef 不是用来定义新的数据类型，而是将 C 语言中已有类型重新命名，用新的名称代替已有的数据类型，常用于简化对复杂数据类型定义的描述，typedef 的一般格式为：

```
typedef  已有类型名  新类型名;
```

☞说明：typedef 是关键字，已有类型名包括 C 语言规定的类型和已定义过的自定义类型，新类型名可由一个或多个重新定义的类型名组成，且一般要求重新定义的类型名用大写。

例如：

```
typedef int  INTEGER;              /* 将int 类型重命名为 INTEGER */
```

则 int m, n;等价于 INTEGER m, n;。

2．文件类型指针

文件缓冲区是内存中用于数据存储的数据块，在文件处理过程中，程序需要访问该缓冲区实现数据的存取。因此，如何定位其中的具体数据，是文件操作类程序解决的首要问题。另外，文件缓冲区由系统自动分配，并不像数组那样可以通过数组名加下标来定位。因此，C 语言引进 FILE 文件结构,其成员指针指向文件的缓冲区,通过移动指针实现对文件的操作,此外，在文件操作中还需用到文件的名字、状态、位置等信息。

C 语言中的文件操作都是通过调用标准函数来完成的，由于结构体指针的参数传递效率更高，因此 C 语言文件操作统一以文件指针方式实现。定义文件类型指针的格式为：

```
FILE  *指针变量标识符;
```

例如：

```
FILE *fp;
```

其中，FILE 是文件类型的定义符，fp 是一个指向 FILE 类型结构体的指针变量。

文件指针是特殊指针，指向的是文件类型结构，它是多项信息的综合体。每一个文件都有自己的 FILE 结构和文件缓冲区，FILE 结构中有一个 curp 成员，通过 fp->curp 可以指示文件缓冲区中数据存取的位置。实际上，对于一般的编程者来说，不必关心 FILE 结构内部的具体内容，这些内容由系统在文件打开时填入和使用，C 程序只使用文件指针 fp，用 fp 代表文件整体。

☞说明：文件指针不像前面章节所讲的普通指针那样能进行 fp++或*fp 等操作，因为 fp++意味着指向下一个 FILE 结构（假设存在的话）。

文件操作具有顺序性的特点，前一个数据取出后，下一次将顺序取后一个数据，fp->curp 会发生改变，但这种改变是隐含在文件读写操作中的，而不需要在编程时写上 fp->curp++，类似这样的操作将由操作系统在文件读写时自动完成，这一点在学习时需要注意。

12.2.2　文件的打开与关闭

对磁盘文件的操作通常包括打开文件、读文件、写文件、关闭文件等操作。任何一个文件操作，都必须先打开，然后读或写文件，读写完成后，最后都应关闭文件。用 C 语言编写程序文件操作的程序也应遵循如下步骤：

步骤 1：定义文件指针。

步骤 2：打开文件，使文件指针指向磁盘文件缓冲区。

步骤 3：文件读写操作。

步骤 4：关闭文件。

1．打开文件

打开文件，就是在程序与系统之间建立起联系，程序把所要操作的文件的有关信息（如文件名、文件操作方式等）通知给系统。从实际上看，打开文件表示将给用户指定的文件在内存分配一个 FILE 结构区，并将该结构区的指针返回给用户程序，此后用户程序就可用此 FILE 指针来实现对指定文件的操作。

C 语言中，打开文件使用库函数 fopen() 来实现，其一般调用格式如下：

```
fp=fopen("文件名","文件打开方式");
```

例如：

```
fp=fopen("student.txt","r");      /* 以 "只读" 方式打开 student.txt 文件 */
```

相关说明：

① 该函数有返回值。若文件打开成功，则返回包含文件缓冲区的 FILE 结构指针，并赋给文件指针变量 fp；若文件打开失败，则返回一个 NULL（空值）的 FILE 指针。

② 该函数包括两个参数："文件名"和"文件打开方式"，两个参数都是字符串。

- 文件名：指出对哪个文件进行操作，一般应指定文件路径，如"c:\dir1\student.txt"文件，则"文件名"应写成"c:\\dir1\\student.txt"。之所以用"\\"，因为 C 语言认为"\"是转义符，双斜杠"\\"表示了实际的"\"。如果不写路径，如"student.txt"，则表示数据文件与程序文件路径相同。
- 文件打开方式：确定对所打开的文件将进行什么操作。表 12-1 列出了 C 语言所有的文件打开方式。

表 12-1　文件打开方式

文 本 文 件（ASCII）		二进制文件	
使用方式	含　义	使用方式	含　义
"r"	打开文本文件进行只读	"rb"	打开二进制文件进行只读
"w"	建立新文本文件进行只写	"wb"	建立新二进制文件进行只写
"a"	打开文本文件进行追加	"ab"	打开二进制文件进行追加
"r+"	打开文本文件进行读\写	"rb+"	打开二进制文件进行读\写
"w+"	建立新文本文件进行读\写	"wb+"	建立新二进制文件进行读\写
"a+"	打开文本文件进行读\写\追加	"ab+"	建立新二进制文件进行读\写\追加

☞说明：关于文件打开方式的几点说明。

- 用"r"方式（r 为"read"的头字母）打开的文件只能用于从文件输入（即"读"）数据，而不能用作向文件输出（即"写"）数据，而且该文件必须已经存在，不能用"r"方式打开一个并不存在的文件，否则会出错。
- 用"w"方式（w 为"write"的头字母）打开的文件只能用于向文件输出（即"写"）数据，而不能用来从文件输入（即"读"）数据。如果不存在该文件，则在打开时会建立一个以指定的名字命名的文件。如果原来已存在一个以该文件名命名的文件，则打开时系统自动先将该文件删除，然后重新建立一个新文件。
- 如果希望向原有文件的末尾添加新的数据（即不删除原数据），则应该用"a"方式（a 为"append"的头字母）打开，位置指针移到文件末尾。若文件不存在，则与"w"方式相同。
- 用"r+"、"w+"和"a+"方式打开的文件既可以用来输入数据，也可以用来输出数据。用"r+"方式时应确保该文件已存在，以便能向计算机输入数据。用"w+"方式则新建一个文件，先向此文件写数据，然后读此文件中的数据。用"a+"方式打开的文件，原来的文件并不被删除，此时位置指针指向文件末尾，可添加数据，也可以读出数据。
- 二进制文件的打开方式包括"rb"、"wb"、"ab"、"rb+"、"wb+"和"ab+"，它们与文本文件对应的打开方式含义相同，只是在打开方式后加了个后缀字符"b"。例如：
  ➢ 以只读方式打开文本文件：fp=fopen("student.txt", "r");。
  ➢ 以只读方式打开二进制文件：fp=fopen("student.txt", "rb");。

③ 执行库函数 fopen()，若成功打开指定文件，则计算机将完成下述几项工作：

- 在磁盘中找到指定文件。
- 在内存中分配保存一个 FILE 类型结构的单元（16 B）。
- 在内存中分配文件缓冲区单元（512 B）。
- 返回 FILE 结构指针（回送给文件指针变量 fp）。

④ 执行库函数 fopen()，若不能成功打开指定文件，则该函数返回空指针 NULL。出错原因可能是：

- 用"r"方式打开一个并不存在的文件。
- 文件路径不正确。
- 文件已被别的程序打开。
- 磁盘出故障。
- 磁盘已满无法建立新文件等。

特别注意：为了保证文件操作的可靠性。在编程时，对调用 fopen()函数是否成功做出判断，以确保文件在正常打开后再进行读写操作。其形式如下：

```
FILE *fp;
if((fp=fopen("student.txt","r"))==NULL){
    printf("不能打开该文件\n");
    exit(0);
}
```

代码解析：先检查打开操作是否出错，如果出错就在屏幕上显示"不能打开该文件"信息，并调用系统函数 exit(0)，关闭所有打开的文件，并终止程序的执行。通常，参数 0 表示程序正常结束，非 0 表示异常结束。

⑤ 一旦文件经 fopen()正常打开，对该文件的操作方式就被确定，直至文件关闭都不变。即文件按"r"方式打开，则只能对该文件进行读操作，而不能进行写入数据操作。

⑥ C 语言允许同时打开多个文件，但要求不同文件采用不同的文件指针指示，且不允许同一个文件在关闭前被再次打开。

特别注意：在 C 语言系统中，外部设备也对应到相应的设备文件，当运行一个 C 程序时，系统会自动打开以下 5 个设备文件，并自动定义 5 个 FILE 结构指针变量，它们约定如下：

设备文件	FILE 结构指针变量
标准输入设备（键盘）	stdin
标准输出设备（显示器）	stdout
标准辅助输入输出（异步串行口）	stdaux
标准打印（打印机）	stdprn
标准错误输出（显示器）	stderr

2．关闭文件

当文件操作完成后，应该及时关闭它，以防止该文件被不正常操作。前面已经介绍，在缓冲文件系统中，若对打开的文件进行写入操作，一般只有当缓冲区被写满时，才会由系统真正写入磁盘文件，若缓冲区未写满，当程序发生异常被终止时，则缓冲区中的数据将会被丢失。这种情况下，只有对打开的文件进行关闭操作，停留在缓冲区的数据才能被写入磁盘文件，从而保证文件的完整性。

关闭文件通过调用标准函数 fclose() 实现，其一般格式为：

```
fclose(文件指针);
```

作用：关闭文件操作除了强制把缓冲区中的数据写入磁盘文件外，还将释放缓冲区单元和 FILE 结构，使指针变量不再指向该文件，即将文件指针变量与文件"脱钩"。

返回值：调用该函数时，返回一个整数，如果成功关闭文件则返回值为 0；如果无法正常关闭文件则返回-1。

因此，在编程中，一般需要对调用 fclose() 函数是否成功做出判断，以确保文件操作的完整性。通常用下面的方法关闭一个文件。其形式如下：

```
if(fclose(fp)){
    printf("不能正常关闭文件\n");
    exit(0);
}
```

关闭文件操作虽然使文件指针与具体文件脱钩，但指针变量和磁盘文件仍然存在，只是指针不再指向原来的文件。编程时，应养成文件使用结束后及时关闭文件的习惯，这样不但确保数据完整写入文件，还及时释放不用的文件缓冲区单元。

12.2.3　文件顺序读写操作

文件打开之后，就可以对它进行读写操作。C 语言标准库 stdio.h 中提供了一系列文件的读写操作函数，常用的函数如下：

① 字符方式文件读写函数：fgetc() 与 fputc()。

② 字符串方式文件读写函数：fgets() 与 fputs()。

③ 格式化方式文件读写函数：fscanf() 与 fprintf()。

1．字符方式文件读写函数

每执行一次函数，只能读写文件中的一个字符，主要包括 fgetc() 和 fputc() 两个函数。

（1）fgetc() 函数

它是一个从磁盘文件中读取一个字符的函数，函数原型如下：

```
int fgetc(FILE * stream);
```

函数调用格式如下：

```
ch=fgetc(fp);
```

函数功能：从文件指针 fp 所指示的磁盘文件读入一个字符并赋给字符变量 ch。若遇到文件结束符 EOF，则返回 –1 给 ch。可通过判定 ch 是否等于 –1 来判定文件是否结束。

注意

文件必须是以读或读写方式打开；fgetc()函数与前面章节学过的 getchar()函数功能类似，getchar()函数从键盘（stdin）读入一个字符，而 fgetc()从文件读入一个字符。

【例 12-1】 读出并显示磁盘文件 student.txt 信息（只读方式打开文本文件）。

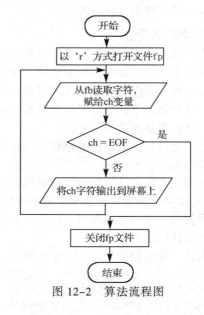

问题分析：

求解目标： 从文本文件中逐个读取字符并输出到屏幕上。

约束条件： 是否已读取到文件末尾标志 EOF。

解决方法： 循环读取文件内容，直到文件末尾(EOF)。

算法设计： 流程图描述如图 12-2 所示。
变量设置如下：
fp：文件指针变量；
ch：输出字符变量。

图 12-2　算法流程图

程序清单：

```
#include <stdio.h>
#include <stdlib.h>
int main()
{
    FILE * fp;                                    /* fp: 文件指针变量 */
    char ch;
    /* 打开文件: "r" 方式打开文件 */
    if((fp=fopen("student.txt","r"))==NULL){
        printf("不能打开文件!\n");
        exit(0);
    }
    /* 读文件: 从文件中逐个读取字符并显示 */
    while((ch=fgetc(fp))!=EOF)                    /* 循环条件: 读取字符非 EOF */
        putchar(ch);                             /* 在屏幕上输出一个字符 */
    /* 关闭文件 */
    if(fclose(fp)){
```

```
        printf("不能正常关闭文件! \n");
        exit(0);
    }
    return 0;
}
```

知识小结：

① exit(0)函数：正常结束程序执行。

② (ch=fgetc(fp))!=EOF：循环条件，比较 ch 是否是 EOF。注意外层"( )"的作用。

☞小提示：EOF 只适用于文本文件结束标志。对于二进制文件，ANSI C 提供 feof()函数来判断文件是否结束。feof(fp)用来判定文件指针 fp 所指向的文件当前状态是否为"文件结束"，如果是"文件结束"，feof(fp)返回值为 1（真），否则为 0（假）。

如果想顺序读入一个二进制文件中的数据，例 12-1 的程序应做如下相应的修改：

```
while((ch=fgetc(fp))!=EOF)          while(!feof(fp)){
    putchar(ch);            ⟹           ch=fgetc(fp);
                                        putchar( ch);
                                    }
```

（2）fputc()函数

写入一个字符到指定的磁盘文件的函数，函数原型如下：

```
int fputc(int ch,FILE * stream);
```

调用格式为：

```
fputc(ch,stream);
```

函数功能：把 ch 中的一个字符写入 stream 所指示的磁盘文件。若执行 fputc()函数成功，则返回被写入的字符，否则返回 EOF。

☞说明：ch 表示要写入的字符，可以是字符常量或字符变量，stream 是文件指针变量。

例如：

```
char ch='A';
fputc(ch,fp);           /* 将字符变量 ch 中的字符写入 fp 所指文件 */
fputc('B',fp);          /* 将字符常量'B'写入 fp 所指文件 */
```

ⓘ **注意**

文件必须是以写或读写方式打开；fputc()函数与前面章节学过的 putchar()函数功能类似，putchar()函数将字符输出到屏幕（stdout），而 fputc()函数将字符输出到文件。

【例 12-2】 从键盘输入一行字符，写入到文件 student.txt 中。

问题分析：

求解目标： 将一行（多个）字符逐个写入到文件。

约束条件： 键盘输入的字符是否为回车符'\n'。

解决方法： 循环取得键盘上输入的字符，并写入文件，直到用户输入回车符'\n'。

算法设计： 流程图描述如图 12-3 所示。变量设置如下：

　　　　fp：文件指针变量；

　　　　ch：输入的字符变量。

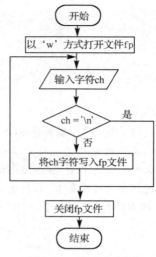

图 12-3　算法流程图

程序清单：

```
#include <stdio.h>
#include <stdlib.h>
int main()
{
    char ch;                                  /* 定义变量 ch */
    FILE * fp;                                /* 定义文件指针 fp */

    if((fp=fopen("student.txt","w"))==NULL){  /* 打开文件 */
        printf("文件打开错误!\n");
        exit(0);
    }

    /* 读写文件: 从键盘输入一行文字并写入文件 */
    while((ch=getchar())!='\n')                /* 循环条件: 输入字符非'\n' */
        fputc(ch,fp);                          /* 将 ch 写入到文件 */

    if(fclose(fp)){                            /* 关闭文件 */
        printf("不能正常关闭文件! \n");
        exit(0);
    }
    return 0;
}
```

知识小结：

① exit(0)函数：正常结束程序执行。

② (ch=getchar())!='\n'：循环条件，比较 ch 是否是'\n'。注意外层 "( )" 的作用。

2. 字符串方式文件读写函数

主要包括 fgets()和 fputs()两个函数。通常以字符串方式对文本文件进行读写。读写文件时，一次读取或写入一个字符串。通过对比发现，fgets()函数对应 fgetc()函数，fputs()函数对应 fputc()函数，只是函数名称末字符不同而已，"s"为 string 首字母，"c"为 char 首字母。

（1）fgets()函数

从指定的文件读入一个字符串的函数。函数原型如下：

```
char * fgets(char * str,int n,FILE * stream);
```

函数作用：从文件指针 stream 指定的文件中读取最多 n-1 个字符（字符串）并存放在 str 字符数组。若执行成功，则返回读取的字符串；若执行失败，则返回空指针（NULL）。

调用格式为：

```
fgets(str,n,stream);
```

☞说明：str 是字符数组名或字符指针，n 是指定读入的字符个数，stream 是文件指针。函数被调用时，最多只能读取 n-1 个字符并存入 str 所指向的 n-1 个连续的内存单元。当函数读取的字符达到指定的个数，或接收到换行符，或接收到文件结束标志 EOF 时，将自动在读取的字符后面添加一个字符串结束标志符'\0'；若接收到换行符，则将换行符保留（换行符在'\0'字符之前）；若有 EOF，则不保留 EOF。

【例 12-3】利用 fgets()函数，将文本文件 myinfo.txt 的内容全部读出并显示在屏幕上。

问题分析：

求解目标：逐行读取文件 myinfo.txt 中内容并输出到屏幕上。

约束条件：是否到达文件结束标志（EOF）。

解决方法：循环读取文件的内容，直到文件结束。

算法设计：流程图描述如图 12-4 所示。变量设置如下：

　　fp：文件指针变量；

　　str：输出字符数组。

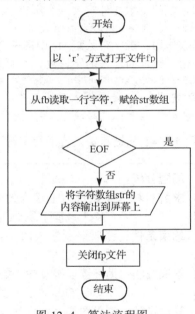

图 12-4　算法流程图

程序清单：

```
#include <stdio.h>
#include <stdlib.h>
int main()
{
    FILE * fp;                          /* 定义文件指针 */
    char str[81];                       /* 定义字符数组 */

    if((fp=fopen("myinfo.txt","r"))==NULL){ /* 打开文件 */
        printf("不能打开文件!");
        exit(0);
    }
```

```
        /* 读写文件: 逐行读取文件内容并显示 */
        while(fgets(str,81,fp)!=NULL)              /* 循环条件: 成功读取一行字符 */
            printf("%s",str);                      /* 显示读取的字符串 */

        if(fclose(fp)){                            /* 关闭文件 */
            printf("不能正常关闭文件! \n");
            exit(0);
        }
        return 0;
}
```

知识小结：

① char str[81]：一般文本文件以行为单位，每行最多 80 字符，再加上一个行结束符号'\n'，则每行至少需 81 字节的存储空间；

② fgets(str,81,fp)!=NULL：循环条件，测试是否成功读取一行字符。

（2）fputs()函数

向指定的文本文件写入一个字符串的函数。函数原型如下：

```
char * fputs(char * str,FILE * stream);
```

函数作用：把字符数组 str 中的一个字符串写入由文件指针 stream 指定的文件。若执行成功，则函数返回写入的字符数；否则返回 EOF（即–1）。它的调用格式为：

```
fputs(str,stream);
```

☞说明：str 是要写入的字符串，可以是数组名、字符指针变量或字符串常量，stream 是文件指针。注意：函数把 str 写入文件时，字符串结束标志'\0'不写入文件。

【例 12-4】从键盘输入若干行字符，将它们添加到磁盘文件 myinfo.txt。

问题分析：

求解目标：将从键盘上输入的若干行字符（多行）逐行写入到文件。

约束条件：读取键盘输入的一行字符是非空行。

解决方法：循环读取键盘输入的每行字符，并写入到文件，直到读取空行。

算法设计：流程图描述如图 12-5 所示。变量设置如下：

fp：文件指针变量；

str：输入的字符数组。

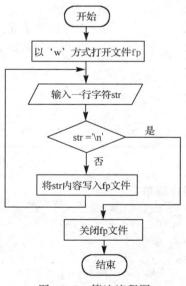

图 12-5　算法流程图

程序清单：

```
#include <stdio.h>
#include <string.h>
#include <stdlib.h>
```

```
int main()
{
    FILE *fp;                                       /* 定义文件指针 */
    char str[81];                                   /* 定义字符串数组 */

    if((fp=fopen("myinfo.txt","w" ))==NULL){        /* 打开文件 */
        printf("文件打开出错!");
        exit(0);
    }

    /* 读写文件: 从键盘输入若干行字符添加到磁盘文件 */
    while(fgets(str,81,stdin)!=NULL && strcmp(str,"\n")!=0)
        fputs(str,fp);                              /* 将字符串写入文件中 */

    if(fclose(fp)){                                 /* 关闭文件 */
        printf("不能正常关闭文件! \n");
        exit(0);
    }
    return 0;
}
```

知识小结:

① stdin 是标准输入设备（键盘），stdout 是标准输出设备（屏幕）。

② 函数 fgets(str,81,stdin)：从键盘中读取一行字符到 str，若 fgets()函数返回 NULL 或者返回字符串"\n"，则表示输入结束。

3. 格式化方式文件读写函数

scanf()函数与 printf()函数是格式化输入/输出函数，分别用来从键盘输入和向屏幕输出数据，它们的读写对象是键盘和屏幕。fscanf()函数、fprintf()函数与 scanf()函数和 printf()函数作用相似，只不过它们的读写对象是磁盘文件，fscanf()函数用于从文件中按照给定的控制格式读取数据，fprintf()函数用于按照给定的控制格式向文件写入数据。

（1）fscanf()函数

从磁盘文件中格式化读取数据的函数。函数调用格式如下：

```
fscanf(文件指针,格式字符串,输入表列);
```

☞说明：函数有三个参数，参数"格式字符串"与"输入表列"与 scanf()函数相同，但增加了一个"文件指针"参数。若执行成功，则函数返回读取的数据个数，否则返回 EOF(-1)。

例如：

```
FILE *fp;
int xh;
char xm[20];
fp=fopen("mydata.txt","r");
fsacnf(fp,"%d%s",&xh,xm);
```

解析：该函数从 fp 指向的文件中读取格式化数据。fp 是文件指针，"%d%s"是格式字符串，&xh 和 xm 是"输入表列"。为什么在 xm 前不需加地址符&？请读者思考。

（2）fprintf()函数

将格式化数据写入磁盘文件的函数。函数调用格式如下：

```
fprintf(文件指针,格式字符串,输出表列);
```

☞说明：函数有 3 个参数，参数"格式字符串"与"输出表列"与 printf()函数相同，但增加了一个"文件指针"参数。若执行成功，则函数返回写入的字符数，否则返回一个负数。

例如：

```
FILE *fp;
int xh=201;
char xm[20]="xiaoj";
fp=fopen("mydata.txt","w");
fprintf(fp,"%d%s",xh,xm);
```

解析：该函数将 xh 和 xm 两个格式化数据写入到 fp 所指的文件。fp 是文件指针，"%d%s"是格式字符串，xh 和 xm 是"输出表列"。

上述两段代码，文件都以文本方式打开，但读写操作的数据并不都是字符类型，变量 xh 是 int 型，变量 xm 是字符数组，xh 在内存中以二进制形式存储。文本文件本身存储字符，当使用 fscanf()输入时，系统会自动根据规定的格式，把读取的代表数值的字符串（如"201"）转换成数值（201）。同理，当使用 fprintf()时，系统也会自动根据规定的格式，把内存中需要写入的二进制数值（201）转换成字符串（"201"）写到文件。文件中数据之间的分隔符由读写格式决定，可以是空格也可以是逗号，意义与 scanf()和 printf()相同。

☞小提示：fscanf()和 fprintf()对文件进行读写操作，方便易懂，但存在 ASCII 码字符与二进制形式的转换问题，需要花费一定的时间。在内存与磁盘频繁交换数据的情况下，最好不用 fscanf() 和 fprinf()函数，而采用 fread()和 fwrite()函数。

12.2.4　文件随机读写操作

前面介绍的对文件的读写方式都是顺序读写，即读写文件只能从头开始，顺序读写各个数据。但在实际问题中常常只需读写文件中某指定的部分。为了解决这个问题，可以通过移动文件内部的位置指针到需要读写的位置，再进行读写，这种读写称为随机读写。

1．文件指针定位函数

C 语言中实现随机读的关键是按要求移动位置指针，称为文件定位，通过调用系统函数来实现。与文件定位相关的函数主要包括 fseek()、ftell()和 rewind()函数。

（1）fseek()函数

fseek()函数的作用是用来定位文件内部的位置指针。

调用形式：fseek(文件指针, 位移量, 起始点);

参数说明：

● 文件指针：指向被移动的文件。

● 位移量：从"起始点"开始，位置指针移动的偏移量。位移量以字节为单位，可正可负，正数表示向后，负数表示向前。位移量是 long 型数据，以便文件大于 64 KB 时不会出错，用常量表示位移量，要求常量末尾加后缀 L，表示 long 型。

● 起始点：从何处开始计算位移量，分别用 0、1 和 2 三个数字表示，其中，0 表示文件首，1 表示文件当前位置，2 表示文件尾。其表示方法如表 12-2 所示。

fseek()函数一般用于二进制文件，因为文本文件要发生字符转换，计算位置时往往会发生混乱。以下是 fseek()函数调用的几个例子：

```
fseek(fp,100L,0);        /*作用：把位置指针从文件首开始后移 100 个字节 */
fseek(fp,80L,1);         /*作用：把位置指针从当前位置开始后移 80 个字节 */
fseek(fp,-50L,2);        /*作用：把位置指针从文件尾开始前移 50 个字节 */
```

表 12-2 文件指针起始点表示方法

起 始 点	表 示 符 号	用数字表示
文件首	SEEK_SET	0
文件当前位置	SEEK_CUR	1
文件末尾	SEEK_END	2

（2）ftell()函数

在文件操作过程中,文件中的位置指针经常移动,人们往往不易知道当前位置。使用 ftell() 函数非常容易确定文件当前位置，它用相对于文件头的位移量来表示，函数获得文件位置指针当前位置相对于文件首的偏移字节数。

调用形式：ftell(文件指针);

返回值：FILE 指针当前位置，如果返回值为-1L，则表示出错。

☞小提示：利用 ftell()函数也能方便地知道一个文件的长度。

【例 12-5】利用 ftell()函数统计 myinfo.txt 文件的长度。

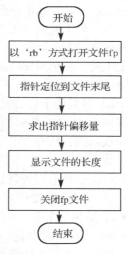

图 12-6 算法流程图

问题分析：

求解目标：利用 ftell()函数统计文件的长度。

约束条件：无。

解决方法：先用 fseek()让文件指针移至文件尾，再用 ftell()函数求出指针相对于文件头的偏移量。

算法设计：流程图描述如图 12-6 所示。变量设置如下：

　　　　　fp：文件指针变量；

　　　　　flen：文件长度；

程序清单：

```c
#include <stdio.h>
#include <stdlib.h>
int main()
{
    FILE *fp;                          /* 定义文件类型指针变量 */
    long flen;                         /* 定义长整型变量，存放文件长度 */

    if((fopen("myinfo.txt","rb"))==NULL){   /*打开文件*/
        printf("文件打开出错! ");
        exit(0);
    }

    fseek(fp,0L,SEEK_END);             /* 将文件指针移至文件尾 */
    flen=ftell(fp);                    /* 返回当前指针偏移量，即文件长度 */
```

```
    printf("%ld\n",flen);                    /* 显示文件长度 */

    if(fclose(fp)){                          /* 关闭文件 */
        printf("不能正常关闭文件! \n");
        exit(0);
    }
    return 0;
}
```

（3）rewind()函数

rewind()函数的作用是使文件指针重新定位到文件的开始位置（文件首）。当访问某个文件，进行了文件读写，使指针指向了文件中间或末尾，如果想回到文件的开始位置重新进行读写时，可以使用 rewind()函数。此函数没有返回值。

调用格式：rewind(FILE * fp);

参数说明：fp 是文件指针，指向所打开的文件。

2．文件随机读写函数

C 语言中，随机读写文件通过调用系统函数来实现，包括 fread()与 fwrite()函数。

fread()和 fwrite()用于读写一个数据块（指定字节数量），例如，一个数组元素、一个结构体变量等。两个函数多用于读写二进制文件，二进制文件中的数据流是非字符的，是数据在计算机内部的二进制形式。C 语言对二进制文件的处理程序与文本文件相似，但在文件打开方式上不同，分别用"rb"、"wb"和"ab"等表示二进制文件的读、写和添加。

（1）fread()函数

fread()函数用于从二进制文件中读入一个数据块到变量。

调用形式：fread(void * buffer,int size,int n,FILE *fp);

函数功能：从 fp 指向文件当前位置开始，读取 n × size 个字节数据并保存到 buffer。

参数说明：

- buffer：内存缓冲区，存放从文件中读取的数据块。
- size：单个数据项的长度。
- n：数据项个数。
- fp：文件指针变量。

返回值：返回实际读取的数据块的数目，如果返回值比参数 n 小，则代表可能读到了文件尾或有错误发生，这时必须用 feof()或 ferror()来决定发生什么情况。

例如：

```
fread(fa,4,8,fp);
```

功能：表示从 fp 所指向的文件中，每次读取 4 个字节，连续读 8 次，送入数组 fa。

（2）fwrite()函数

fwrite()函数用于向二进制文件中写入一个数据块。

调用形式：fwrite(buffer,size,n,fp);

函数功能：向 fp 所指文件写入存放在 buffer 中的大小为 n × size 个字节的数据块。

参数说明：后 3 个参数与 fread()相同，但 buffer 参数略有不同，对 fread 来说，存放从文件中读取的数据块，对 fwrite 而言，存放要写入文件的数据块。

返回值：返回实际写入的数据块的数目，如果返回值比参数 n 小，则代表可能缓冲区的数据不够，或是写入错误，这时必须用 feof()或 ferror()来决定发生什么情况。

例如：

```
fwrite(fa,4,8,fp);
```

功能：从数组 fa 中每次读取 4 个字节，连续读 8 次，共 32 个字节写入到 fp 所指文件。

【例 12-6】从键盘输入 10 个学生信息（学号、姓名和成绩），以二进制形式保存到文件 f1.dat，然后将这 10 个学生中的成绩最高分写入另一个二进制文件 f2.dat。

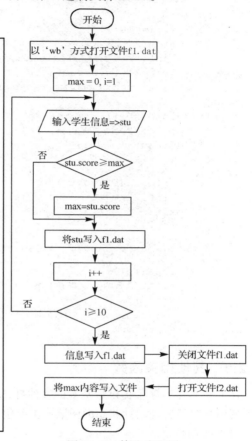

问题分析：

求解目标： 从键盘输入 10 个学生信息并存入 f1.dat 文件，并将最高成绩写入 f2.dat 文件。

约束条件： 成绩最高分。

解决方法： 首先，循环读取从键盘输入的每个学生信息写入到 f1.dat 文件并记录最高成绩。最后将最高成绩写入 f2.dat 文件。

算法设计： 流程图描述如图 12-7 所示。变量设置如下：

　　fp：文件指针变量；
　　i：循环变量；
　　max：最高成绩；
　　stu：学生信息结构体变量。

图 12-7　算法流程图

程序清单：

```c
#include <stdio.h>
#include <string.h>
#include <stdlib.h>
struct student{                    /* 定义学生结构类型 */
    int num;                       /* 学生学号 */
    char name[20];                 /* 学生姓名 */
    float score;                   /* 学生成绩 */
};
int main()
{
    struct student stu;            /* 定义学生类型结构变量 */
    FILE * fp;                     /* 定义文件指针 */
    int i;                         /* 循环变量 i */
    float max;                     /* 最高成绩 max */
```

```
if((fp=fopen("f1.dat","wb"))==NULL){          /* 打开 f1.dat 文件 */
    printf("打开文件出错!\n");
    exit(0);
}

/* 循环输入 10 个学生信息，保存在 f1.dat 文件并求最高分 */
max=0;                                          /* 设置最高分初值 */
for(i=1;i<=10;i++){
    printf("请输入第%d 个学生的学号、姓名和成绩: ",i);
    scanf("%d%s%f",&stu.num,stu.name,&stu.score);
    fwrite(&stu,sizeof(stu),1,fp);              /* 写入学生信息 */
    if(stu.score>max)max=stu.score;            /* 比较求最大值 */
}
if(fclose(fp)){                                 /* 关闭 f1.dat 文件 */
    printf("关闭文件出错!\n");
    exit(0);
}

if((fp=fopen("f2.dat","wb"))==NULL){          /* 打开 f2.dat 文件 */
    printf("打开文件出错!\n");
    exit(0);
}

fwrite(&max,sizeof(float),1,fp);              /* 将最高分写入文件 f2.dat */

if(fclose(fp)){                                 /* 关闭 f2.dat 文件 */
    printf("关闭文件出错!\n");
    exit(0);
}
return 0;
}
```

12.2.5　其他相关函数

在 C 语言中，除了提供最基本的文件打开、关闭、读写、指针定位等函数外，还提供了一系列用来检测文件指针状态的函数，主要包括 feof()、ferror()和 clearerr()等。

（1）feof()函数

feof()函数是文件末尾检查函数，用于判断文件指针是否已经到文件末尾，即读文件时是否读到了文件结束的位置。

调用形式：feof(文件指针);

例如：foef(fp);

返回值：返回 1 表示已经到了文件结束位置，返回 0 表示文件未结束。

☞说明：feof()常用作循环条件，用于判断文件是否已经结束。

（2）ferror()函数

ferror()函数用来检查文件在使用输入/输出函数进行读写操作时是否出错。

调用形式：ferror(文件指针);

例如：ferror(fp);

返回值：若 ferror()函数返回值为 0，则表示未出错；若返回值为非 0，则表示出错。

☞说明：在调用一个输入/输出函数后立即检查 ferror()函数的值，否则信息会丢失。在执行 fopen()函数时，ferror()函数的初始值自动置为 0。

（3）clearerror()函数

clearerror()函数用来清除出错标志和文件结束标志，使它们为 0 值。

调用形式：clearerror(文件指针);

例如：clearerror(fp);

☞说明：只要出现错误标志，就一直保留，直到对同一文件调用 clearerr()函数或 rewind()函数，或任何其他输入/输出函数。

12.2.6　模仿练习

练习 12-1：从键盘输入一些字符（以#结束），保存到一个磁盘文件 mydata.dat 中。

练习 12-2：利用函数 fgets()将文本文件 filea.txt 中的内容全部读出并显示在屏幕上。

练习 12-3：在磁盘文件 student.dat 上存有 10 个学生的数据。要求读取第 1、3、5、7、9 共 5 个学生数据（学号、姓名、年龄、性别），并显示在屏幕上。

练习 12-4：给定磁盘文本文件 students.txt，它包含若干（不超过 60 个）学生的有关信息，格式如下所示。

```
姓名(10)        系列(9)      性别(1)    身高(4)     出生日期（8）     入学日期（8）
Zhang Hai      Math Dept     F         1.86        19730826        19970915
Wang Jun       Math Dept     F         1.81        19650921        19960131
……
```

编写程序，实现如下功能：

① 将学生按身高排序后输出到另一新文件（如名为 StudentHeight.txt）中。

② 计算男生和女生的平均身高，输出到屏幕上。

ℹ️ **注意**

数据之间用一个空格符分界。6 个数据项分别占 10、9、1、4、8、8 个字符，加上 5 个分界符，每行共 45 个正文字符。另外，每行末尾有 2 个字符（'\r'和'\n'），上面看不到。还要注意，姓名和系名本身可能包含空格。

12.3　非标准文件操作

在 12.1.3 节中，已介绍过缓冲文件系统和非缓冲文件系统的相关内容。

缓冲文件系统是系统通过自动提供文件缓冲区，通过文件指针来对文件进行访问，既可以读写字符、字符串、格式化数据，也可以读写二进制数据。称这种方式进行读写的文件操作为标准文件操作。

非缓冲文件系统是通过操作系统的功能对文件进行读写，系统不会自动提供文件缓冲区，它不设文件结构体指针，读写文件时和文件联系的是一个整数（称为文件号）。它依赖于操作系统，且只能读写二进制文件，但效率高、速度快。称这种方式进行读写的文件操作为非标准文件操作。非标准文件操作一般只用于二进制文件。

在使用非标准文件时，需要在程序前面加入#include <io.h>和#include <fcntl.h>两个编译预处理命令，否则会出错。

由于 ANSI C 标准不再包括非缓冲文件系统，因此建议大家最好不要选择它，本书只作简单介绍。

12.3.1　建立非标准文件

对非标准文件进行读写操作时，若该文件不存在，或虽然存在，但要对其内容进行重写，这时就应使用建立文件函数 creat() 建立新文件。

函数形式：int creat(char * str, int mode);

函数功能：按 mode 指定的文件操作方式，建立一个由 str 指定文件名的磁盘文件。若该文件已存在，则表示要重写，否则新建一个文件。

参数说明：

- 参数 1：str 是一个字符串，指出要建立的文件名称。
- 参数 2：mode 是整数，指示文件操作方式。可以有表 12-3 所示的操作方式。

表 12-3　非标准文件操作方式

操作方式符号	含　义
S_IWRITE	允许写
S_IREAD	允许读
S_IREAD|S_IWRITE	允许读写

函数返回值：当文件建立成功，该函数将返回一个文件号（又称文件句柄），以后就可用此文件号对文件进行读写了。否则该函数返回一个错误代码-1。

例如：fd=creat("a.dat", S_IWRITE);

作用：以"写"方式创建 a.dat 文件，若创建成功，将文件号赋给 fd，否则 fd 为-1。

12.3.2　非标准文件打开与关闭

1．打开文件函数

除了新建文件外，若要对已存在的文件进行读写，必须首先打开该文件。非标准文件的打开使用 open() 函数。

函数形式：int open(filename,mode);

函数功能：按 mode 指定方式打开 filename 指定的文件。filename 指定文件名，可以是字符串常量或变量；mode 是打开方式，可以用相应的符号常量或文件号。mode 有表 12-4 所示的几种打开方式。

表 12-4　mode 参数含义

符　号　常　量	代表的含义
O_RDONLY	以只读方式打开一个文件
O_WRONLY	以只写方式打开一个文件
符　号　常　量	代表的含义
O_RDWR	以读写方式打开一个文件
O_APPEND	以追加方式打开文件
O_CREAT	若文件不存在，则建立文件，否则无效
O_TRUNC	将存在的文件裁为 0
O_EXCL	与 O_CREAT 一起使用
O_BINARY	以二进制方式打开文件
O_TEXT	以字符方式打开文件

函数返回值：若打开成功，函数返回一个文件号，否则返回–1。

例如，fd=open("a.dat", O_WRONLY);表示以只写方式打开 a.dat 文件，若打开成功，将文件号赋给 fd，否则 fd 为–1。

ⓘ **注意**

> 在 open()函数中，这些代码符号还可以"或"起来的方式使用，例如：
> fd2=open("a.dat",O_CREAT|O_RDWR|O_BINARY);
> 表示以"二进制只读"方式打开 a.dat 文件。

另外，如同标准文件操作一样，在非标准文件操作时，系统同样会自动打开 5 个外部标准设备文件，并分别赋予不同的文件号，如表 12-5 所示。

表 12-5　标准设备文件及其文件号

标准设备文件	文 件 号
标准输入（键盘）	0
标准输出（显示器）	1
标准错误（显示器）	2
标准辅助（异步串行口）	3
标准打印（打印机）	4

☞**小提示**：函数 open()与函数 fopen()相似，都是打开文件。两者区别：open()是系统低级的内部函数调用，直接进入操作系统处理。fopen()是一个高级库函数，功能比 open()强。

2．关闭函数

非标准文件的关闭使用 close()函数。

函数形式：int close(fd);

函数功能：关闭由文件号 fd 指定的文件。close()会让数据写回磁盘，并释放该文件所占用的资源。其中，参数 fd 为先前由 open()打开的文件号。

函数返回值：若关闭文件成功返回 0，否则返回–1。

☞**小提示**：在进程结束时，系统会自动关闭已打开文件，但仍建议自行关闭文件。

12.3.3　非标准文件读写操作

1．读取数据函数

非标准文件的数据读取使用 read()函数。

函数形式：int read(fd,buf,size);

函数功能：从 fd 所代表的文件中读取 size 个字节的数据到 buf 缓冲区中。其中，buf 为存放读取数据的缓冲区，size 是从文件读取的字节数。fd 是使用 open()函数打开文件时返回的文件号。

返回值：读成功返回实际读入字节数。返回 0 文件结束，无读取数据。读失败返回–1。

例如，size1=read(fd,buf,5);表示从 fd 指定的文件中读取 5 个字节的数据存放到 buf 缓冲区，并将实际读取的字节数赋给 size1。

【例 12-7】使用 open()函数打开文件"myinfo.txt"，每次读取 10 字节，直到全部字节被读完为止，然后在屏幕上显示文件的长度。

问题分析：

求解目标：求文件长度并显示在屏幕。

约束条件：read(fd,buf,size)=0，文件能读取数据。

解决方法：循环读取文件中的 10 个字节，并累加每次实际读取到的字节数，直到文件结束。

算法设计：流程图描述如图 12-8 所示。变量设置如下：

　　fp：文件指针变量；

　　count：每次从文件中读取的字节数；

　　total：文件总字节数；

　　buf：字节数组。

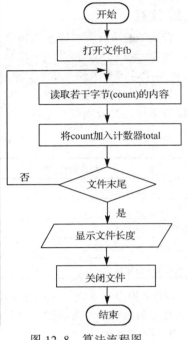

图 12-8　算法流程图

程序清单：

```
#include <stdio.h>
#include <stdlib.h>
#include <io.h>                  /* 非标准文件操作库文件 */
#include <fcntl.h>               /* 非标准文件操作库文件 */
int main()
{
    int fd,count,total=0;     /* count: 每次实际读取字节数，total: 总字节数 */
    char buf[10];             /* buf 缓冲区 */

    if((fd=open("myinfo.txt",O_RDONLY))==-1){    /* 打开文件 */
        printf("文件打开失败! ");
        exit(0);
    }

    /* 逐次读取文件数据并计数读取的字节数，直到文件结束 */
    while(!feof(fd)){
        if((count=read(fd,&buf,10))==-1){    /* 若读取错误，则中断运行*/
            printf("读取错误! ");
            exit(0);
        }
        total+=count;                        /* 累加每次实际读取的字节数 */
    }
```

```
    printf("文件长度为: %d 个字节\n",total );    /* 输出文件长度 */

    if(close(fd)){                                /* 关闭文件 */
        printf("关闭文件出错!\n");
        exit(0);
    }
    return 0;
}
```

☞小提示：使用 open()、read()和 write()函数前务必在程序开头添加#include <io.h>和 #include <fcntl.h>两个编译预处理命令。语句 count=read(fd,&buf,10)每次得到的 count 值不一定是 10，而是实际读取的字节数。

2. 写数据函数

非标准文件的数据写入使用 write()函数，它的形式如下：

```
int write(fd,buf,size);
```

函数功能：将内存中 buf 缓冲区中的 size 个字节写入 fd 所指定的文件中。其中，buf 为存放写入数据的缓冲区，size 是写入数据的字节数。fd 是使用 open()函数打开文件时返回的文件号。

返回值：写成功，返回实际写入文件中的字节数，写失败，返回值为-1。

例如，write(fd,buf,2);表示将 buf 缓冲区中 2 个字节的数据写入 fd 指定的文件中。

【例 12-8】用非标准文件操作函数实现文件复制功能。

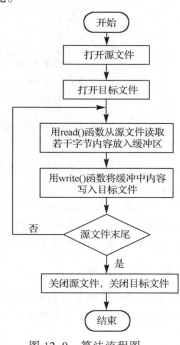

图 12-9　算法流程图

> **问题分析：**
>
> **求解目标：**用非标准文件操作函数实现文件复制功能。
>
> **约束条件：**read(fd,buf,size)=0，文件能读取数据。
>
> **解决方法：**循环从文件中读取若干字节内容并写入目标文件，直到源文件结束。
>
> **算法设计：**流程图描述如图 12-9 所示。变量设置如下：
> fd1,fd2：文件指针变量；
> filename1：源文件名称；
> filename2：目标文件名称；
> ch：字符变量。

程序清单：

```
#include <stdio.h>
#include <stdlib.h>
#include <io.h>              /* 非标准文件操作库文件 */
```

```
#include <fcntl.h>          /* 非标准文件操作库文件 */
#include <sys\stat.h>
int main()
{
    int fd1,fd2;                                    /* 定义文件号变量 */
    char ch,filename1[20],filename2[20];            /* 定义文件名字符数组 */

    /* 打开文件 */
    printf("\n输入源文件名: ");
    gets(filename1);
    if((fd1=open(filename1,O_RDONLY))==-1){          /* 二进制只读 */
        printf("源文件打开失败! ");
        exit(0);
    }
    printf("\n输入目标文件名:");
    gets(filename2);
    if((fd2=open(filename2,O_CREAT|O_RDWR|O_BINARY))==-1){/* 二进制读写 */
        printf("目标文件打开失败! ");
        exit(0);
    }

    /* 文件复制 */
    while(read(fd1,&ch,1)>0)
        write(fd2,&ch,1);

    /* 关闭文件 */
    if(close(fd1)){
        printf("关闭源文件出错!\n");
        exit(0);
    }
    if(close(fd2)){
        printf("关闭目标文件出错!\n");
        exit(0);
    }
    return 0;
}
```

☞小提示：执行 fd2=open(filename2, O_CREAT|O_RDWR|O_BINARY)，若目标文件不存在，则新建目标文件，否则以读写方式打开文件。使用 write() 函数时，若目标文件已有内容，则先将文件内容删除，然后写入新的内容。

12.3.4 模仿练习

练习 12-5：使用文件打开函数 open() 打开二进制文件 f1.dat，每次读取 4 字节，然后在屏幕上显示读取到的所有大写字母，直到文件结束。

12.4 文件综合程序设计

在第 10 章中，详细介绍了以结构体和链表作为主要数据结构，开发简易学生成绩管理系统的过程。在此基础上，借助文件长期保存数据，进一步完善学生成绩管理系统。

【例 12-9】在例 10-8 基础上，增加文件操作功能，开发简易学生成绩管理系统。

1. 问题分析

在例 9-8 问题分析基础上（可参见例 9-8 的问题分析部分），在功能分析的"其他"中增加文件管理功能，具体要求如下：

① 在启动系统时，自动加载文件中的全部学生数据到学生链表。

② 在退出系统时，自动将学生链表中的全部学生数据保存到文件。

2. 系统设计

在问题分析基础上，进行系统设计，包括数据结构设计和模块化设计两方面。数据结构设计同例 10-8 一样，采用结构体类型和单向链表；模块化设计与例 10-8 基本相同（可参见例 10-8 的系统设计部分），仅增加文件操作功能，需要增加 readFromFile() 和 saveToFile() 两个函数，其中，readFromFile() 函数加载文件中的全部学生数据到学生链表；saveToFile() 函数将学生链表中的全部学生数据保存到文件。文件操作函数如表 12-6 所示。修改后的函数调用关系图如图 12-10 所示。

表 12-6 文件操作函数

函 数 名	功 能	形参	返 回 值
readFromFile	从文件中读取学生数据到链表	无	int -1：读取文件失败； 大于 1：读取学生数目。
saveToFile	将学生链表结点数据写入文件，便于数据长久保存	无	无

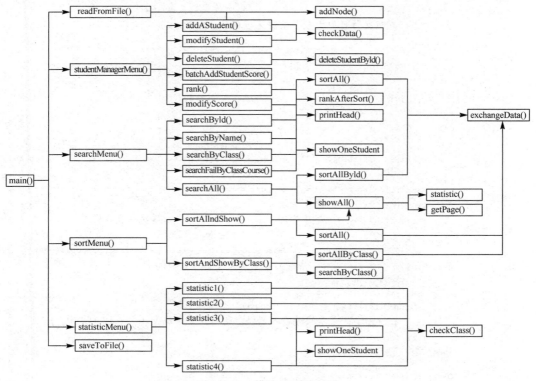

图 12-10 模块调用关系图

3．结构化编程

经过模块化设计后，每一个模块（函数）都可以独立编码。由于篇幅关系，只对每个一级功能挑选一个函数，列出规范代码。系统的程序代码可通过附录 D 提供的方式获取。

```c
#include "stdio.h"
#include "stdlib.h"
#include "string.h"
#include "student.h"            /* 链表操作: 函数原型声明 */
#include "fileOperate.h"        /* 文件操作: 函数原型声明 */
#include "tools.h"              /* 辅助工具: 函数原型声明 */
#include "studentManage.h"      /* 学生管理: 函数原型声明 */
#include "studentSearch.h"      /* 查询管理: 函数原型声明 */
#include "sort.h"               /* 排序管理: 函数原型声明 */
#include "statistic.h"          /* 统计管理: 函数原型声明 */

int maxId=0;                    /* 当前最大学生学号 */
int change=1;                   /* 修改标志 */
const char fileFullPath[40]="student.dat";  /* 学生数据文件 */
Student * head=NULL;            /* 学生链表头指针 */

/* 主函数 */
int main(void)
{
    int menuItem;

    peopleNumber=readFromFile();       /* 函数调用: 从文件中读取数据到链表 */

    if(peopleNumber==-1){              /* 文件读取失败 */
        printf("数据文件读取失败，无法运行程序。");
        return;
    }
    /* 主菜单: 一级菜单 */
    while(1)
    {
        do
        {
            fflush(stdin);  /* 清空键盘缓冲区 */
            printf("\n                主菜单\n");
            printf("===========================================\n");
            printf("|    1—学生管理                2—查询管理    |\n");
            printf("|    3—排序管理                4—统计管理    |\n");
            printf("|                  5—退出                   |\n");
            printf("===========================================\n");
            printf("       请输入菜单编号（1-5）: ");
            scanf("%d",&menuItem);

            if(menuItem<1||menuItem>5)
                printf("菜单编号输入错误，请输入菜单编号（1-5）: \n\n");
            else break;
        }while(1);

        switch(menuItem){
```

```
                case 1: studentManagerMenu();    break;
                case 2: searchMenu();            break;
                case 3: sortMenu();              break;
                case 4: statisticMenu();         break;
                case 5: saveToFile();printf("谢谢使用! \n\n");return 0;
            }
        }
}
/* 函数功能: 从文件中读取学生数据到链表 */
/* 返回值: 返回-1, 读取文件失败; 大于1, 读取学生数目 */
int readFromFile()
{
    FILE *fp;
    int nodeNumber=0;

    if((fp=fopen(fileFullPath,"rb"))==NULL){      /* 二进制文件读方式 */
        printf("无法打开数据文件! \n");
        return -1;
    }

    printf("正在从文件中读取学生数据到链表, 请稍候...... \n");
    do{
        Student * newStudent=(Student *)malloc(sizeof(Student));

        if(fread(newStudent,sizeof(Student),1,fp)==1) {/* 读取成功 */
            newStudent->next=NULL;   /* 新结点作为链尾结点 */
            if(maxId<newStudent->id)maxId=newStudent->id;

            //将新结点添加到链表尾部
            addNode(&head,newStudent);
            nodeNumber++;                    /* 读取结点数加 1 */
        }else{
            if(feof(fp)){                    /* 读取数据完毕 */
                fclose(fp);
                printf("读取结束, 共读取了%d 名学生数据! \n",nodeNumber);
                system("pause");
                system("cls");
                return nodeNumber;
            }
        }
    }while(1);
}

/* 函数功能: 将学生链表结点数据写入文件, 便于数据长久保存 */
void saveToFile()
{
    FILE *fp;
    int nodeNumber=0;
    Student *p=head;

    /* wb+方式: 若文件存在则清空文件内容; 若文件不存在, 则建立该文件夹 */
    if((fp=fopen(fileFullPath,"wb+"))==NULL){
```

```
        printf("无法打开数据文件！\n");
        return ;
    }

    printf("正在将链表中的数据保存到文件，请稍候......\n");
    while(p!=NULL){
        if(fwrite(p,sizeof(Student),1,fp)==1)
            nodeNumber++;
        else
            printf("学号:%d,姓名:%s 的数据保存文件失败\n",p->id,p->name);
        p=p->next;
    }

    fclose(fp);
    printf("保存结束，共保存了%d 名学生数据！\n",nodeNumber);
}
/* 函数功能：修改一名学生基本数据 */
void modifyStudent()
{
    int id;
    Student *p=head;

    /* 1.输入待修改的学生学号 */
    fflush(stdin);   /* 清空键盘缓冲区 */
    printf("请输入需要修改学生的学号: ");
    scanf("%d",&id);

    /* 2.查询学生并修改基本数据 */
    while(p!=NULL){
        if(p->id==id){
            //2.1输出改前的学生数据
            printf("修改前数据: %s,%s,%s,%s\n",
                        p->name,p->sex,p->specialty,p->classes);

            /* 2.2修改并检查数据，不合法则重新修改 */
            do{
                fflush(stdin);   /* 清空键盘缓冲区 */
                printf("添加学生提示: 姓名不空; 性别男或女; 专业不空; \n");
                printf("              班级不空\n");
                printf("请依次输入学生的姓名、性别、专业、班级: \n");
                scanf("%s%s%s%s",p->name,p->sex,p->specialty,
                                p->classes);
            }while(checkData(p)==0);

            /* 2.3显示修改成功信息及修改后的数据 */
            change=1;          /* 设置修改标志: 已修改 */
            printf("修改成功! \n");
            printf("修改后数据: %s,%s,%s,%s\n",
                        p->name,p->sex,p->specialty,p->classes);
            return;
        }
        p=p->next;
```

```
    }
    /* 3.若学生不存在，则显示无该生数据 */
    printf("不存在该学号! \n");
}

/* 函数功能: 显示一名员工的相关属性名(不相关的不显示)     */
/* 参数说明: category—学生类别                          */
void printHead(enum studentcategory category)
{
    printf("%10s%10s%6s%20s%20s","id","姓名","性别","专业","班级");
    printf("%6s%6s%6s%6s%8s%8s\n","高数","英语","C语言","总分",
                                  "班排名","校排名");
}

/* 函数功能: 显示一名员工的相关数据(不相关的不显示) */
/* 参数说明: nowStudent—待显示的学生指针           */
void showOneStudent(Student * nowStudent)
{
    printf("%10d%10s%6s%20s%20s",nowStudent->id,nowStudent->name,
        nowStudent->sex,nowStudent->specialty,nowStudent->classes);
    printf("%6d%6d%6d%6d%8d%8d\n",nowStudent->math,
        nowStudent->english,nowStudent->cLanguage,
        nowStudent->totalScore,nowStudent->classRank,
        nowStudent->schoolRank);
}

/* 函数功能: 分页显示指定页学生数据 */
/* 参数说明: head: 链表头指针, page: 指定页号, pageSize: 每页最大学生数 */
void getPage(Student *head,int page,int pageSize)
{
    int nowI=0;                           /* 行号计数器: 初值为 0 */
    int start=(page-1)*pageSize+1;        /* 页行号下限: 开始行   */
    int end=start+pageSize-1;             /* 页行号上限: 结束行   */
    Student *p=head;

    printHead();                          /* 函数调用: 输出表头   */
    while(p!=NULL){
        nowI++;                           /* 行号计数器加 1       */

        if(nowI>=start && nowI<=end)      /* 显示本页学生         */
            showOneStudent(p);            /* 函数调用: 输出表体   */
        else if(nowI>end)
            break;                        /* 本页结束             */

        p=p->next;
    }
}

/* 函数功能: 分页显示指定页学生数据 */
/*           每页显示 PAGESIZE 条学生数据，有上页、下页、首页和尾页的功能*/
void showAll()
{
    int menuItem;
```

```c
int page=1;              /* 当前页: 初始为 1 */
int totalPage;           /* 总页数 */
int error;               /* 菜单编号输入错误标志: 0—正确, 1—错误 */

/* 1.按类别统计全体学生最低总分、最高总分、平均总分、总学生数 */
statistic();             /* 统计函数调用 */

/* 2.若无相应类别学生数据, 则返回 */
if(peopleNumber==0){
    printf("无相应类别的学生数据! ");
    return;
}

/* 3.计算总页数 */
if(peopleNumber%PAGESIZE==0){
    totalPage=peopleNumber/PAGESIZE;
}else{
    totalPage=peopleNumber/PAGESIZE+1;   /* 最后一页不满 */
}

/* 4.分页显示: 多分支处理 */
while(1){
    fflush(stdin);              /* 清空键盘缓冲区 */
    if(peopleNumber==0){        /* 无数据          */
        printf("当前无任何学生数据! \n");
        break;
    }
    printf("\n当前第%d页, 总共%d页\n",page,totalPage);
    printf("--------------------------------------------");
    printf("---------------------------------------\n");
    getPage(head,page,PAGESIZE);
    printf("--------------------------------------------");
    printf("---------------------------------------\n");
    if(page==1 && totalPage==1){     /* 当前页是第 1 页, 且只有 1 页 */
        break;
    }else if(page==1){               /* 当前是第 1 页, 有多页 */
        printf("分页菜单: 3—下页  4—尾页  5—返回\n");
        printf("请输入菜单编号 (3-5): ");
        do{
            fflush(stdin);   /* 清空键盘缓冲区 */
            scanf("%d",&menuItem);
            switch(menuItem){
                case 3:page++;error=0;break;
                case 4:page=totalPage;error=0;break;
                case 5:return;
                default:error=1;
                        printf("菜单编号输错, 请重输菜单编号 (3-5): ");
                        break;
            }
        }while(error);
    }else if(page==totalPage){       /* 当前页是最后一页, 有多页数据 */
        printf("分页菜单: 1—首页  2—上页  5—返回\n");
```

```
                printf("请输入菜单编号（1、2、5）: ");
                do{
                        fflush(stdin);   /* 清空键盘缓冲区 */
                        scanf("%d",&menuItem);
                        switch(menuItem){
                                case 1:page=1;error=0;break;
                                case 2:page--;error=0;break;
                                case 5:return;
                                default:error=1;
                                        printf("菜单编号输错，请重输菜单编号（3-5）: ");
                                        break;
                        }
                }while(error);
        }else{                             /* 当前不是首页和尾页，有多页数据 */
                printf("分页菜单: 1—首页  2—上页  3—下页  4—尾页  5—返回\n");
                printf("请输入菜单编号（1-5）: ");
                do{
                        fflush(stdin);   /* 清空键盘缓冲区 */
                        scanf("%d",&menuItem);
                        switch(menuItem){
                                case 1: page=1;error=0;break;
                                case 2: page--;error=0;break;
                                case 3: page++;error=0;break;
                                case 4: page=totalPage;break;
                                case 5: return;
                                default:error=1;
                                        printf("菜单编号输错，请重输菜单编号（3-5）: ");
                                        break;
                        }
                }while(error);
        }
    }
}

/* 函数功能: 统计某班级某课程的平均成绩、最高成绩、最低成绩  */
/*           如果学生该门课没有成绩，统计平均成绩时忽略该生。*/
void statistic1()
{
    char classes[10];           /* 班级 */
    int course;                 /* 课程: 1—高数，2—英语，3—C语言 */
    int find;                   /* 查找标志: 0—失败，1—成功 */
    Student *p;

    /* 1.定义统计变量并初始化 */
    int peopleNumber=0;         /* 总学生数 */
    int sumScore=0;             /* 课程总分 */
    int minScore=100;           /* 课程最低分 */
    int maxScore=0;             /* 课程最高分 */

    /* 2.函数调用: 输入课程代号，判断课程代号的一致性?        */
    /*  返 回 值: 返回1—一致且查找成功，返回0—不一致        */
```

```
/*   参数返回: classes—返回班级, course—返回课程代号 */
find=checkClass(classes,&course);

/*  3.判断是否有该班级的数据存在 */
if(find==0){
    printf("没有该班级的任何数据! \n");
    return;                  /* 返回 */
}

/*  4.统计某班级某课程的平均成绩、最高成绩、最低成绩 */
p=head;
while(p!=NULL){
    if(strcmp(p->classes,classes)==0){
        switch(course){
            case 1: /* 高数 */
                if(p->math!=-1){
                    peopleNumber++;              /* 总学生数 */
                    sumScore+=p->math;            /* 数学总和 */
                    if(maxScore<p->math)
                        maxScore=p->math;         /* 高数最高分 */
                    if(minScore>p->math)
                        minScore=p->math;         /* 高数最低分 */
                }
                break;
            case 2: /* 英语 */
                if(p->english!=-1){
                    peopleNumber++;              /* 总学生数 */
                    sumScore+=p->english;         /* 英语总和 */
                    if(maxScore<p->english)
                        maxScore=p->english;      /* 英语最高分 */
                    if(minScore>p->english)
                        minScore=p->english;      /* 英语最低分 */
                }
                break;
            case 3: /* C 语言 */
                if(p->cLanguage!=-1){
                    peopleNumber++;              /* 总学生数 */
                    sumScore+=p->cLanguage;       /* C 语言总和 */
                    if(maxScore<p->cLanguage)
                        maxScore=p->cLanguage;    /* C 语言最高分 */
                    if(minScore>p->cLanguage)
                        minScore=p->cLanguage;    /* C 语言最低分 */
                }
                break;
            default:
                printf("课程代号输入错误! \n");
                break;
        }
    }
    p=p->next;
}
```

```
//5.输出统计结果
printf("\n 统计结果—班级: %s，课程: ",classes);
switch(course){
    case 1:printf("高数\n");break;
    case 2:printf("英语\n");break;
    case 3:printf("C 语言\n");break;
}
printf("平均分: %6d\n",sumScore/peopleNumber);
printf("最低分: %6d\n",minScore);
printf("最高分: %6d\n",maxScore);
}

/* 函数功能: 交换 p、q 所指的两名结点的值，但不交换 p 和 q */
/* 参数说明: p—指向链表结点的指针,q—指向链表结点的指针 */
void exchangeData(Student * p,Student * q)
{
    Student temp,*pNext,*qNext;

    /* 记录交换之前结点的指针域 */
    pNext=p->next;
    qNext=q->next;

    /* 交换结点的数据域与指针域 */
    temp=*p;
    *p=*q;
    *q=temp;

    /* 恢复指针域（不改变链表结点顺序） */
    p->next=pNext;
    q->next=qNext;
}

/* 函数功能: 某班级学生数据按总成绩从高到低排序，使用选择排序算法 */
/* 参数说明: classes—班级 */
void sortAllByClass(char *classes)
{
    Student *p,*q,*big;

    /* 选择排序 */
    for(p=head;p!=NULL;p=p->next){
        /* 1 找到下一名该班级学生 */
        while(p!=NULL&&strcmp(p->classes,classes)!=0)
            p=p->next;

        /* 2 若没找到该班级学生，则排序完毕 */
        if(p==NULL) break;

        /* 3 从 p 结点开始，找同班级中最高总成绩结点 */
        big=p;
        for(q=p->next;q!=NULL;q=q->next){
            /* 3.1 找到下一名同班级学生 */
            while(q!=NULL && strcmp(q->classes,classes)!=0)
                q=q->next;
```

```
        /* 3.2 若没有找到同班级学生，则结束本次比较 */
        if(q==NULL) break;

        /* 3.3 比较总成绩，标记大者 */
        if(q->totalScore>big->totalScore)big=q;
    }
    /* 4 交换p和big位置的结点内容 */
    exchangeData(p,big);
    }
}
```

习　题

一、选择题

1. 以下叙述中错误的是_____。
    A. C 语言中对二进制文件的访问速度比文本文件快
    B. C 语言中，随机文件以二进制代码形式存储数据
    C. 语句 FILE fp;定义了一个名为 fp 的文件指针
    D. C 语言中的文本文件以 ASCII 码形式存储数据
2. 若 fp 已正确定义并指向某个文件，当未遇到该文件结束标志时函数 feof(fp)的值为_____。
    A. 0   B. 1   C. -1   D. 一个非 0 值
3. 下列关于 C 语言数据文件的叙述中正确的是_____。
    A. 文件由 ASCII 码字符序列组成，C 语言只能读写文本文件
    B. 文件由二进制数据序列组成，C 语言只能读写二进制文件
    C. 文件由记录序列组成，可按数据的存放形式分为二进制文件和文本文件
    D. 文件由数据流形式组成，可按数据的存放形式分为二进制文件和文本文件
4. 以下叙述中不正确的是_____。
    A. C 语言中的文本文件以 ASCII 码形式存储数据
    B. C 语言中对二进制文件的访问速度比文本文件快
    C. C 语言中，随机读写方式不适用于文本文件
    D. C 语言中，顺序读写方式不适用于二进制文件
5. 以下叙述中错误的是_____。
    A. 二进制文件打开后可以先读文件的末尾，而顺序文件不可以
    B. 在程序结束时，应当用 fclose()函数关闭已打开的文件
    C. 在利用 fread()函数从二进制文件中读数据时，可以用数组名给数组中所有元素读入数据
    D. 不可以用 FILE 定义指向二进制文件的文件指针
6. 若 fp 是指向某文件的指针，且已读到文件末尾，则库函数 feof(fp)的返回值是_____。
    A. EOF   B. -1   C. 非零值   D. NULL
7. 在 C 程序中，可把整型数以二进制形式存放到文件中的函数是_____。

A. fprintf()函数　　　B. fread()函数　　　C. fwrite()函数　　D. fputc()函数

8. 标准函数 fgets(s, n, f)的功能是_____。

   A. 从文件 f 中读取长度为 n 的字符串存入指针 s 所指的内存

   B. 从文件 f 中读取长度不超过 n-1 的字符串存入指针 s 所指的内存

   C. 从文件 f 中读取 n 个字符串存入指针 s 所指的内存

   D. 从文件 f 中读取长度为 n-1 的字符串存入指针 s 所指的内存

9. 要打开 A 盘上 user 子目录下 abc.txt 文本文件进行读、写操作，符合要求的函数调用是_____。

   A. fopen("A:\user\abc.txt","r")　　　B. fopen("A:\\user\\abc.txt","r+")

   C. fopen("A:\user\abc.txt","rb")　　　C. fopen("A:\\user\\abc.txt","w")

10. 下列程序的运行结果是_____。

```c
#include <stdio.h>
int main()
{
    FILE *fp;
    int i,k,n;

    fp=fopen("data.dat","w+");
    for(i=1;i<6;i++){
        fprintf(fp,"%d ",i);
        if(i%3==0)fprintf(fp,"\n");
    }

    rewind(fp);
    fscanf(fp,"%d%d",&k,&n);
    printf("%d %d\n",k,n);

    fclose(fp);
    return 0;
}
```

  A. 0　0　　　　B. 123　45　　　C. 1　4　　　D. 1　2

11. 以下与函数 fseek(fp,0L,SEEK_SET)有相同作用的是_____。

  A. feof(fp)　　　B. ftell(fp)　　　C. fgetc(fp)　　　D. rewind(fp)

12. 下列程序运行后，文件 t1.dat 中的内容是_____。

```c
#include "stdio.h"
void WriteStr(char *fn,char *str){
    FILE *fp;

    fp=fopen(fn,"W");
    fputs(str,fp);
    fclose(fp);
}
int main()
{
    WriteStr("t1.dat","start");
    WriteStr("t1.dat","end");
    return 0;
}
```

A．start   B．end   C．startend   D．endrt

13．若文本文件 f1.txt 中原有内容为 good，则运行如下程序后文件 f1.txt 中的内容为_____。

```c
#include <stdio.h>
int main()
{
    FILE *fp1;
    fp1=fopen("f1.txt","w");
    fprintf(fp1,"abc");
    fclose(fp1);
    return 0;
}
```

A．goodabc   B．abcd   C．abc   D．abcgood

14．以下程序的运行结果是_____。

```c
#include <stdio.h>
int main()
{
    FILE *fp;
    int i,k=0,n=0;
    fp=fopen("d1.dat","w");
    for(i=1;i<4;i++)
        fprintf(fp,"%d",i);
    fclose(fp);
    fp=fopen("d1.dat","r");
    fscanf(fp,"%d%d",&k,&n);
    printf("%d %d\n",k,n);
    fclose(fp);
    return 0;
}
```

A．1 2   B．123 0   C．1 23   D．0 0

15．以下程序的运行结果是_____。

```c
#include <stdio.h>
int main()
{
    FILE *fp;
    int i,a[4]={1,2,3,4},b;
    fp=fopen("data.dat","wb");
    for(i=0;i<4;i++) fwrite(&a[i],sizeof(int),1,fp);
    fclose(fp);
    fp=fopen("data.dat","rb");
    fseek(fp,-2L*sizeof(int),SEEK_END);
    /* 文件位置指针定位 */
    fread(&b,sizeof(int),1,fp);/* 从文件读取 sizeof(int)字节数据到变量 b */
    fclose(fp);
    printf("%d\n",b) ;
    return 0;
}
```

A. 2　　　　　　　　　　B. 1　　　　　　　　　　C. 4　　　　　　　　　　D. 3

16. 以下程序企图把从终端输入的字符输出到名为 abc.txt 的文件中，直到从终端读入字符#号时结束输入和输出操作，但程序有错。程序出错的原因是_____。

```c
#include <stdio.h>
int main()
{
    FILE *fout;
    char ch;

    fout=fopen('abc.txt','w');
    ch=fgetc(stdin);
    while(ch!='#'){
        fputc(ch,fout);
        ch=fgetc(stdin);
    }

    fclose(fout);
    return 0;
}
```

A. 函数 fopen()调用形式错误　　　　　B. 输入文件没有关闭

C. 函数 fgetc()调用形式错误　　　　　D. 文件指针 stdin 没有定义

17. 以下程序的运行结果是_____。

```c
#include <stdio.h>
int main()
{
    FILE *fp;
    int i=20,j=30,k,n;

    fp=fopen("d1.dat","w");
    fprintf(fp,"%d\n",i);fprintf(fp,"%d\n",j);
    fclose(fp);
    fp=fopen("d1.dat","r");
    fp=fscanf(fp,"%d%d",&k,&n);printf("%d%d\n",k,n);
    fclose(fp);
    return 0;
}
```

A. 20　30　　　　B. 20　50　　　　C. 30　50　　　　D. 30　20

18. 下面程序执行后，文件 test 中的内容是_____。

```c
#include <stdio.h>
void fun(char*fname,char*st)
{
    FILE * myf;
    int i;

    myf=fopen(fname,"w");
    for(i=0;i<strlen(st);i++) fputc(st[i],myf);
    fclose(myf);
}
int main()
{
```

```
    fun("test","new world");
    fun("test","hello,");
    return 0;
}
```

   A. hello,   B. new worldhello,   C. new world   D. hello, rld

二、填空题

1. 打开文件使用＿＿＿＿＿＿函数，关闭文件使用＿＿＿＿＿＿函数。

2. 在利用 fopen()函数打开文件时，有两个参数：参数 1 是＿＿＿＿＿＿，参数 2 是＿＿＿＿＿＿。

3. 缓冲文件系统与非缓冲系统文件的区别是＿＿＿＿＿＿。

4. 只能向指定文件写入一个字符的函数是＿＿＿＿＿＿。

5. 判断文件指针是否已经到了文件尾部的函数是＿＿＿＿＿＿。

6. 以下程序中用户由键盘输入一个文件名，然后输入一串字符（用#结束输入）存放到此文件中形成文本文件，并将字符的个数写到文件尾部。请填空。

```
#include <stdio.h>
int main()
{
    FILE *fp;
    char ch,fname[32];
    int count=0;

    printf("Input the filename : ");
    scanf("%s", fname);
    if((fp=fopen(____①____, "w+"))==NULL){
        printf("Can't open file: %s \n", fname);
        exit(0);
    }
    printf("Enter data: \n");
    while((ch=getchar())!="#"){
        fputc(ch,fp);
        count++;
    }
    fprintf(____②____,"\n%d\n",count);
    fclose(fp);
    return 0;
}
```

7. 以下程序的功能是：从键盘上输入一个字符串，把该字符串中的小写字母转换为大写字母，输出到文件 test.txt 中，然后从该文件读出字符串并显示出来。请填空。

```
#include <stdio.h>
int main()
{
    FILE *fp;
    char str[100];
    int i=0;

    if((fp=fopen("text.txt", ____①____))==NULL){
        printf("can't open this file.\n");
        exit(0);
    }
```

```
    printf("input a string:\n");
    gets(str);
    while(str[i]){
        if(str[i]>='a'&&str[i]<='z')
            str[i]=_____②_____;
        fputc(str[i],fp);
        i++;
    }
    fclose(fp);
    fp=fopen("test.txt",_____③_____);
    fgets(str,100,fp);
    printf("%s\n",str);
    fclose(fp);
    return 0;
}
```

三、程序设计题

1. 编写程序，能统计一个文本文件中字母、数字及其他字符的个数。

2. 编写程序，能将文本文件中所有包含字符串 printf 的行输出。

3. 编写程序，能比较两个文本文件的内容是否相同，如果不同，则输出两个文件首次出现不同内容的行和字符。

4. 在文本文件 in.txt 中包含若干整数，请把该文件中所有数据相加，并把累加和写入到文本文件 out.txt。试编写相应程序。

5. 创建一个随机文件，用来存储银行账户和余额，程序要求能够查询某个账户的余额，当客户发生交易时（正表示存款，负表示取款）能够更新余额。账户信息包括账号、户名和余额 3 个数据项。文件部分内容如下：

账号	户名	余额
0001	肖敏	1000
0002	李敏	2000
0003	张敏	3000

附录 A　常用字符与 ASCII 码对照表

十进制	十六进制	图形	十进制	十六进制	图形	十进制	十六进制	图形
32	20	（空格）(□)	64	40	@	96	60	`
33	21	!	65	41	A	97	61	a
34	22	"	66	42	B	98	62	b
35	23	#	67	43	C	99	63	c
36	24	$	68	44	D	100	64	d
37	25	%	69	45	E	101	65	e
38	26	&	70	46	F	102	66	f
39	27	'	71	47	G	103	67	g
40	28	(	72	48	H	104	68	h
41	29	)	73	49	I	105	69	i
42	2A	*	74	4A	J	106	6A	j
43	2B	+	75	4B	K	107	6B	k
44	2C	,	76	4C	L	108	6C	l
45	2D	–	77	4D	M	109	6D	m
46	2E	.	78	4E	N	110	6E	n
47	2F	/	79	4F	O	111	6F	o
48	30	0	80	50	P	112	70	p
49	31	1	81	51	Q	113	71	q
50	32	2	82	52	R	114	72	r
51	33	3	83	53	S	115	73	s
52	34	4	84	54	T	116	74	t
53	35	5	85	55	U	117	75	u
54	36	6	86	56	V	118	76	v
55	37	7	87	57	W	119	77	w
56	38	8	88	58	X	120	78	x
57	39	9	89	59	Y	121	79	y
58	3A	:	90	5A	Z	122	7A	z
59	3B	;	91	5B	[	123	7B	{
60	3C	<	92	5C	\	124	7C		
61	3D	=	93	5D	]	125	7D	}
62	3E	>	94	5E	^	126	7E	~
63	3F	?	95	5F	_	127	7F	DEL

附录 B　C 库 函 数

本附录分类列出 ANSI C 的常用标准库函数，供读者编程时速查。

1. 数学函数（math.h）

- double exp(double x)：自然数的指数 e^x。
- double log(double x)：自然对数 lnx。
- double log10(double x)：十为底的对数 $\log_{10}x$。
- double pow(double x, double y)：传回参数 x 为底，参数 y 的次方值 x^y。
- double sqrt(double x)：参数 x 的平方根。
- double ceil(double x)：传回大于或等于参数 x 的最小 double 整数。
- double floor(double x)：传回小于或等于参数 x 的最大 double 整数。
- double fabs(double x)：传回参数 x 的绝对值。
- double sin(double x)：正弦函数。
- double cos(double x)：余弦函数。
- double tan(double x)：正切函数。
- double asin(double x)：反正弦函数。
- double acos(double x)：反余弦函数。
- double atan(double x)：反正切函数。
- double atan2(double y, double x)：参数 y/x 的反正切函数值。
- double sinh(double x)：hyperbolic 正弦函数，sinh(x)=(ex−e(−x))/2。
- double cosh(double x)：hyperbolic 余弦函数，cosh(x)=(ex+e(−x))/2。
- double tanh(double x)：hyperbolic 正切函数，tanh(x)=(ex−e(−x))/(e2+e(−x))。

2. 字符函数与字符串函数（string.h）

- char* strcpy(char* s,const char* ct)：将字符串 ct 复制到字符串 s.(String Copy)。
- char* strncpy(char* s,const char* ct,int n)：将字符串 ct 前 n 个字符复制到字符串 s。
- char* strcat(char* s,const char* ct)：将字符串 ct 连接到字符串 s 之后(String Catanation)。
- char* strncat(char* s,const char* ct,int n)：连接字符串 ct 前 n 个字符到字符串 s。
- int strcmp(const char* cs,const char* ct)：比较字符串 cs 和 ct。
- int strncmp(const char* cs,const char* ct, int n)：比较字符串 cs 和 ct 的前 n 个字符。
- char* strchr(const char* cs,int c)：传回字符 c 第一次出现在字符串 cs 位置的指针。
- char* strrchr(const char* cs,int c)：传回字符 c 后第一次出现在字符串 cs 位置的指针。
- char* strpbrk(const char* cs,const char* ct)：传回字符串 ct 任何字符在字符串 cs 第一次出现的位置指针。
- char* strstr(const char* cs, const char* ct)：传回字符串 ct 在字符串 cs 第一次出现的位置指针。
- size_t strlen(const char* cs)：传回字符串 cs 的长度。
- char* strerror(int n)：传回指定错误代码的说明文字内容。
- char* strtok(char* s, const char* t)：以字符串 t 的任何字符为分隔字符，找寻字符串 s 中下一个 token 记号。
- void* memcpy(void* s,const void* ct,int n)：从位置 ct 复制 n 个字符到位置 s，传回 s。

- void* memmove(void* s,const void* ct,int n)：从位置 ct 搬移 n 个字符到位置 s，传回 s。
- int memcmp(const void* cs,const void* ct, int n)：比较位置 ct 和位置 cs 的前 n 个字符。
- void* memchr(const void* cs,int c, int n)：传回 cs 位置开始前 n 个字符第一次出现字符 c 的位置指针。
- void* memset(void* s,int c, int n)：取代 cs 位置开始前 n 个字符成为字符 c，传回位置指针 s。

3. 输入/输出函数（stdio.h）

- FILE* fopen(const char* filename, const char* mode)：使用 mode 模式打开参数 filename 的文件，传回文件串流，失败传回 NULL。
- FILE* freopen(const char* filename, const char* mode, FILE* stream)：关闭文件后重新打开文件。
- int fflush(FILE* stream)：清除缓冲区的内容，成功传回 0，失败传回 EOF。
- int fclose(FILE* stream)：关闭文件。
- int remove(const char* filename)：删除参数的文件，失败传回非零值。
- int rename(const char* oldname, const char* newname)：将文件名称 oldname 改为 newname，失败传回非零值。
- FILE* tmpfile()：建立"wb+"模式的暂存文件，当结束程式后就会关闭且删除此文件。
- char* tmpname(char s[L_tmpnam])：指定暂存文件的名称为 s。
- int setvbuf(FILE* stream, char* buf, int mode, size_t size)：指定串流暂存区尺寸 size，使 mode 参数值_IOFBF 为完整暂存区，_IOLBF 是线性暂存区或_IONBF 没有暂存区。
- void setbuf(FILE* stream, char* buf)：指定串流的暂存区为参数 buf。
- int fprintf(FILE* stream, const char* format, ...)：将格式化字串写入文件串流。
- int printf(const char* format, ...)：在标准输出显示格式化字串。
- int sprintf(char* s, const char* format, ...)：将格式化字串输出到字串 s。
- int fscanf(FILE* stream, const char* format, ...)：从文件串流读取指定格式的资料。
- int scanf(const char* format, ...)：从标准输入读取指定格式的资料。
- int sscanf(char* s, const char* format, ...)：从字串 s 读取指定格式的资料。
- int fgetc(FILE* stream)：从文件串流读取一个字元。
- char* fgets(char* s, int n, FILE* stream)：从文件串流读取一个字串。
- int fputc(int c, FILE* stream)：写入一个字元到文件。
- char* fputs(const char* s, FILE* stream)：写入一个字串到文件。
- int getc(FILE* stream)：从文件串流读取一个字元。
- int getchar(void)：从标准输入读取一个字元。
- char* gets(char* s)：从标准输入读取一个字串。
- int putc(int c, FILE* stream)：写入一个字元到文件。
- int putchar(int c)：在标准输出显示一个字元。
- int puts(const char* s)：在标准输出显示一个字串。
- int ungetc(int c, FILE* stream)：将一个字元放回文件串流。
- size_t fread(void* ptr, size_t size, size_t nobj, FILE* stream)：从文件读取指定大小的数据。
- size_t fwrite(const void* ptr, size_t size, size_t nobj, FILE* stream)：将指定大小的数据写入文件。

- int fseek(FILE* stream, long offset, int origin)：移动文件指针到 offset 位移量，其方向是 origin 参数值 SEEK_SET 的文件开头，SEEK_CUR 是目前位置或 SEEK_END 文件尾。
- long ftell(FILE* stream)：目前文件指针的位置。
- void rewind(FILE* stream)：重设文件指针到文件头。
- int feof(FILE* stream)：是否到达文件尾。
- int ferror(FILE* stream)：是否文件串流产生错误。

4．字符判别函数（ctype.h）

- int isalnum(int c)：isalpha(c)或 isdigit(c)的字符。
- int isalpha(int c)：isupper(c)或 islower(c)的字符。
- int iscntrl(int c)：是否是 ASCII 控制字符。
- int isdigit(int c)：是否是数字。
- int isgraph(int c)：是否是显示字符，不含空白字符。
- int islower(int c)：是否是小写字符。
- int isprint(int c)：是否是显示字符 0x20 (' ') ~ 0x7E (' ~ ')。
- int ispunct(int c)：是否是显示字符，不包含空白、字母、数字字符。
- int isspace(int c)：是否是空白字符。
- int isupper(int c)：是否是大写字符。
- int isxdigit(int c)：是否是十六进制字符。
- int tolower(int c)：转换成小写字符。
- int toupper(int c)：转换成大写字符。

5．数值转换函数（stdlib.h）

- int abs(int n),long labs(long n)：传回整数 n 的绝对值。
- double atof(const char* s)：将参数字串 s 转换成浮点数，如果字串不能转换传回 0.0。
- int atoi(const char* s)：将参数字串 s 转换成整数，若字串不能转换传回 0.(Char to integer)。
- int itoa()：将整数转换成参数字串 s.(Integer to Char)。
- long atol(const char* s)：将参数字串 s 转换成长整数，如果字串不能转换传回 0。
- int rand(void)：传回随机数的整数值，其值的范围是 0 ~ RAND_MAX 的常数，其值为 0x7FFF。
- void srand(unsigned int seed)：指定随机数的种子数，参数是无符号整数，如果没有指定，则预设的种子数为 1。

6．动态内存分配函数（stdlib.h）

- void* calloc(size_t nobj, size_t size)：传回一块参数 nobj 阵列大小的内存单元地址，nobj 元素大小为 size，初值为 0，错误传回 NULL。
- void* malloc(size_t size)：传回大小 size 的内存单元地址，没有指定初值，错误传回 NULL。
- void* realloc(void* p, size_t size)：将指针 p 所指内存单元改为 size 大小，不会更改原内存单元的值，多配置部分初值为 0，错误传回 NULL。
- void free(void* p)：释放参数 p 指针所指的内存单元。

7．过程控制函数（process.h）

- void exit(int status)：程式以正常方式结束，传回系统环境状态值，0 表示正常结束。

附录 C　常见错误分析

1. fatal error C1010: unexpected end of file while looking for precompiled header directive：寻找预编译头文件路径时遇到了不该遇到的文件尾（一般是没有#include "stdafx.h"）。

2. fatal error C1083: Cannot open include file: 'R……h': No such file or directory：不能打开包含文件 "R……h"：没有这样的文件或目录。

3. error C2011: 'C……': 'class' type redefinition：类 "C……" 重定义。

4. error C2018: unknown character '0xa3'：不认识的字符'0xa3'（一般是汉字或中文标点符号）。

5. error C2057: expected constant expression：希望是常量表达式（一般出现在 switch 语句的 case 分支中）。

6. error C2065: 'IDD_MYDIALOG' : undeclared identifier"IDD_MYDIALOG"：未声明过的标识符。

7. error C2082: redefinition of formal parameter 'bReset'：函数参数 "bReset" 在函数体中重定义。

8. error C2143: syntax error: missing ':' before '{'：句法错误："{" 前缺少 ";"。

9. error C2146: syntax error : missing ';' before identifier 'dc'：句法错误：在 "dc" 前丢了 ";"。

10. error C2196: case value '69' already used：值 69 已经用过（一般出现在 switch 语句的 case 分支中）。

11. error C2509: 'OnTimer' : member function not declared in 'CHelloView'：成员函数 OnTimer 没有在 CHelloView 中声明。

12. error C2511: 'reset': overloaded member function 'void (int)' not found in 'B'：重载的函数 void reset(int)在类 B 中找不到。

13. error C2555: 'B::f1': overridingvirtual function differs from 'A::f1' only by return type or calling convention：类 B 对类 A 中同名函数 f1()的重载仅根据返回值或调用约定上的区别。

14. error C2660: 'SetTimer' : function does not take 2 parameters：SetTimer：函数不传递两个参数。

15. warning C4035: 'f……': no return value："f……"的 return 语句没有返回值。

16. warning C4553: '= =' : operator has no effect; did you intend '='?：没有效果的运算符= =；是否改为=?

17. warning C4700: local variable 'bReset' used without having been initialized：局部变量 bReset 没有初始化就使用。

18. error C4716: 'CMyApp::InitInstance' : must return a value：CMyApp::InitInstance()函数必须返回一个值。

19. LINK : fatal error LNK1168: cannot open Debug/P1.exe for writing：连接错误：不能打开 P1.exe 文件，以改写内容（一般是 P1.Exe 还在运行，未关闭）。

20. error LNK2001: unresolved external symbol"public:virtual _ _thiscall ……::~C……(void)"：连接时发现没有实现的外部符号（变量、函数等）。function call missing argument list 调用函数时没有给参数。member function definition looks like a ctor, but name does not match enclosing

5

5

class 成员函数声明了但没有使用 unexpected end of file while looking for precompiled header directive 在寻找预编译头文件时文件意外结束，编译不正常终止可能造成这种情况。

21．Ambiguous operators need parentheses：不明确的运算需要用括号括起。

22．Argument # missing name：参数#名丢失。

23．Argument list syntax error：参数表语法错误。

24．Array bounds missing：丢失数组界限符。

25．Bad character in paramenters：参数中有不适当的字符。

26．Bad file name format in include directive：包含命令中文件名格式不正确。

27．Call of non-function：调用未定义的函数。

28．Call to function with no prototype：调用函数时没有函数的说明。

29．Cannot modify a const object：不允许修改常量对象。

30．Case outside of switch：case 出现在 switch 外。

31．Case statement missing：case 语句漏掉。

32．Case syntax error：case 语法错误。

33．Character constant too long：字符常量太长。

34．Compound statement missing{：分程序漏掉{。

35．Conflicting type modifiers：不明确的类型说明符。

36．Constant expression required：要求常量表达式。

37．Declaration missing ;：说明缺少;。

38．Declaration needs type or storage class：说明必须给出类型或存储类。

39．Declaration syntax error：说明中出现语法错误。

40．Default outside of switch：Default 出现在 switch 语句之外。

41．Define directive needs an identifier：编译预处理指令 Define 需要标识符。

42．Division by zero：用零作除数。

43．Do statement must have while：do...while 语句中缺少 while 部分。

44．Do while statement missing (：do...while 语句中漏掉了左括号。

45．Do while statement missing ;：do...while 语句中掉了分号。

46．Duplicate Case：case 情况不唯一。

47．Enum syntax error：枚举类型语法错误。

48．Enumeration constant syntax error：枚举常数语法错误。

49．Error directive :xxx：错误的编译预处理命令。

50．Error writing output file：写输出文件错误。

51．Expression syntax error：表达式语法错误。

52．Extra parameter in call：调用时出现多余参数。

53．Extra parameter in call to xxxxxx：调用 xxxxxx 函数时出现了多余参数。

54．For statement missing)：for 语句缺少右括号。

55．For statement missing(：for 语句缺少左括号。

56．For statement missing;：for 语句缺少分号。

57．Function call missing)：函数调用缺少右括号。

58．Function definition out of place：函数定义位置错误。

59．Function should return a value：函数必需返回一个值。

60. Goto statement missing label：goto 语句没有标号。

61. If statement missing(：if 语句缺少左括号。

62. If statement missing)：if 语句缺少右括号。

63. Illegal character "x"：非法字符 x。

64. Illegal initialization：非法的初始化。

65. Illegal octal digit：非法的八进制数字。

66. Illegal pointer subtraction：非法的指针相减。

67. Illegal structure operation：非法的结构体操作。

68. Illegal use of floating point：非法的浮点运算。

69. Illegal use of pointer：指针使用非法。

70. Improper use of a typedef symbol：类型定义符号使用不恰当。

71. Incompatible storage class：存储类别不相容。

72. Incompatible type conversion：不相容的类型转换。

73. Incorrect commadn line argument:xxxxxx：不正确的命令行参数：xxxxxxx。

74. Incorrect commadn file argument:xxxxxx：不正确的配置文件参数：xxxxxxx。

75. Incorrect number format：错误的数据格式。

76. Incorrect use of default：default 使用不当。

77. Initializer syntax error：初始化语法错误。

78. Invalid indirection：无效的间接运算。

79. Invalid macro argument separator：无效的宏参数分隔符。

80. Invalid pointer addition：指针相加无效。

81. Irreducible expression tree：无法执行的表达式运算。

82. Invalid use of dot：点使用错。

83. Lvalue required is assigned a value：需要逻辑值 0 或非 0 值。

84. Macro argument syntax error：宏参数语法错误。

85. Macro expansion too long：宏的扩展太长。

86. Mismatched number of parameters in definition：定义中参数个数不匹配。

87. Misplaced break：此处不应出现 break 语句。

88. Misplaced continue：此处不应出现 continue 语句。

89. Misplaced decimal point：此处不应出现小数点。

90. Misplaced else：此处不应出现 else

91. Misplaced else directive：此处不应出现编译预处理 else。

92. Misplaced endif directive：此处不应出现编译预处理 endif。

93. Must be addressable：必须是可以编址的。

94. Must take address of memory location：必须存储定位的地址。

95. No declaration for function "xxx"：没有 xxx 函数的说明。

96. No file name ending：无文件终止符。

97. No file names given：未给出文件名。

98. No stack：缺少堆栈。

99. No type information：没有类型信息。

100. Non-portable pointer assignment：对不可移动的指针（地址常数）赋值。

101. Non-portable pointer comparison：不可移动的指针（地址常数）比较。

102. Non-portable pointer conversion：不可移动的指针（地址常数）转换。

103. Non-portable return type conversion：不可移植的返回类型转换。

104. Not a valid expression format type：不合法的表达式格式。

105. Not an allowed type：不允许使用的类型。

106. Out of memory：内存不够用。

107. Parameter "xxx" is never used：参数 xxx 没有用到。

108. Pointer required on left side of ->：符号->的左边必须是指针。

109. Possible use of "xxx" before definition：在定义之前就使用了 xxx（警告）。

110. Possibly incorrect assignment：赋值可能不正确。

111. Redeclaration of "xxx"：重复定义了 xxx。

112. Redefinition of "xxx" is not identical：xxx 的两次定义不一致。

113. Register allocation failure：寄存器定址失败。

114. Repeat count needs an lvalue：重复计数需要逻辑值。

115. Size of structure or array not known：结构体或数组大小不确定。

116. Statement missing ;：语句后缺少分号。

117. Structure or union syntax error：结构体或联合体语法错误。

118. Structure size too large：结构体尺寸太大。

119. Subscripting missing]：下标缺少右方括号。

120. Superfluous & with function or array：函数或数组中有多余的&。

121. Suspicious pointer conversion：可疑的指针转换。

122. Switch statement missing (：switch 语句缺少左括号。

123. Switch statement missing)：switch 语句缺少右括号。

124. Too few parameters in call：函数调用参数太少。

125. Too few parameter in call to'xxxxxx'：调用'xxxxxx'时参数太少。

126. Too many cases：Cases 太多。

127. Too many decimal points：十进制小数点太多。

128. Too many default cases：default 太多（switch 语句中一个）。

129. Too many exponents：阶码太多。

130. Too many initializers：初始化太多。

131. Too many error or warning messages：错误或警告信息太多。

132. Too many storage classes in declaration：说明中存储类太多。

133. Too many type in declaration：说明中类型太多。

134. Too much auto memory in function：函数用到的自动存储太多。

135. Too much global data defined in file：文件中全局数据太多。

136. Two consecutive dots：两个连续的点。

137. Type mismatch in parameter #：参数#类型不匹配。

138. Type mismatch in parameter # in call to 'xxxxxxx'：调用'xxxxxxx'时参数#类型不匹配。

139. Type mismatch in parameter xxx：参数 xxx 类型不匹配。

140. Type mismatch in parameter ' XXX ' in call to 'YYY'：调用'YYY'时参数'XXX'类型不匹配。

141. Type mismatch in redeclaration of "xxx"：xxx 重定义的类型不匹配。

142. Unable to create output file "xxx"：无法建立输出文件 xxx。

143. Unable to create turboc.lnk：不能创建 turboc.lnk。

144. Unable to execute command 'xxxxxxxx'：不能执行'xxxxxxxx'命令。

145. Unable to open include file 'xxx'：无法打开被包含的文件 xxx。

146. Unable to open input file 'xxx'：无法打开输入文件 xxx。

147. Undefined label 'xxx'：没有定义的标号 xxx。

148. Undefined structure 'xxx'：没有定义的结构 xxx。

149. Undefined symbol 'xxx'：没有定义的符号 xxx。

150. Unexpected end of file in comment started on line xxx：源文件在从 xxx 行开始的注释中意外结束。

151. Unexpected end of file in conditional started on line xxx：源文件在#行开始的条件语句中意外结束。

152. Unknown option：未知的操作。

153. Unknown preprocessor directive: "xxx"：未知的预处理命令 xxx。

154. Unreachable code：无路可达的代码。

155. Unterminated character constant：未终结的字符常量。

156. Unterminated string：未终结的串。

157. Unterminated string or character constant：字符串或字符常量缺少引号。

158. User break：用户强行中断了程序。

159. Value required：赋值请求。

160. Void functions may not return a value：void 类型的函数不应有返回值。

161. While statement missing (：while 语句漏掉左括号。

162. While statement missing)：while 语句漏掉右括号。

163. Wrong number of arguments in of 'xxxxxxxx'：调用'xxxxxxxx'时参数个数错误。

164. 'xxx' not an argument：xxx 不是参数。

165. 'xxx' not part of structure：xxx 不是结构体的一部分。

166. xxx statement missing (：xxx 语句缺少左括号。

167. xxx statement missing)：xxx 语句缺少右括号。

168. xxx statement missing ;：xxx 缺少分号。

169. 'xxx' declared but never used：说明了 xxx 但没有使用。

170. 'xxx' is assigned a value which is never used：给 xxx 赋了值但未用过。

171. Zero length structure：结构体的长度为零。

附录 D　综合案例程序代码

特别说明：考虑到综合案例的程序代码较多，出现在教材中会占相当大的篇幅，因此，在教材设计上将综合案例程序代码连同其他资源一并以电子版资源提供，读者可以通过与作者联系（电话：13549379596；E-mail：398948928@qq.com）获取教材的相关电子资源。